高等职业教育系列教材

基于Proteus的Arduino可视化编程应用技术

石从刚　宋剑英　陈　萌　编著
匡载华　主审

机械工业出版社

本书是在总结优质校建设与智能制造专业群的专业教学改革经验、教学科研成果的基础上编写而成的。全书共9个项目，分为入门篇和设计篇，采用“项目引导、任务驱动”的体例组织内容。其中，入门篇由5个项目组成，分为13个任务，主要介绍基于Proteus 8.9仿真软件平台的Arduino硬件电路绘制步骤和具体实施、可视化结构流程图的绘制方法。每个任务中可视化结构流程图的绘制是重点，以软件提供的绘制流程图的图框和硬件模块自带的图框介绍和应用为主线。设计篇由4个项目组成，主要介绍基于Arduino单片机应用系统设计的流程和方法，培养学生硬件和流程图的综合设计能力以及用Arduino设计单片机应用系统的综合应用能力。

本书可作为应用型本科和高职高专院校电气、机电、应用电子等专业的教材，也可作为相关专业培训和自学的参考教材。

本书配有仿真动画，扫描二维码即可观看。另外，本书配有电子课件、仿真源文件、任务拓展解答等资源，需要的教师可登录机械工业出版社教育服务网（www.cmpedu.com）免费注册，审核通过后下载，或联系编辑索取（微信：13261377872，电话：010-88379739）。

图书在版编目（CIP）数据

基于Proteus的Arduino可视化编程应用技术／石从刚，宋剑英，陈萌编著．—北京：机械工业出版社，2020.10（2024.8重印）
高等职业教育系列教材
ISBN 978-7-111-66651-6

Ⅰ.①基…　Ⅱ.①石…　②宋…　③陈…　Ⅲ.①单片微型计算机-程序设计-高等职业教育-教材　Ⅳ.①TP368.1

中国版本图书馆CIP数据核字（2020）第184613号

机械工业出版社（北京市百万庄大街22号　邮政编码　100037）
策划编辑：和庆娣　　责任编辑：和庆娣
责任校对：张艳霞　　责任印制：单爱军

北京虎彩文化传播有限公司印刷

2024年8月第1版·第5次印刷
184mm×260mm·12.75印张·315千字
标准书号：ISBN 978-7-111-66651-6
定价：45.00元

电话服务
客服电话：010-88361066
　　　　　010-88379833
　　　　　010-68326294

网络服务
机　工　官　网：www.cmpbook.com
机　工　官　博：weibo.com/cmp1952
金　书　网：www.golden-book.com
机工教育服务网：www.cmpedu.com

前 言

青岛职业技术学院“单片机应用技术”课程组根据省优质校和智能制造专业群课程建设的需要，以多年教学改革经验和科研成果为基础，编著了《基于 Proteus 的 Arduino 可视化编程应用技术》教材。

本书以“项目引导、任务驱动”的体例形式设计教学内容，体现“学教做合一”的教学思路，非常适合作为高职院校电气、机电、应用电子等专业以及职业中专、中学生开展创新设计、开辟第二课堂学习单片机应用技术的教材。通过任务或项目引入相关知识，每个任务都包括任务目标、任务实施、相关知识、任务拓展等内容，学生在任务或项目的学习和动手做中完成对理论知识的理解和实践能力的提高。

本书分为入门篇和设计篇。入门篇包含 5 个项目：项目 1 LED 二极管单灯的控制，包括用 Proteus 软件绘制二极管单灯控制电路、实现 LED 二极管单灯点亮、实现 LED 二极管单灯闪烁 3 个任务。项目 2 LED 二极管的花样显示控制，包括实现 LED 二极管跑马灯控制和实现基于 74HC595 的流水灯控制两个任务。项目 3 LED 数码管的应用，包括实现 1 位 LED 数码管显示器构成的秒表、实现 2 位 LED 数码管显示器构成的秒表、实现 4 位 LED 数码管模块构成的分秒时间计数器 3 个任务。项目 4 常用传感器的应用，包括实现基于 LCD1602 的温度、湿度和压力显示表、实现基于 LM35 模块的液晶温度显示表、实现超声波传感器测距 3 个任务。项目 5 电动机的控制，包括实现基于手柄的直流电动机控制、实现步进电动机的控制两个任务。

设计篇包含 4 个项目，项目 6 智能交通灯设计，主要学习二极管、数码管、定时器中断在实际系统中的应用；项目 7 多量程的电阻测量仪设计，主要学习模拟电路中的信号处理和放大、电阻的测量方法和原理、自动巡检和 A-D 转换器的综合应用；项目 8 智能数字钟设计，主要学习外部中断、按键、DS1307 时钟模块等的综合应用；项目 9 为 Smart-Turtle 机器人智能循迹与超声波避障设计，主要学习寻迹传感器模块、超声波传感器、小车的寻迹控制等的综合应用。

本书配套丰富的教学资源，包含仿真动画、电子课件、仿真源文件、任务拓展解答等。

本书是编者多年教学实践与科研开发的经验积累，书中所有任务和项目程序都通过调试并运行结果正确。在本书的编写过程中参考了部分相关书籍和广州市风标电子技术有限公司内部培训资料，主要来源见参考文献，在此对有关作者和技术人员表示感谢。

本书由石从刚、宋剑英、陈萌编著，广州市风标电子技术有限公司匡载华主审。石从刚对本书的编写思路与大纲进行了总体策划，对全书进行统稿，并编写了项目 1、2、3、5 和 8；宋剑英编写了项目 4、7；陈萌编写了项目 6、9；广州市风标电子技术有限公司的梁树先等技术人员提供了相关资料和建议。

由于时间仓促，加之编者水平有限，对于书中的疏漏和不足之处，恳请读者批评指正。

编 者

目　　录

设 计 篇

入 门 篇

本篇包含 5 个项目，共计 13 个任务，每个任务包括任务目标、任务实施、相关知识和任务拓展 4 部分内容，系统介绍 LED 发光二极管和数码管、常用传感器和电动机在单片机系统中的应用。

在任务的硬件电路设计和绘制中，以 Proteus 仿真软件绘制硬件电路的步骤为主线，介绍如何从软件自带的元器件库中选择元器件、调整元器件位置、编辑元器件属性、端口放置与编辑、连线等操作，以及如何利用软件自带的各种硬件模块完成任务中硬件电路的设计。13 个任务的硬件电路设计相对简单，用到了电阻、LED 发光二极管和数码管、排阻、按键、L298N、74HC595、ULN2003A 等元器件和自带的硬件模块。

每个任务的重点是结构流程图的绘制，通过 Proteus 仿真软件提供的各种图框和硬件模块自带的图框完成系统的流程图绘制，系统的流程图由 SETUP 结构流程图、LOOP 结构流程图和其他子程序结构流程图组成，复杂一些的结构流程图包含了选择结构、循环结构以及多张图纸。在流程图的绘制中，以各种图框的具体使用为主线，使读者系统掌握图框在流程图绘制中的应用。

项目 1　LED 二极管单灯的控制

Proteus 仿真软件能够对模拟电路、数字电路和单片机应用电路实现仿真，可支持仿真的主流单片机越来越多。在基于 Proteus 的 Arduino 可视化设计应用系统中，通过系统控制板中的 20 个 I/O 端口引脚可控制 LED 发光二极管显示，通过系统提供的可视化 I/O 操作图框、延时图框等完成系统结构流程图（计算机语言中称为程序）绘制，实现对 LED 发光二极管的单灯控制。结构流程图绘制时无须源代码编程基础，并且结构流程图描述的程序执行流程更加清楚、直观。

任务 1.1　用 Proteus 软件绘制二极管单灯控制电路

任务目标

使用 Proteus 仿真软件绘制出如图 1-1 所示的基于 Arduino 的二极管单灯控制电路。

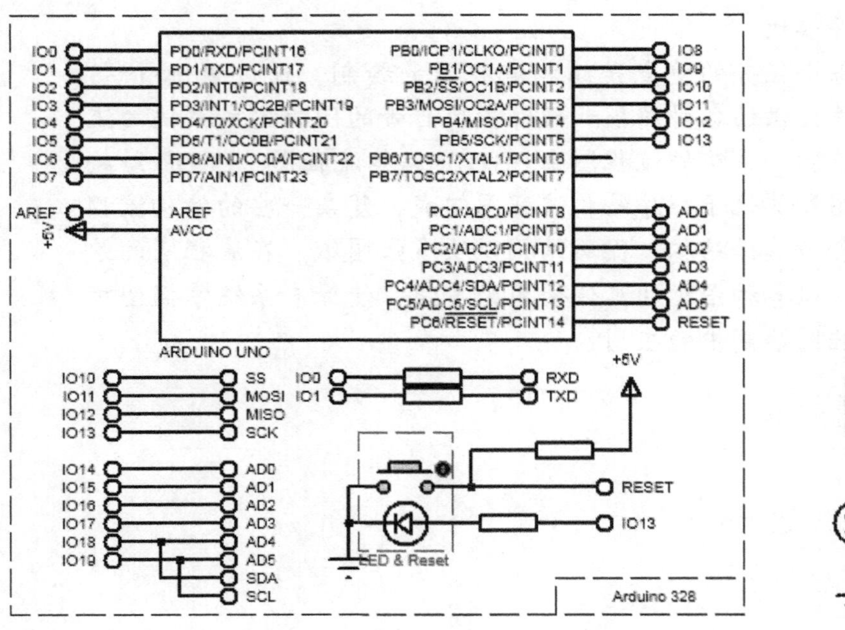

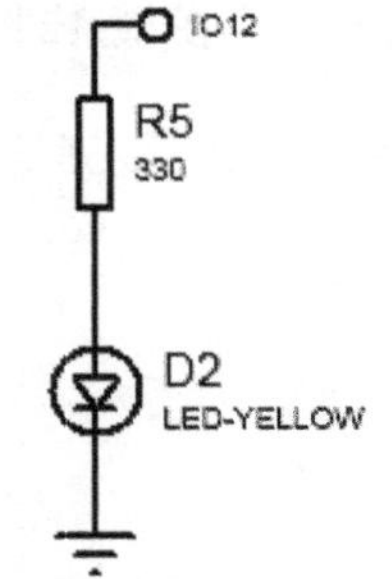

图 1-1　基于 Arduino 的二极管单灯控制电路

［任务重点］
- Proteus 仿真软件绘制电路的步骤
- 启动软件
- 从元器件库中挑选元器件
- 放置元器件、端口、电源、网络标号等
- 编辑元器件、端口、电源、网络标号等属性
- 电气连线

任务实施

1.1.1 启动 Proteus 仿真软件

双击桌面上的“PROTEUS ISIS”按钮，进入如图 1-2 所示的“主页”界面。单击右侧“开始设计”模块中的“新建工程”按钮，进入新建工程设置。

图 1-2　Proteus 的“主页”界面

1.1.2 新建工程

新建工程的具体操作步骤如下。

1）弹出“新建项目向导：开始设计”对话框，如图 1-3 所示。“名称”文本框默认的工程名称为“新工程 . pdsprj”，也可以在此输入工程名称；“路径”文本框中是工程的存放路径，可单击其右侧的“浏览”按钮选择相应的保存位置。设置完成后，单击“下一步”按钮。

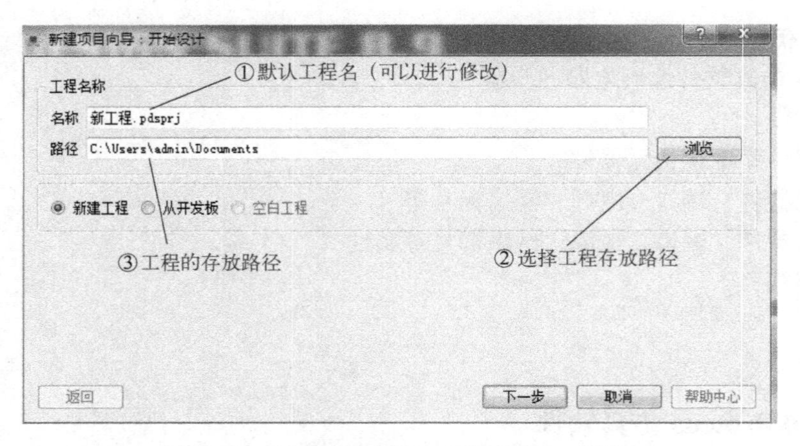

图 1-3 “新建项目向导：开始设计”对话框

2）弹出“新建项目向导：原理图设计”对话框，如图 1-4 所示。在此对话框中选中“从选中的模板中创建原理图”单选按钮，然后从“Design Templates”列表中选择“Landscape A4”选项，单击“下一步”按钮。

小提示：可根据实际需要选择“Design Templates”列表中的选项，本书中常用的是“DEFAULT”选项。

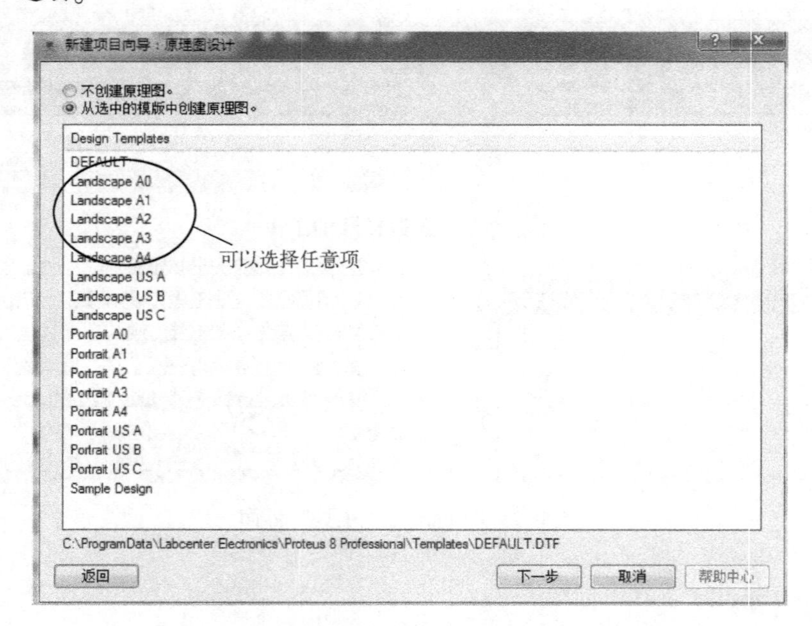

图 1-4 “新建项目向导：原理图设计”对话框

3）弹出“新建项目向导：PCB 布版”对话框，如图 1-5 所示。在此对话框中选中“不创建 PCB 布版设计”单选按钮，单击“下一步”按钮。

4）弹出“新建项目向导：固件”对话框，如图 1-6 所示。在对话框中选中“创建流程图工程”单选按钮，然后在“系列”下拉列表中选择“ARDUINO”选项，在“控制器”下拉列表中选择“Arduino Uno”选项，在“编译器”下拉列表中选择“Visual Designer for Arduino AVR”选项，单击“下一步”按钮。

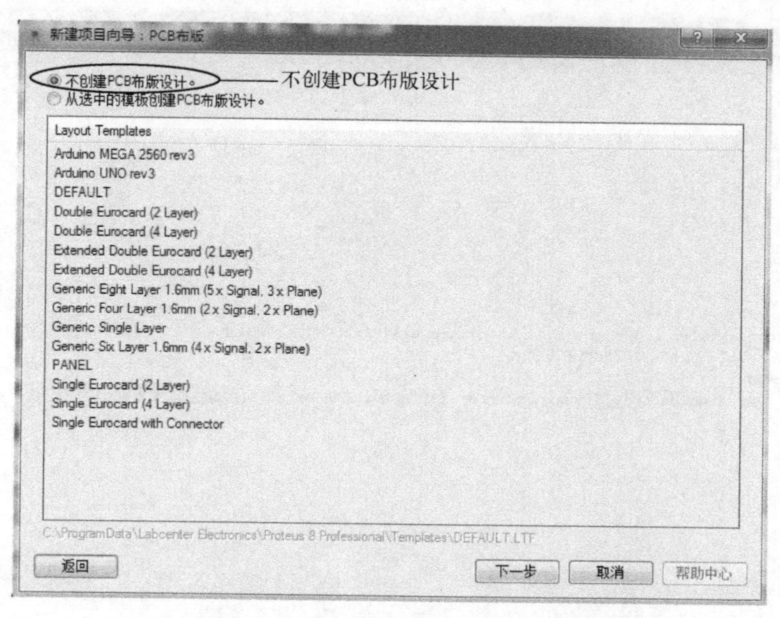

图 1-5 “新建项目向导：PCB 布版”对话框

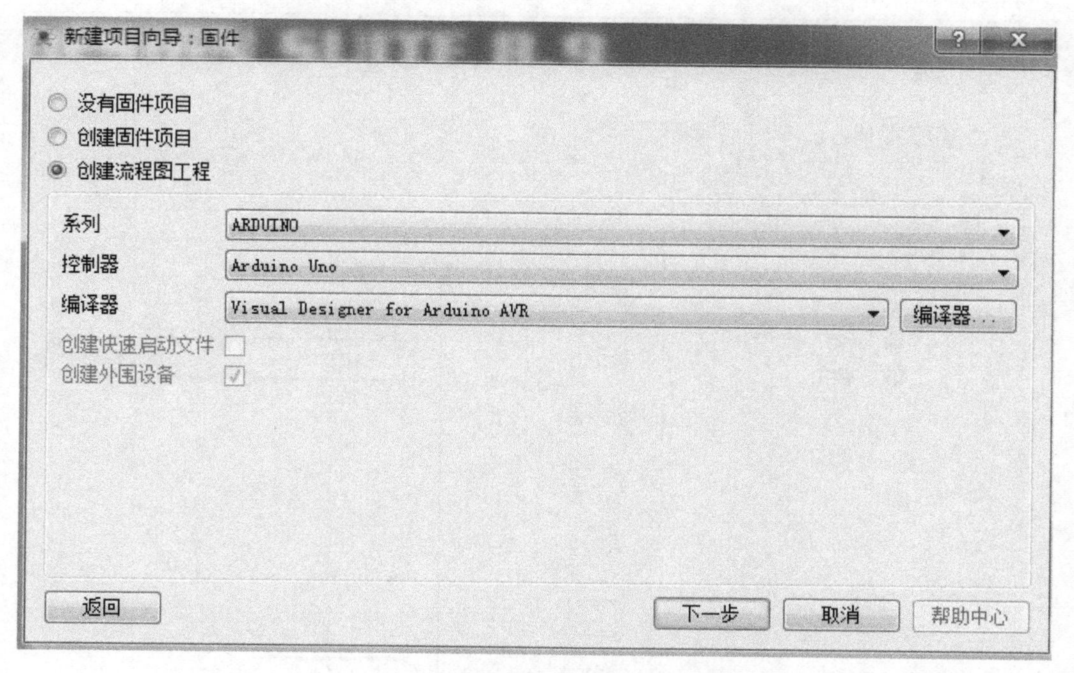

图 1-6 “新建项目向导：固件”对话框

5）弹出“新建项目向导：概要”对话框，如图 1-7 所示。单击“完成”按钮。

6）弹出“新工程-Proteus 8 Professional-可视化设计”界面，如图 1-8 所示。图中有“原理图设计”和“可视化设计”两个标签。图 1-8 为“可视化设计”标签对应的界面。

图 1-9 为“原理图设计”标签对应的界面。

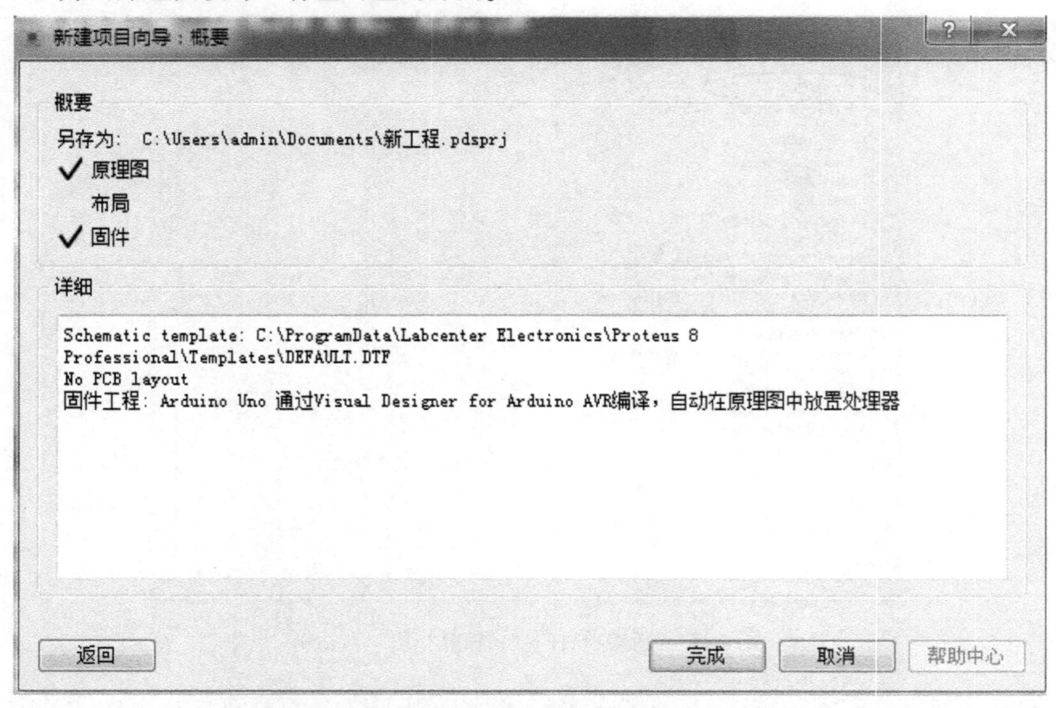

图 1-7 “新建项目向导：概要”对话框

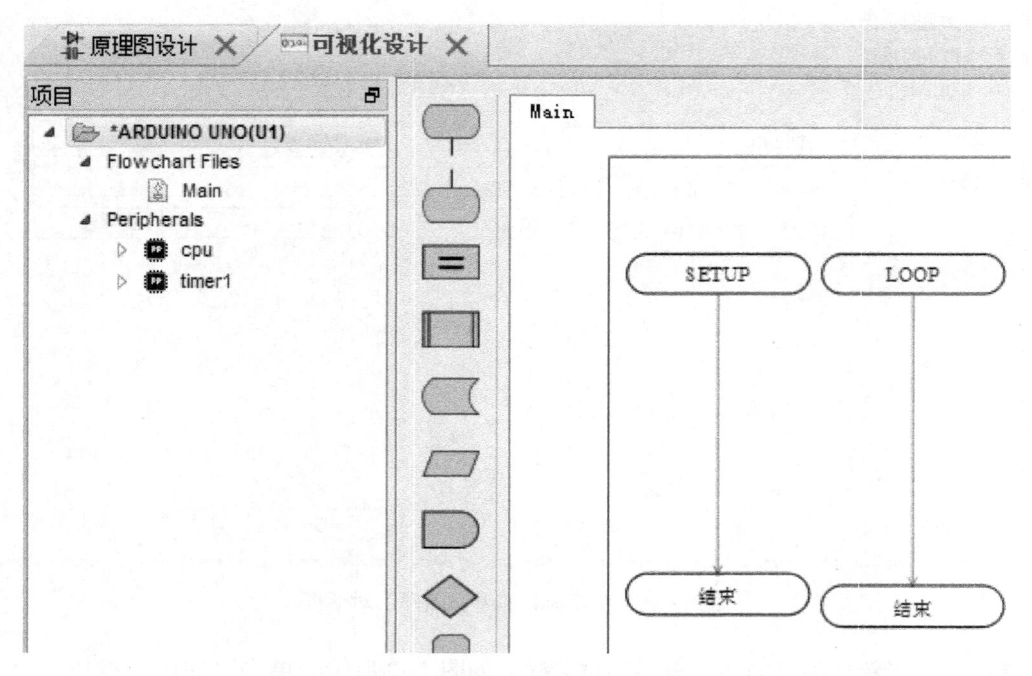

图 1-8 “可视化设计”界面

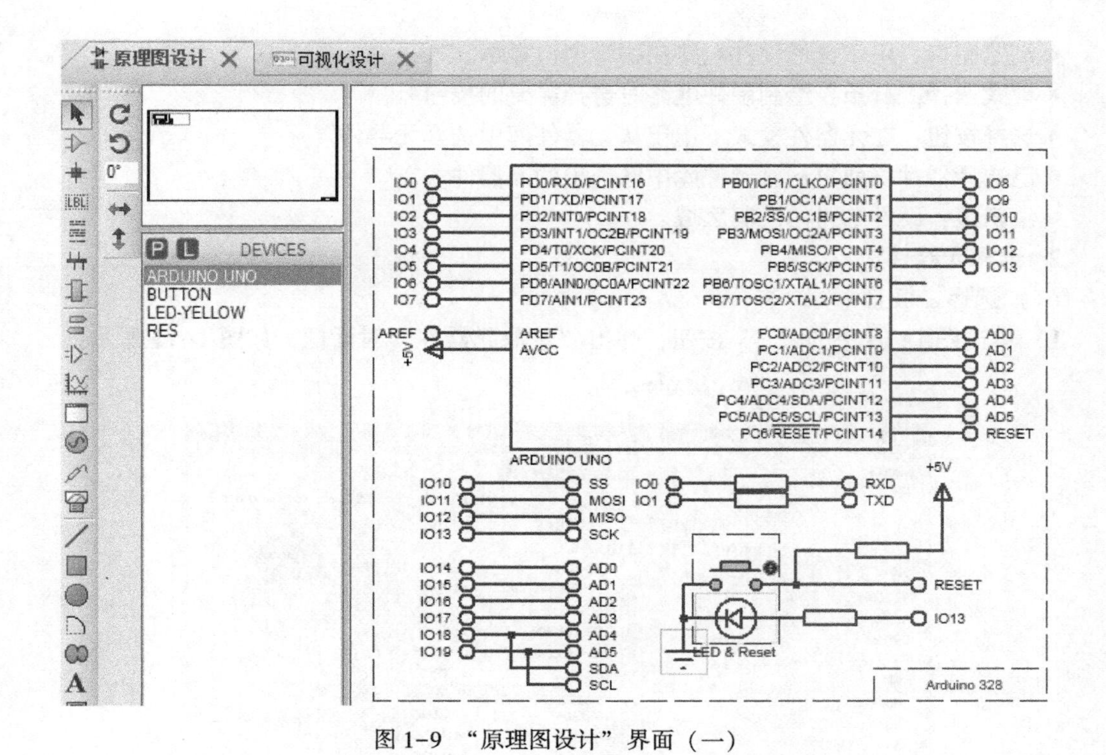

图 1-9 “原理图设计”界面（一）

1.1.3 二极管单灯控制电路绘制

绘制电路时，从软件自带的元器件库里选择要用到的元器件，然后放置元器件、编辑元器件参数和连线，电路图绘制完成。

1. 原理图设计界面介绍

原理图设计界面的具体功能介绍如图 1-10 所示。

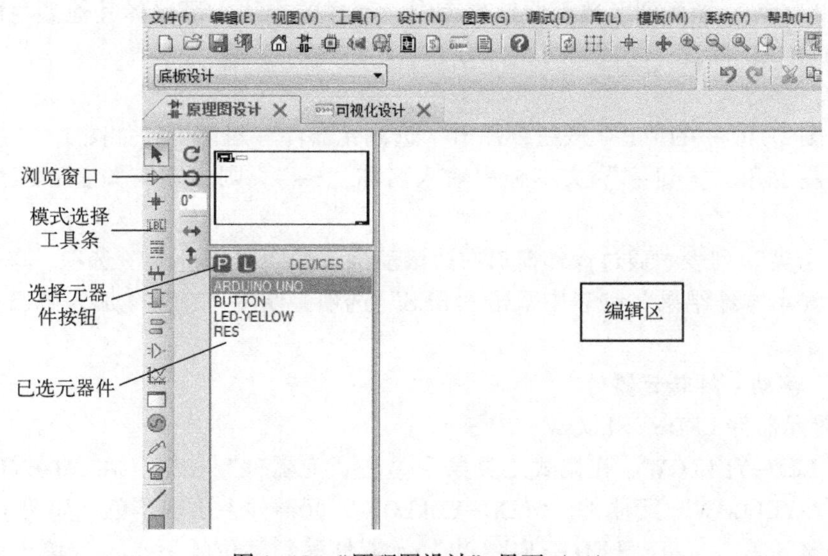

图 1-10 “原理图设计”界面（二）

● 浏览窗口：用于选择硬件电路在编辑窗口显示。

● 模式选择工具条：绘制硬件电路时选择需要的按钮。

● 选择按钮：在元器件模式下用于从元器件库中选择元器件。

● 已选元器件：列出从元器件库中已选出的元器件。

● 编辑区：硬件电路的绘制区域。

2. 选择元器件

（1）选择二极管

1）单击图 1-10 中的“P”按钮，弹出“选取元器件”对话框，如图 1-11 所示。

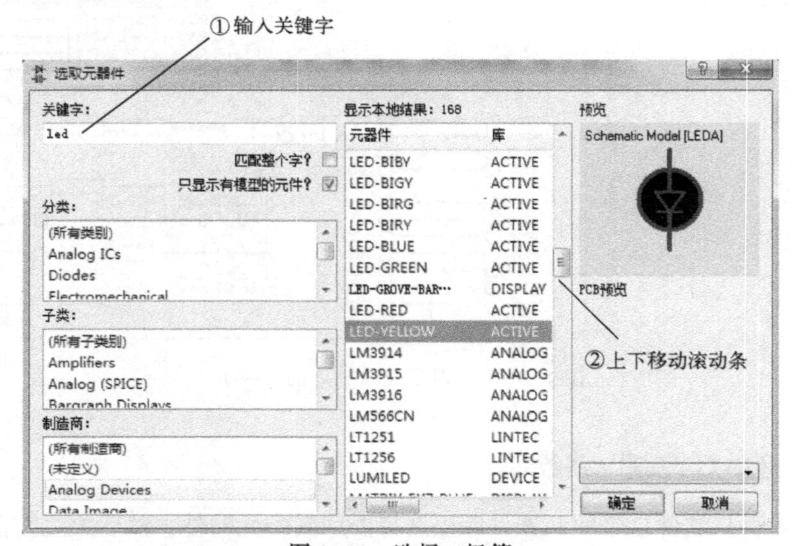

图 1-11　选择二极管

2）在其左上角“关键字”文本框中输入名称“led”，则出现与关键字匹配的元器件列表。

3）操作“显示本地结果”窗口右边滚动条，选中并双击“LED-YELLOW”选项，便将“LED-YELLOW”加入到已选元器件列表中。同样的方法，可选择其他颜色的发光二极管，比如 LED-RED 等。

（2）选择电阻器

1）单击图 1-10 中的“P”按钮，弹出“选取元器件”对话框，如图 1-12 所示。

2）在其左上角“关键字”文本框中输入名称“res”，则出现与关键字匹配的元器件列表。

3）在“子类”列表中通过操作窗口右边滚动条，找到“Generic”选项，单击选中。

4）在“显示本地结果”列表中双击“RES”选项，便将“RES”加入到已选元器件列表中。

3. 放置、移动、旋转元器件

（1）放置元器件 LED-YELLOW、RES

1）放置 LED-YELLOW。在模式工具条中单击“元器件”按钮，在“DEVICES”列表中单击“LED-YELLOW”元器件，“LED-YELLOW”元器件上出现蓝色，如图 1-13 所示。

2）在编辑区单击，将“LED-YELLOW”元器件移到某位置后，再次单击就可放置元

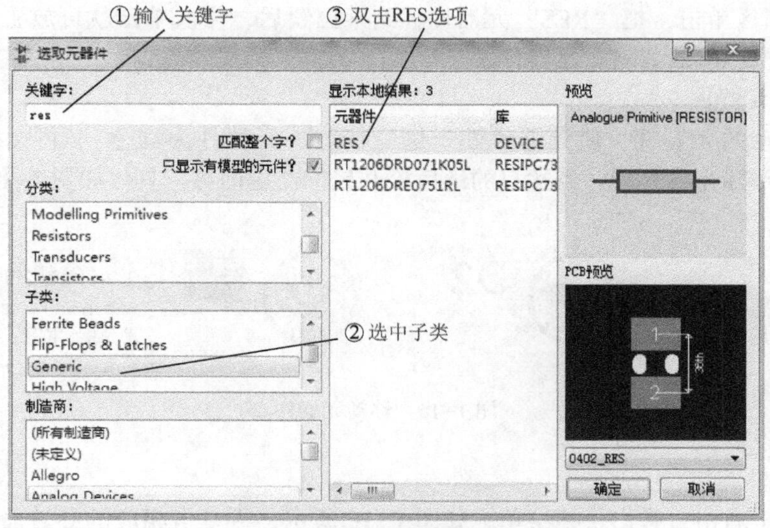

图 1-12　选择电阻器

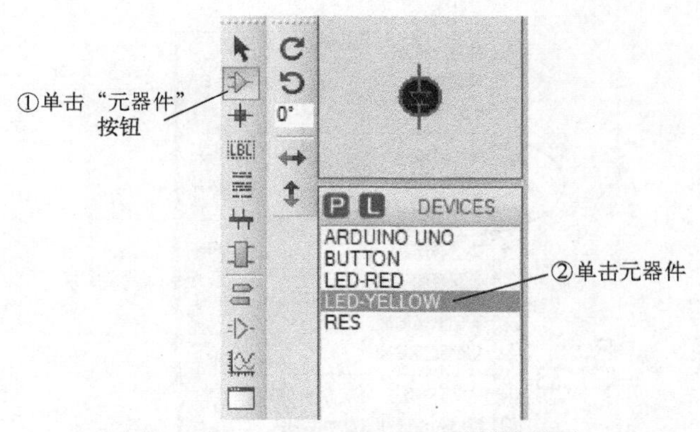

图 1-13　“LED-YELLOW”元器件放置

器件于该位置，每单击一次，就放置一个元器件。

3）放置 RES。在模式工具条中单击“元器件”按钮，在“DEVICES”列表中单击“RES”元器件，“RES”元器件上出现蓝色，如图 1-14 所示。

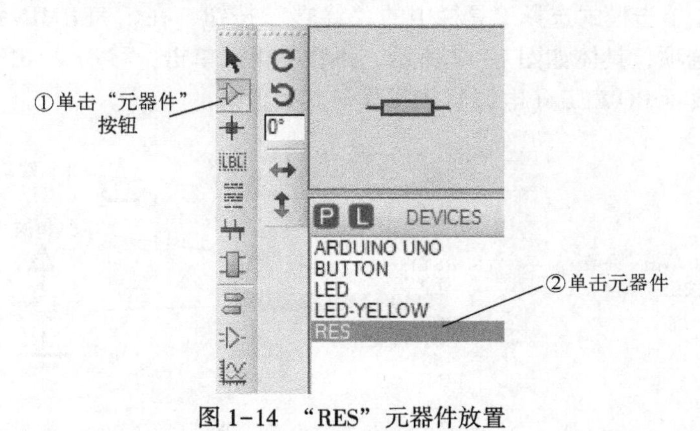

图 1-14　“RES”元器件放置

4）在编辑区单击，把“RES”元器件移到某位置后，再次单击就可放置元器件于该位置，每单击一次，就放置一个元器件。

（2）移动元器件

单击要移动的元器件，使元器件处于选中状态（元器件为红色），再按住鼠标左键拖动，元器件就跟随光标移动，到达目的地后松开鼠标左键即可，具体如图 1-15 所示。

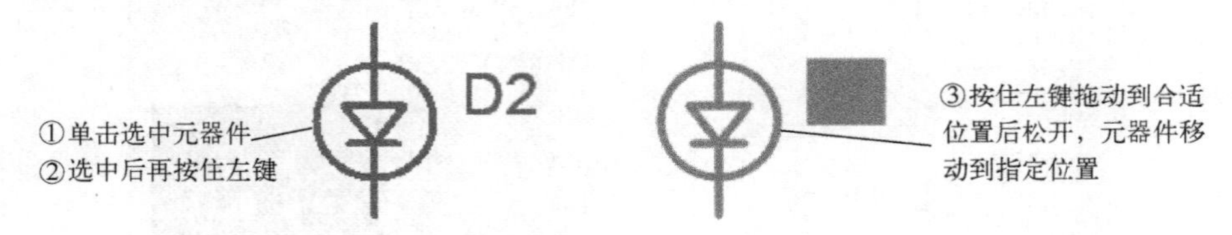

图 1-15　移动元器件

（3）元器件旋转

在元器件上右击，弹出快捷菜单，如图 1-16 所示，再单击相应的旋转命令，即可实现元器件的旋转。

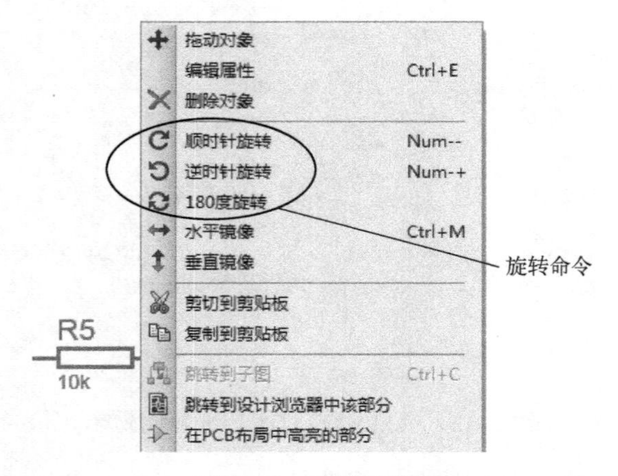

图 1-16　元器件旋转

4. 放置电源、地（终端）

放置地操作：单击模式选择工具栏中的“终端”按钮，在“TERMINALS”列表框中选中“GROUND”选项，具体如图 1-17 所示。再在编辑区单击，移动“GROUND”到指定位置后单击完成。放置 POWER（电源）的操作与其类似。

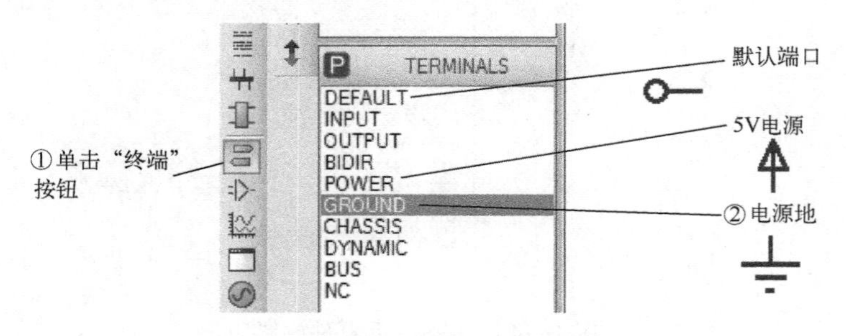

图 1-17　放置等电源、地

5. 放置默认 I/O 端口并编辑端口

1）在图 1-17 中，在“TERMINALS”列表中选择“DEFAULT”选项，在编辑区单击，移动 I/O 端口到指定位置后再次单击放置一个 I/O 端口。

2）双击 I/O 端口，弹出“编辑终端标签”对话框，在“标签”选项卡中进行设置，具体如图 1-18 所示。

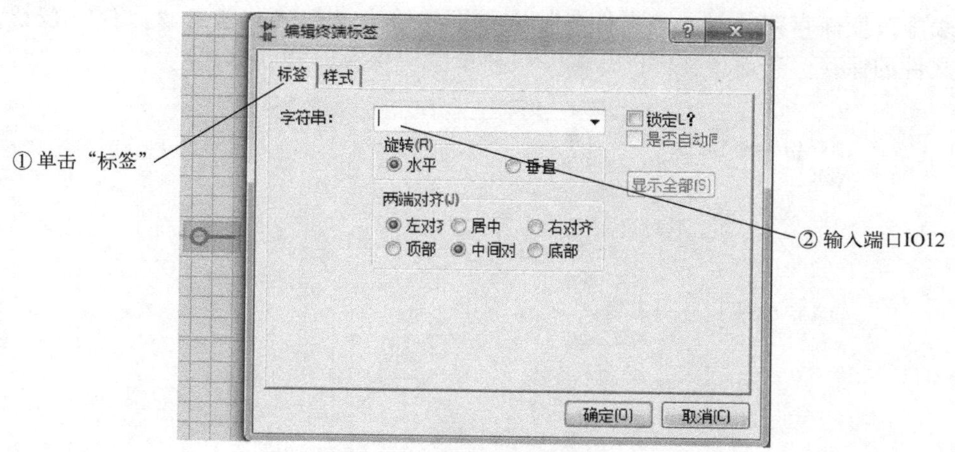

图 1-18　端口放置及设置

3）在“字符串”下拉列表中，输入或选择“IO12”。

4）单击“确定”按钮，完成 I/O 端口编辑。

6. 电路图布线

系统默认自动捕捉和自动布线有效。相继单击元器件引脚、线段等要连接的两处，会自动生成连线。

7. 设置、修改元器件的属性

1）双击编辑区的元器件，弹出“编辑元件”对话框，这时可在对话框中设置、修改元器件的属性。例如，修改原理图中电阻 R5 的属性，设置 R5 的阻值为 330 Ω，具体如图 1-19所示。

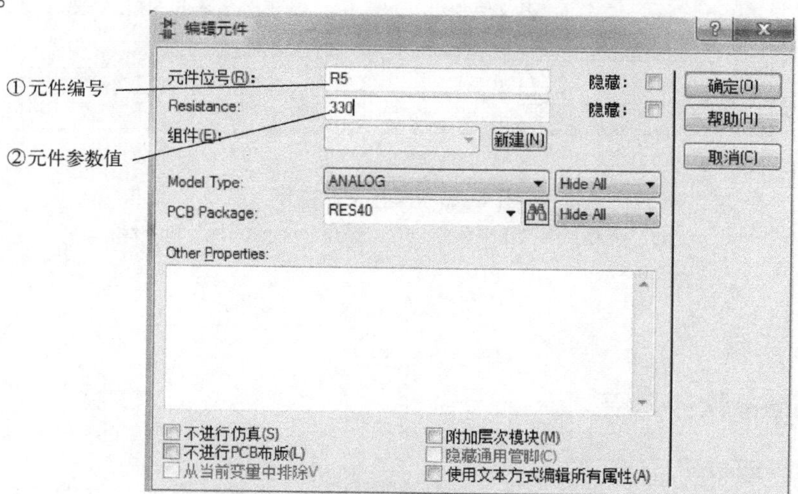

图 1-19　“编辑元件”对话框

2）单击“确定”按钮，完成硬件电路设计如图 1-1 所示。

1.1.4 保存文件

1）选择“文件”→“保存工程”菜单命令，具体操作如图 1-20a 所示。

2）弹出“保存 Proteus 工程”对话框，如图 1-20b 所示。在此对话框中，在“保存在”下拉列表中改变保存路径，在“文件名”文本框中输入文件名，单击“保存”按钮，则完成设计文件的保存。若设计文件已命名，只要单击“保存”按钮即可。

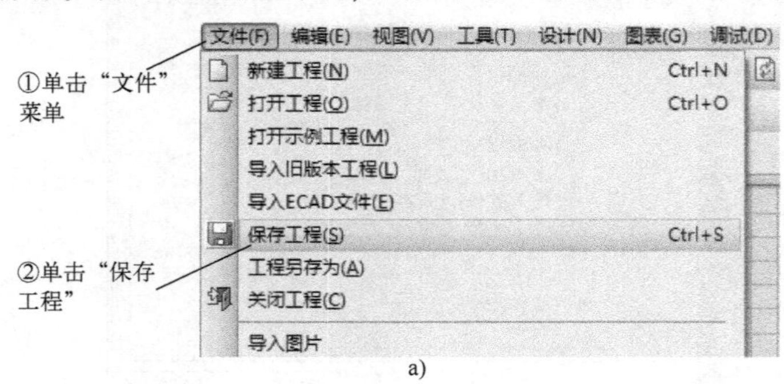

a)

b)

图 1-20 保存文件操作

a）“保存工程”菜单命令 b）“保存 Proteus 工程”对话框

相关知识

1.1.5 Proteus 软件介绍

1. Proteus 的功能

Proteus 软件是英国 Labcenter electronics 公司的 EDA 工具软件，可完成从原理图绘制、

PCB 设计、代码调试到单片机与外围电路的协调仿真，真正实现了从概念到产品的完整设计，是目前世界上唯一将电路仿真软件、PCB 设计软件和虚拟模型仿真软件三合一的设计平台，其支持 8051、AVR、STM32、ARM、MSP430 等主流处理器模型，并在持续增加其他处理器模型。Proteus 软件主要具有如下功能。

- 强大的原理图绘制功能。
- 主流单片机系统仿真和 SPICE 电路仿真相结合。具有模拟电路仿真、数字电路仿真、单片机及外围电路的系统仿真。
- 非常丰富的虚拟仪器。如示波器、逻辑分析仪、电压电流表、信号发生器等。
- 软件调试功能。具有全速、单步、设置断点等调试功能。并支持第三方编译和调试环境，如 Keil 等软件。

2. Proteus 的常用操作

（1）打开工程

1）“UNTITLED-Proteus 8 Professional-主页”界面如图 1-21 所示，在“开始设计”里单击“打开工程”按钮，弹出“加载 Proteus 工程文件”对话框，如图 1-22 所示。

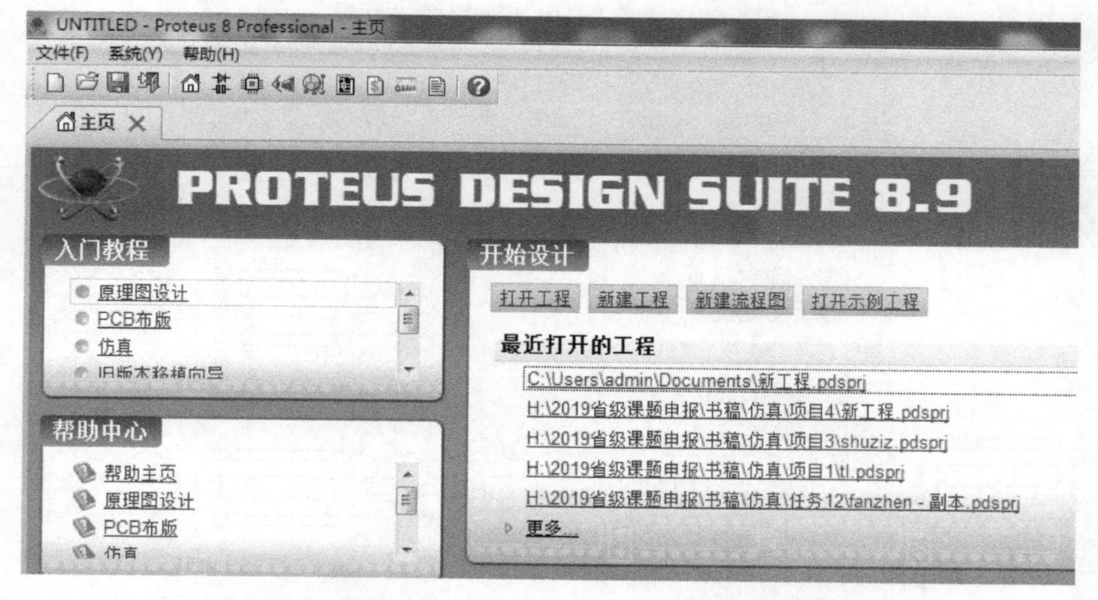

图 1-21 “UNTITLED-Proteus 8 Professional-主页”界面

2）在“查找范围”下拉列表中，选择 Proteus 工程文件所在的路径，在名称列表中选择打开的文件，单击“打开”按钮。

（2）新建工程

新建工程如 1.1.2 节所述。

（3）保存工程

单击“文件”菜单，其下拉菜单如图 1-23 所示，选择“保存工程”命令，则将工程保存在原来新建工程时选择的路径下。

图 1-22　“加载 Proteus 工程文件”对话框

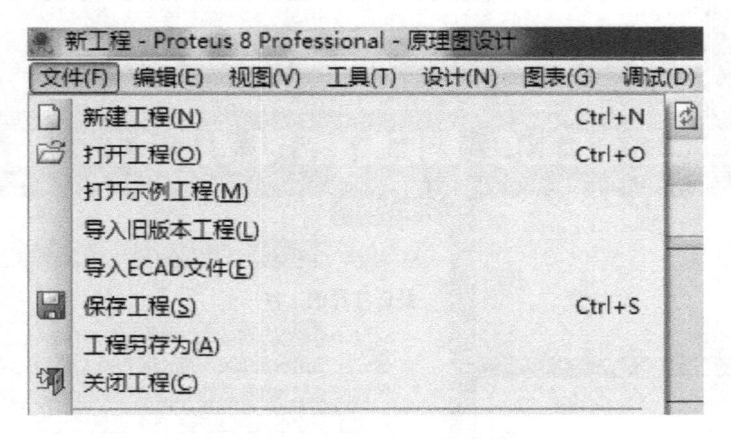

图 1-23　“文件”下拉菜单

(4) 工程另存为

选择“文件”→“工程另存为”菜单命令，弹出“保存 Proteus 工程”对话框，如图 1-24 所示，在“保存在”下拉列表中选择保存的路径，在“文件名”文本框中输入工程名，单击“保存”按钮即可。

(5) 设置纸张

绘制硬件电路时，如果原理图比较复杂，需要改变纸张大小。选择“系统”→“设置纸张大小”菜单命令，如图 1-25 所示，弹出“纸张尺寸配置”对话框，如图 1-26 所示，单击单选按钮可选择不同尺寸的纸张 A4～A0，也可在确定的纸张类型右边文本框中输入纸张的长宽数据，单击“确定”按钮即可。

(6) 切换栅格

“切换栅格”按钮如图 1-27 所示，单击“切换栅格”按钮，栅格在线状、点状和无栅格之间切换。

图 1-24 “保存 Proteus 工程”对话框

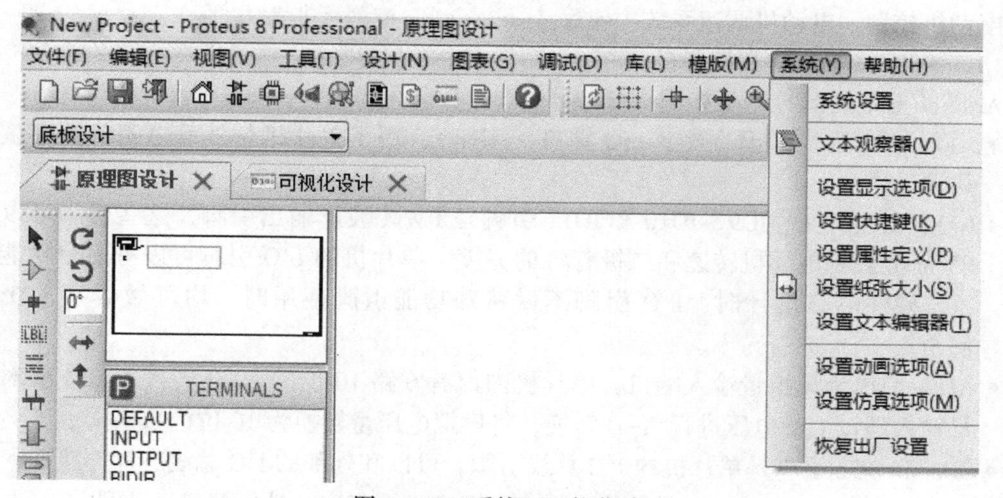

图 1-25 “系统”下拉菜单

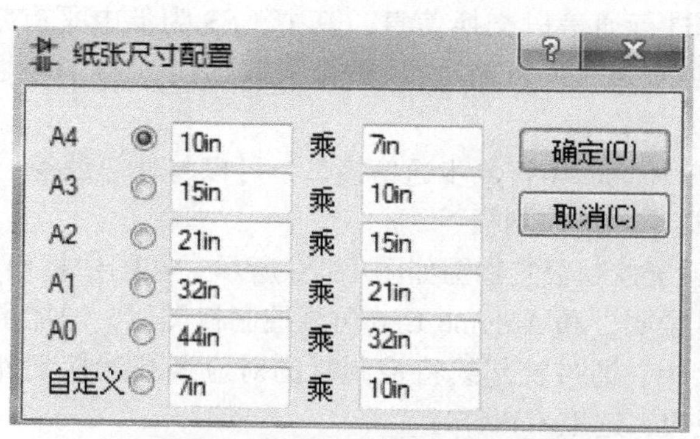

图 1-26 “纸张尺寸配置”对话框

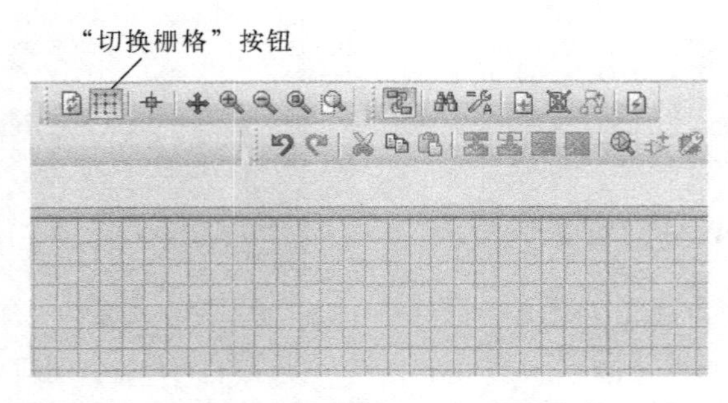

图 1-27 "切换栅格"按钮

1.1.6 Arduino Uno 最小系统板功能简介

Arduino Uno 最小系统板基于 AVR 单片机 Atmega328P 微处理器。Atmega328P 微处理器是高性能的 8 位单片机，内含 6 路 10 位的 A-D 转换器、32 KB 的 Flash、2272B 的 SRAM、1 KB的 E^2PROM、3 个 8 位的端口，还有 SPI、1 个 USART 接口和 3 个定时器等。Arduino Uno 最小系统板中 IO0~IO19 都可作为数字 I/O 引脚使用，另外，IO14~IO19 可作 A-D 转换模拟电压输入口，IO3、IO5、IO6、IO9、IO10、IO11 可作 PWM 调制波形输出口用。在测量、电动机控制、电动机调速系统中使用 Arduino Uno 控制板非常方便。

（1）Arduino Uno 仿真控制板

Arduino Uno 仿真控制板如图 1-28 所示。

- IO0~IO19 为控制板的数字 I/O 端口（引脚），用于单片机与外部电路的数字量输入和输出。
- IO3、IO5、IO6、IO9、IO10 和 IO11 引脚是 PWM 波形输出引脚，这些引脚可以输出 PWM 波控制电动机转速和二极管灯的亮度。单片机的 I/O 引脚可以有多个功能，在系统硬件电路设计时，I/O 引脚不做特殊功能引脚使用时，均可做数字 I/O 引脚使用。
- AD0-AD5 为模拟量输入端口，单片机内部有 6 路 10 位的 A-D 转换器，能够对模拟量输入端口上的电压进行 A-D 转换，将模拟电压量转换为 10 位的数字量。
- SDA 和 SCL 引脚是单片机的 I^2C 总线引脚，可以和外部的 I^2C 总线芯片连接。
- SS、MOSI、MISO、SCK 是单片机的 SPI 接口（同步串行外设接口），可以与各种外围设备以串行方式进行通信以交换信息，其中，SS 为低电平有效的从机选择线，SCK 为串行时钟线，MOSI 为主机输出/从机输入数据线，MISO 为主机输入/从机输出数据线。
- RXD 和 TXD 是单片机的串行异步通信接口，可以与外部设备、微机等通信。

（2）Arduino Uno 最小系统控制板

Arduino Uno 最小系统控制板实物图如图 1-29 所示。在图中标出了 Arduino Uno 最小系统控制板的构成和插排说明，和 Arduino Uno 仿真控制板类似，增加了+5 V 和地输出。在构建实物的系统硬件连接中，通过杜邦线将控制板的对应插孔连接到外部电路即可，Arduino Uno 套件资料中都有说明，这里不再详述。

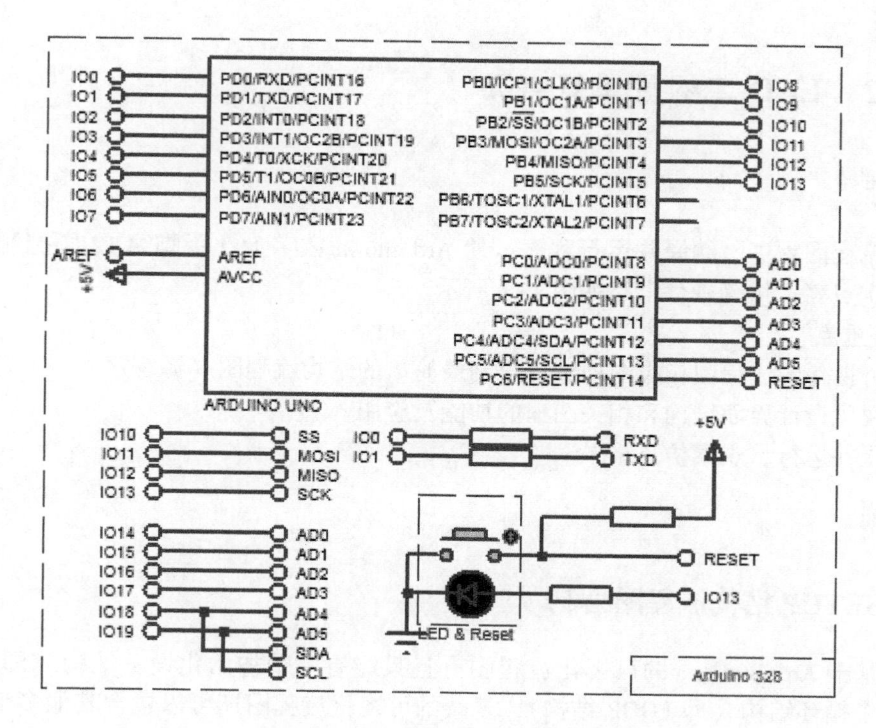

图 1-28　Arduino Uno 仿真控制板

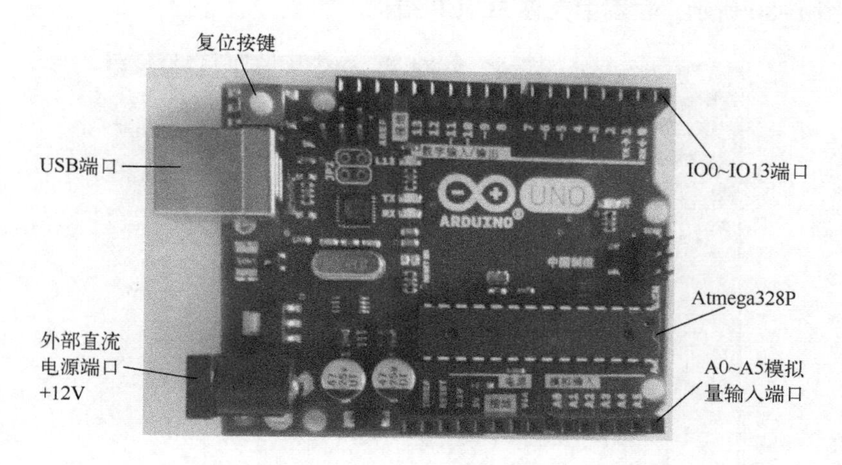

图 1-29　Arduino Uno 最小系统控制板实物图

任务拓展

在图 1-1 中，将 IO12 改为 IO13，发光二极管为红色二极管，完成电路绘制。

任务 1.2　LED 二极管单灯点亮

任务目标

编写流程图程序、编译并运行程序，使 Arduino 的数字 I/O 引脚第 12 脚控制单个发光二极管固定点亮，仿真硬件电路如图 1-1 所示。

[任务重点]

- 用可视化的流程图相应图框编写绘制最简单的结构流程图（源程序）
- 可视化设计界面结构和相关图框的功能及应用
- 编译并运行、观察仿真结果

任务实施

1.2.1　SETUP 结构流程图绘制

一个基于 Arduino Uno 的可视化流程图有且只能有一个初始化设置结构（即 SETUP 结构）和一个循环结构（即 LOOP 结构），复杂的可视化流程图还可以包含其他多个结构，另外，一个可视化结构流程图可以包含多张图纸。“新工程-Proteus 8 Professional-可视化设计”界面如图 1-30 所示，在图中完善 SETUP 结构。

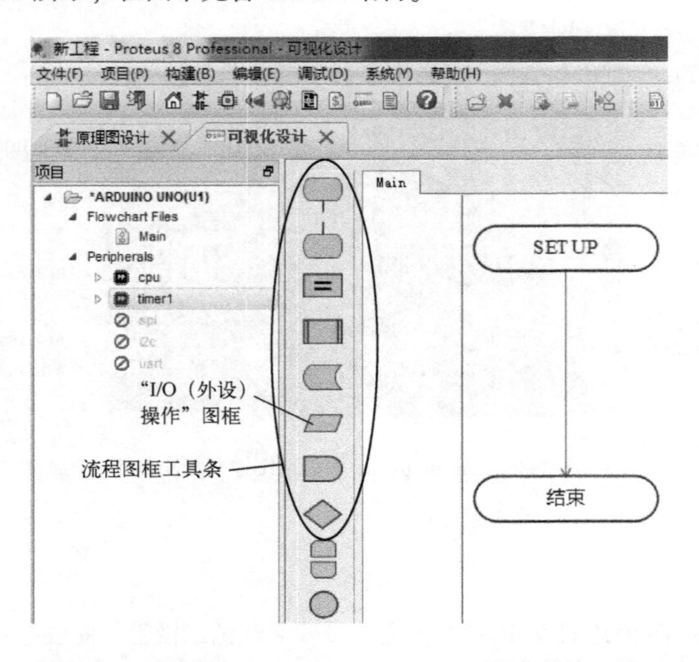

图 1-30　“新工程-Proteus 8 Professional-可视化设计”界面

ArduinoUno 控制板数字 I/O 引脚为 IO0~IO19，在应用电路中可以作为数字量输入或输出口使用，任务中 IO12 引脚作数字量输出引脚用，一般在 SETUP 结构中用“I/O 操作”图框定义引脚的模式为输出模式，定义后单片机才能通过该引脚输出 1 位的数字量。

（1）通过“I/O 操作”图框命令放置 I/O 图框

1）在图 1-30 中，光标移动到流程图框工具条的“I/O 操作”图框上，按住左键把 I/O 操作图框拖动到 SETUP 结构流程图的连线上并松开，放置 I/O 操作图框成功后，初始 SETUP 结构流程图如图 1-31 所示。

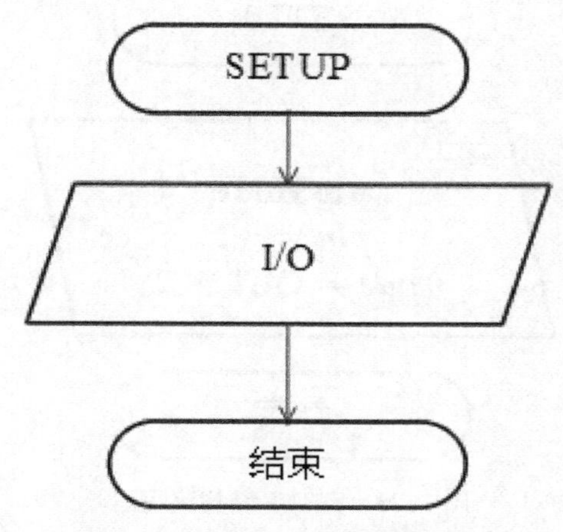

图 1-31　初始 SETUP 结构流程图

2）双击“I/O 操作”图框，弹出“编辑 I/O 块”对话框，如图 1-32 所示。

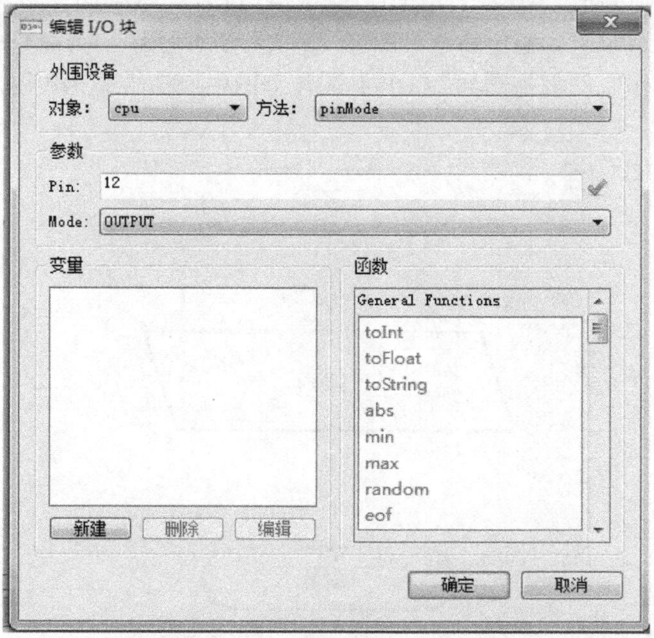

编辑 I/O 块
外围设备
对象: cpu　方法: pinMode
参数
Pin: 12
Mode: OUTPUT
变量
函数
General Functions
toInt
toFloat
toString
abs
min
max
random
eof
新建　删除　编辑
确定　取消

图 1-32　“编辑 I/O 块”对话框

（2）引脚输出模式定义

1）在“对象”下拉列表中选择“cpu”选项。

2）在“方法”下拉列表中选择“pinMode”选项。

3）在“Pin”文本框中输入 12。

4）在“Mode”下拉列表中选择“OUTPUT”选项。

5）单击“确定”按钮，得到的 SETUP 结构流程图如图 1-33 所示。

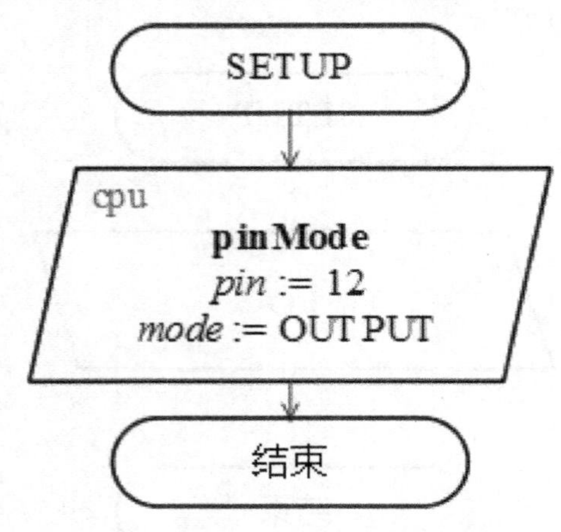

图 1-33　SETUP 结构流程图

1.2.2　LOOP 结构流程图绘制

由于任务是实现单片机 IO12 数字引脚上控制的 LED 二极管固定点亮，根据硬件电路，单片机只需使 IO12 数字引脚输出高电平即可，通过“I/O 操作”图框完成引脚输出高电平。

1）将“I/O 操作”图框拖动到 LOOP 结构流程图中，初始 LOOP 结构流程图如图 1-34 所示。

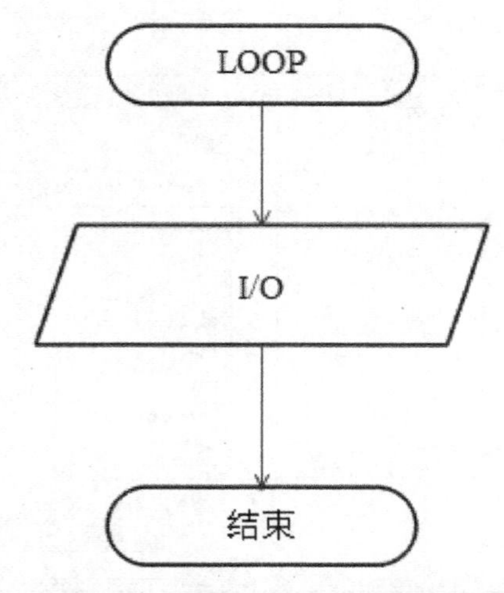

图 1-34　初始 LOOP 结构流程图

2）“I/O 操作”图框属性编辑。

双击“I/O 操作”框图，弹出“编辑 I/O 块”对话框，编辑相关属性，具体如图 1-35 所示。其中，在“方法”下拉列表中选择“digitalWrite”选项，在“Pin”文本框中输入 12，在“State”文本框中输入 TRUE。

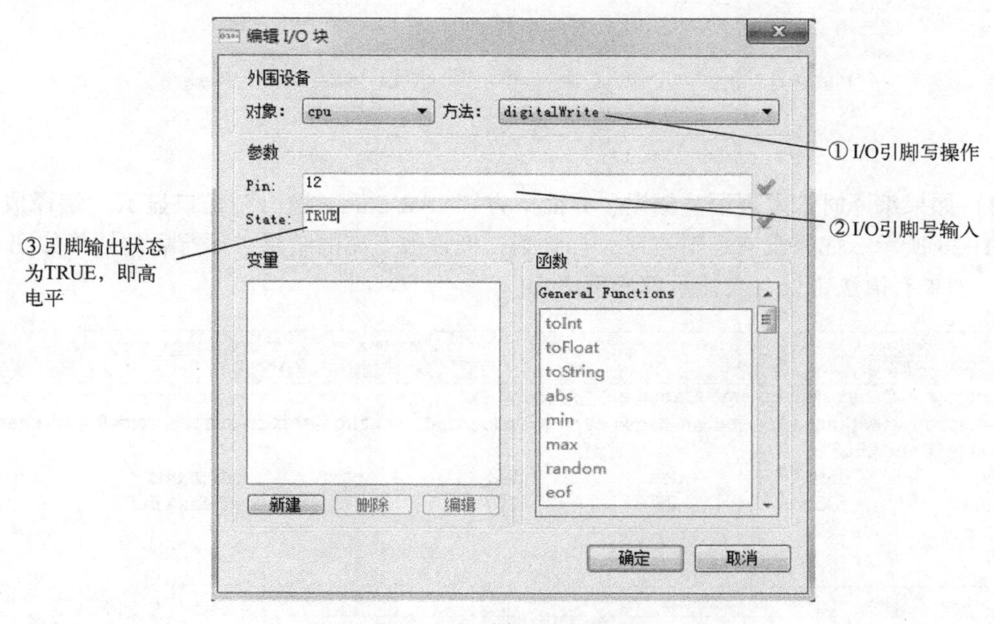

图 1-35　编辑相关属性

3）单击“确定”按钮，得到 LOOP 结构流程图如图 1-36 所示。

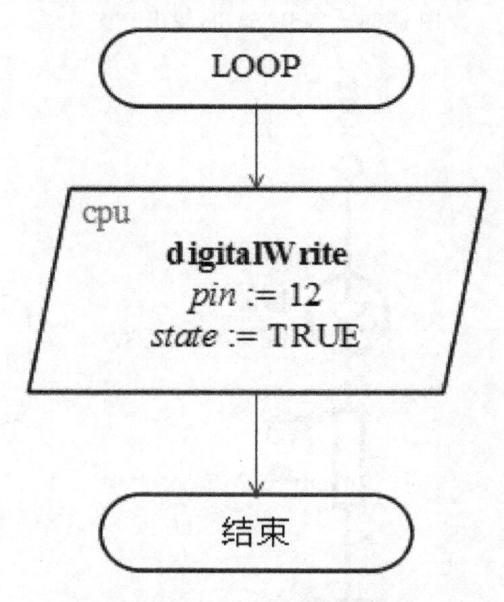

图 1-36　LOOP 结构流程图

1.2.3 仿真运行

仿真运行的具体步骤如下。

1）通过仿真工具条的仿真运行按钮对流程图（程序）编译及运行，仿真工具条如图 1-37所示。

图 1-37　仿真工具条

2）如果编译时未发现语法错误，界面下方“VSM Studio 输出”窗口显示“编译成功”，如图 1-38 所示。如果没有逻辑错误，会看到二极管被点亮的结果，运行后的结果如图 1-39 所示。如果有语法错误，会显示编译不成功。

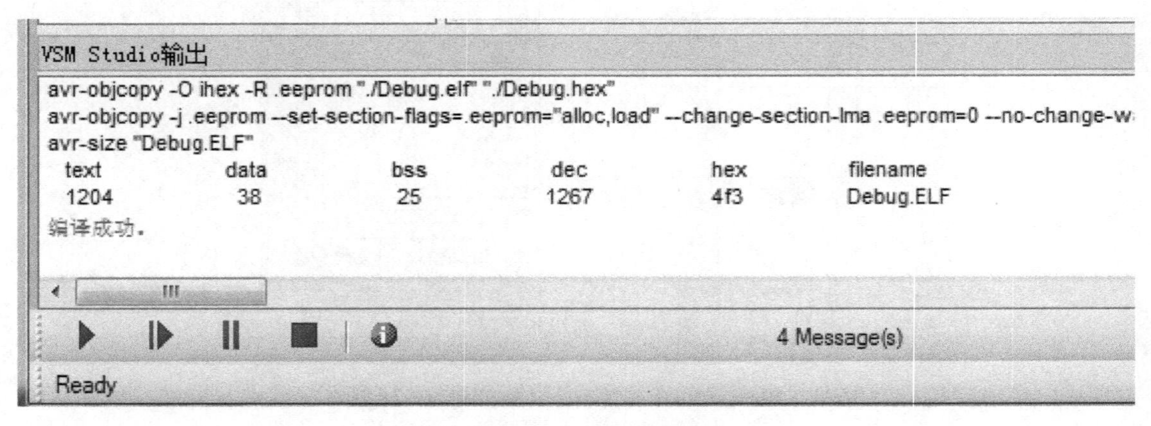

图 1-38　“VSM Studio 输出”窗口

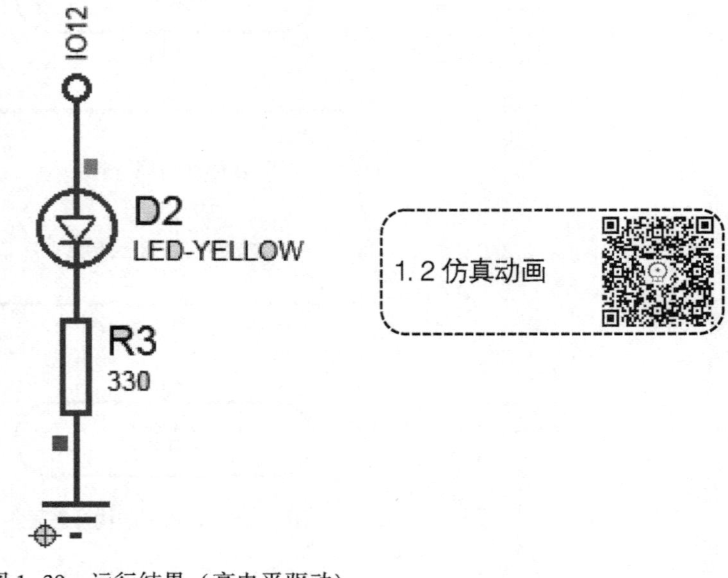

图 1-39　运行结果（高电平驱动）

相关知识

1.2.4　数字 I/O 引脚的模式定义

在应用系统中，要想通过数字 I/O 引脚完成数字量的输入或输出，应在 SETUP 结构流程图中初始化定义数字 I/O 引脚的模式为输入或输出。双击放置好的“I/O 操作”图框，按照图 1-40 所示设置 I/O 引脚的模式。

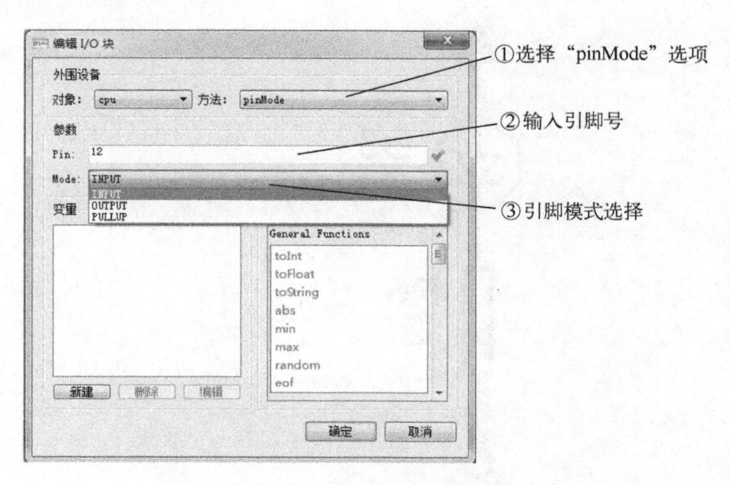

图 1-40　设置 I/O 引脚模式

1.2.5　数字 I/O 引脚输出状态设置

I/O 引脚输出的状态有 TURE（高电平）或 FALSE（低电平），在图 1-35 中的“State”文本框中设定 I/O 引脚输出的状态。

1.2.6　SETUP 结构流程图和 LOOP 结构流程图的比较

SETUP 结构流程图也叫初始化结构流程图，主要完成数字 I/O 引脚模式的设置，比如数字 I/O 引脚在硬件电路中用于输出数字量，则 I/O 引脚的模式定义为输出，比如数字 I/O 引脚在硬件电路中用于输入数字量或开关量，则 I/O 引脚的模式定义为输入；变量的定义和初始值的设置；外部中断和定时器的初始化等。这些初始化的图框只在 CPU 复位或通电开始工作时执行一次。

LOOP 结构流程图也叫循环结构流程图，是 CPU 的监控程序部分，CPU 总体上按顺序从上往下依次执行结构流程图中的图框，最后一个图框执行完后又自动返回到结构图的第一个图框，重新开始执行 LOOP 结构流程图，永不停止。此任务中的 LOOP 结构流程图内只有一个使 IO12 引脚输出高电平的图框，可以理解为 CPU 在反复执行该图框。

所以说，一旦 CPU 复位，执行完 SETUP 结构流程图后就进入到 LOOP 结构流程图，实现 CPU 对外部电路的实时控制，同时，CPU 也会监控内部资源电路的工作状态（内部定时器等电路单元）。

1.2.7 LED 二极管的驱动电路

LED 二极管上只要有 5~20mA 的正向导通电流，LED 二极管就会发光。LED 二极管的驱动电路有两种，一种是单片机的 I/O 引脚输出为高电平时，驱动 LED 二极管发光的电路，如图 1-39 所示；另一种是单片机的 I/O 引脚输出为低电平时，驱动 LED 二极管发光的电路，如图 1-41 所示。与二极管串联的电阻一般取 330 Ω、470 Ω 的标称值电阻，用于控制 LED 二极管正向导通电流的大小。

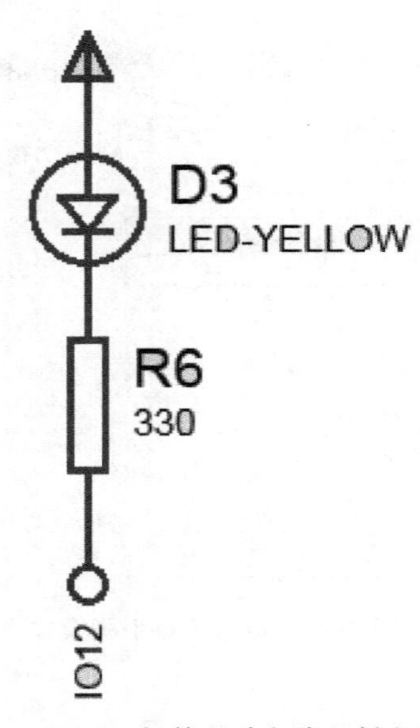

图 1-41　LED 二极管驱动电路（低电平驱动）

任务拓展

1）利用单片机的 0~13 引脚中的任何一个引脚控制外接的发光二极管固定点亮，引脚输出高电平二极管灯亮。修改硬件电路和结构流程图，仿真观察结果。

2）利用单片机的 0~13 引脚中的任何一个引脚控制外接的发光二极管固定点亮，引脚输出低电平二极管灯亮。修改硬件电路和流程图，仿真观察结果。

任务 1.3　LED 二极管单灯闪烁

任务目标

绘制结构流程图、编译并运行程序，使 Arduino 的 IO12 引脚控制单个发光二极管按秒闪烁，硬件电路如图 1-1 所示。

[**任务重点**]

- 可视化的结构流程图绘制
- 延时图框
- 发光二极管按秒闪烁
- 编译并运行、观察仿真结果

任务实施

1.3.1 SETUP 结构流程图绘制

由于硬件电路没变，所以 SETUP 结构流程图和图 1-33 一样。按照图 1-31 和图 1-32 顺序绘制 SETUP 结构图。

1.3.2 LOOP 结构流程图绘制

所谓的发光二极管按秒闪烁，就是发光二极管的显示状态在亮——熄灭之间反复切换，并且状态切换的时间间隔为 500 ms。要实现这一显示效果，单片机只需控制驱动发光二极管的 I/O 引脚的输出状态在高——低电平之间切换。

（1）IO12 引脚输出高电平

为了实现单片机 IO12 数字引脚上控制的 LED 二极管闪烁，根据硬件电路，单片机首先要使 IO12 数字引脚输出高电平，通过“I/O 操作”图框完成引脚输出高电平。“I/O 操作”图框具体设置过程如图 1-35 所示。单击“确定”按钮，得到的 LOOP 结构流程图如图 1-36 所示。

（2）放置延时 500 ms 图框

流程图工具图框中的“延时”图框如图 1-42 所示。

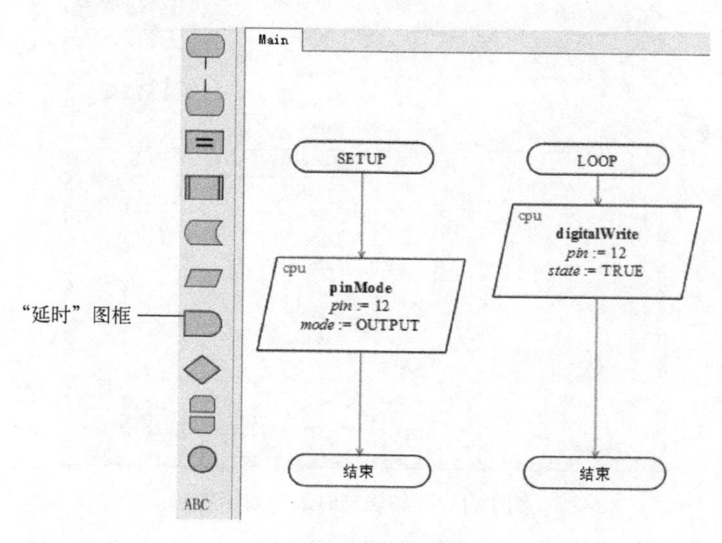

图 1-42　延时图框

把延时图框成功放置到 LOOP 结构流程图后，LOOP 结构流程图如图 1-43 所示。

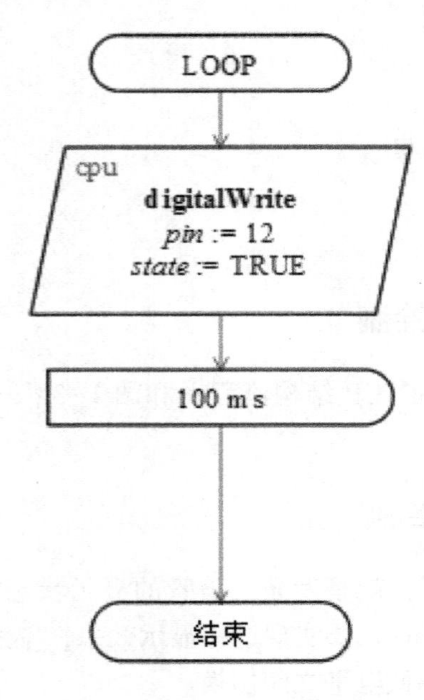

图 1-43　LOOP 结构流程图

（3）编辑延时图框

1）双击“100 ms 延时”图框。

2）弹出“编辑延时块”对话框，如图 1-44 所示。在“延时”文本框中输入 500，在右边下拉列表中选择“毫秒”选项。

3）单击“确定”按钮，LOOP 结构流程图如图 1-45 所示。

图 1-44　“编辑延时块”对话框

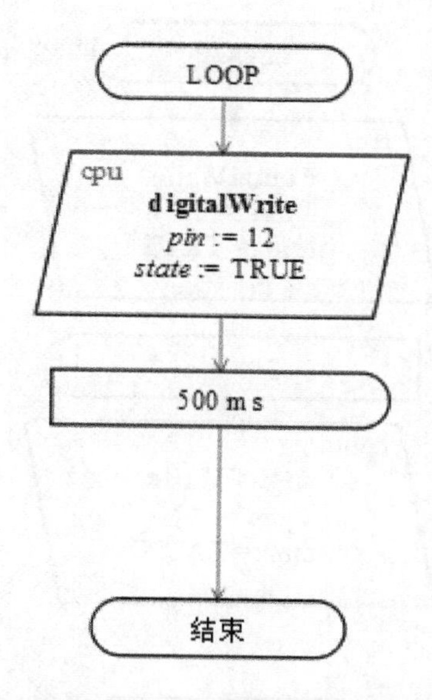

图 1-45　添加 500 ms 延时图框的 LOOP 结构流程图

（4）IO12 引脚输出为低电平

放置“I/O 操作”图框，使 IO12 引脚输出为低电平，设置过程和使 IO12 引脚输出高电平一样，IO12 引脚输出为低电平设置过程如图 1-46 所示。其中，在“方法”下拉列表中选择“digitalWrite”选项，在“Pin”文本框中输入 12，在“State”栏输入 FALSE，单击“确定”按钮，LOOP 结构流程图如图 1-47 所示。

图 1-46　IO12 引脚输出为低电平设置

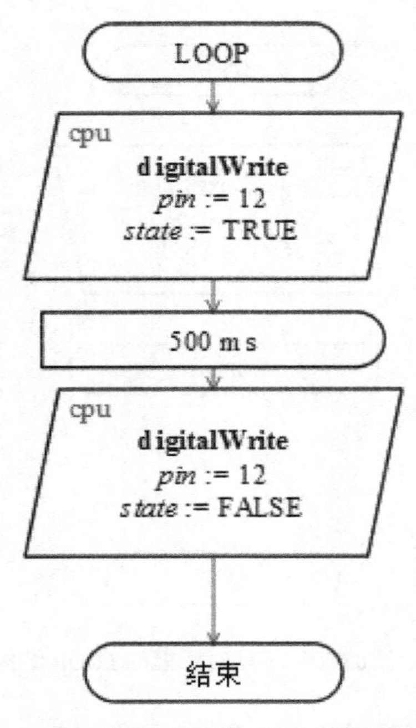

图 1-47　LOOP 结构流程图（IO12 输出为低电平）

（5）放置延时 500 ms 图框

放置延时 500 ms 图框成功，最后的 LOOP 结构流程图如图 1-48 所示。

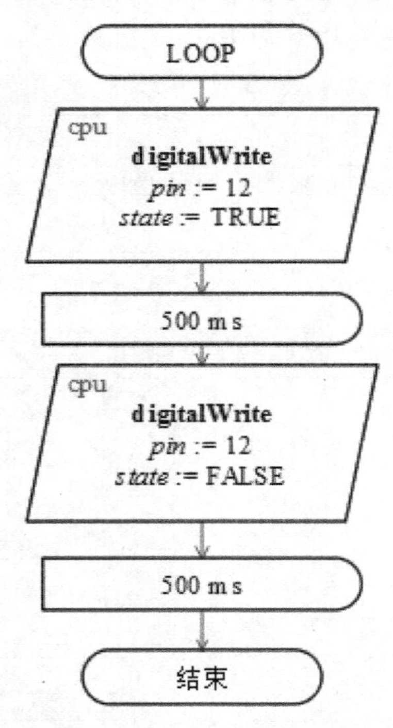

图 1-48　LOOP 结构流程图

1.3.3 仿真运行

单击“仿真运行”按钮，如果流程图编译成功，自动连续运行程序，切换到原理图设计界面看到发光二极管按照 1 s 时间间隔亮暗闪烁。

在连续运行时可以单击“暂停”按钮，程序运行暂停。具体操作如下。

（1）进入可视化界面

1）编译成功，连续运行，单击“暂停”按钮，自动进入到“可视化设计”界面，如图 1-49 所示。

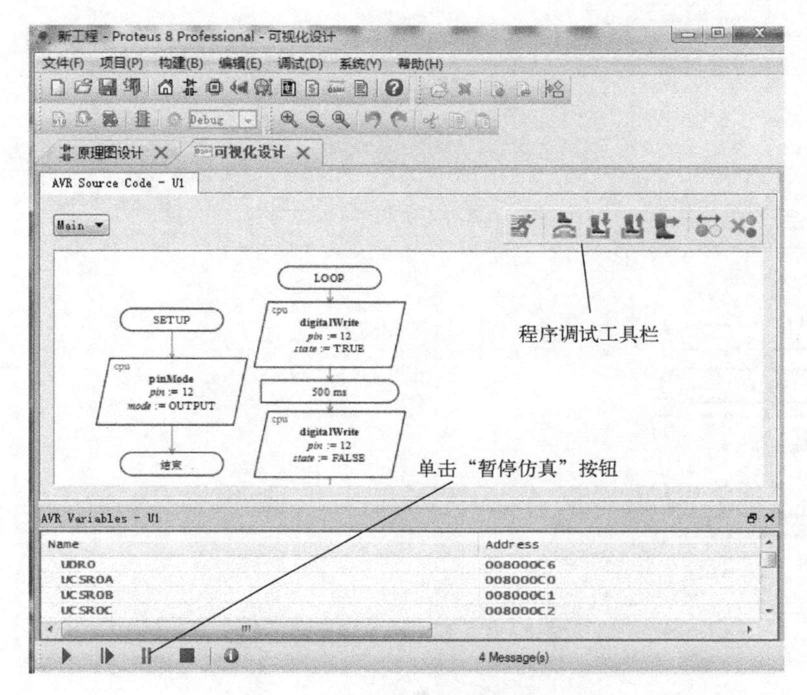

图 1-49　可视化设计界面

2）在“可视化设计”界面中增加了程序调试工具栏，通过按键相应按钮，对程序实现连续、单步、进入函数、跳出函数和跳到光标处等运行。

（2）单步运行程序，观察发光二极管的显示状态

1）第一次单击“单步运行”按钮，选中的图框处于准备状态（还没运行），单步运行过程如图 1-50 所示。

2）第二次单击“单步运行”按钮，选中的图框处于准备状态（还没运行），单步运行过程如图 1-51 所示。

3）第三次单击“单步运行”按钮，选中的图框处于准备状态（还没运行），单步运行过程如图 1-52 所示。此时切换到原理图界面，发光二极管亮，如图 1-53 所示。

4）第四次单击“单步运行”按钮，选中的 500 ms 延时图框处于准备状态（还没运行）。

5）第五次单击“单步运行”按钮，重新回去选中第一图框，“单步运行”过程如

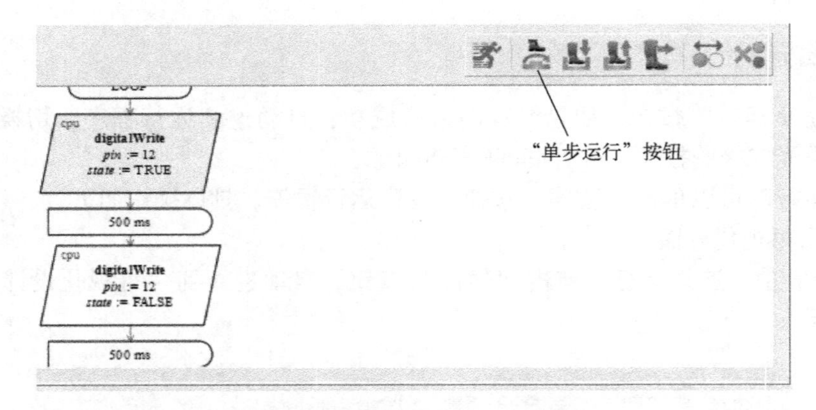

图 1-50　第一次单步运行过程

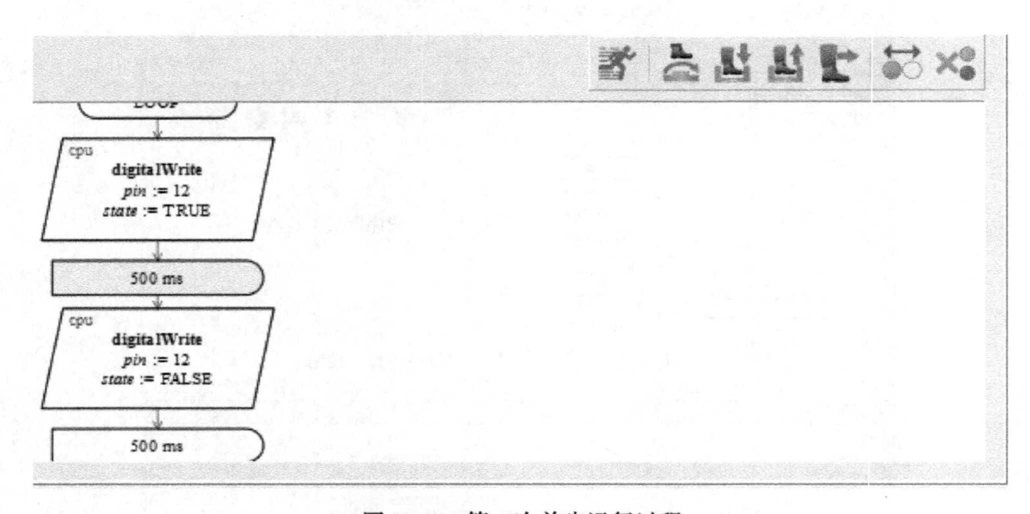

图 1-51　第二次单步运行过程

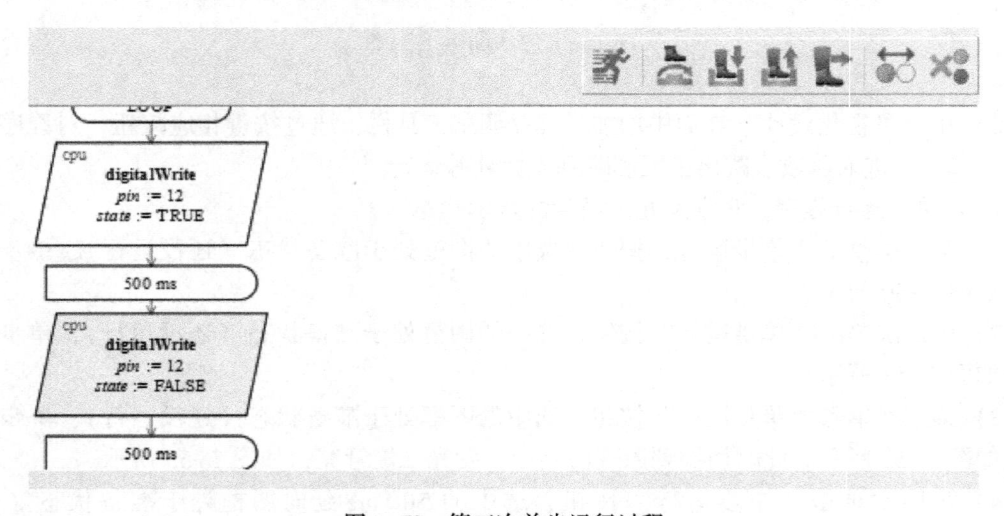

图 1-52　第三次单步运行过程

图 1-50，切换到原理图界面，发光二极管熄灭，如图 1-54 所示。

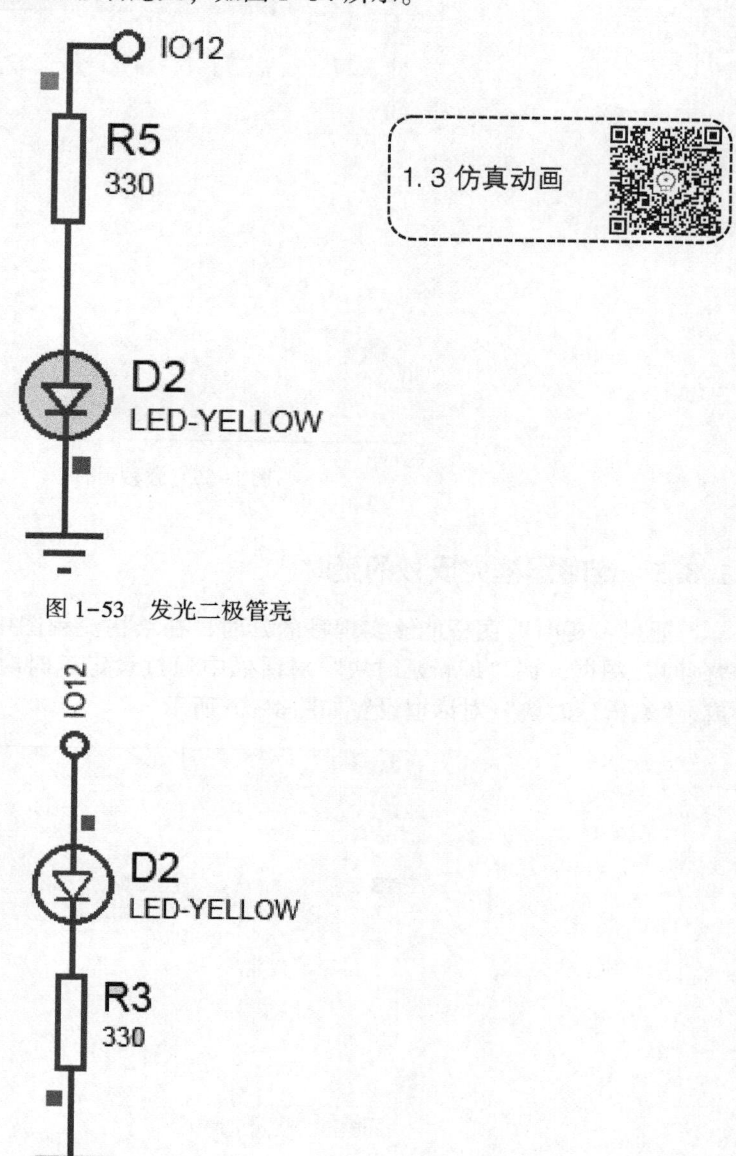

图 1-53　发光二极管亮

图 1-54　发光二极管熄灭

相关知识

1. 3. 4　延时图框完成微秒延时

通过“延时”图框能够实现微秒的延时，在结构流程图中放置好“延时”图框后，双击“延时”图框，在“编辑延时块”对话框中通过设定延时时间单位为“微秒”和具体数字完成，“编辑延时块”对话框设置如图 1-55 所示。

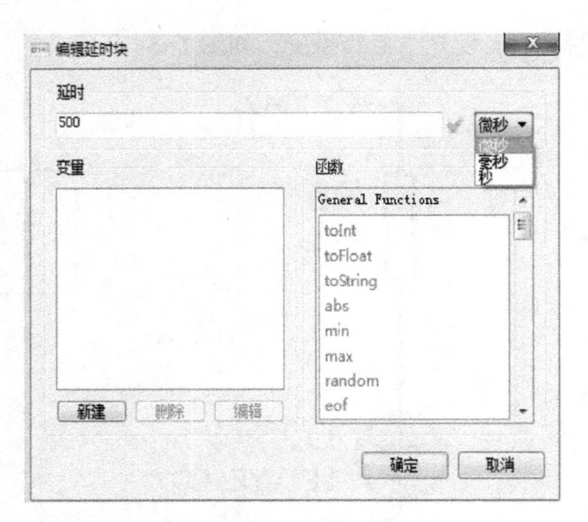

图 1-55　微秒延时

1.3.5　延时图框完成秒的延时

通过“延时”图框能够实现秒的延时，在结构流程图中放置好“延时”图框后，双击“延时”图框，在“编辑延时块”对话框中通过设定延时时间单位为“秒”和具体数字完成，“编辑延时块”对话框设置如图 1-56 所示。

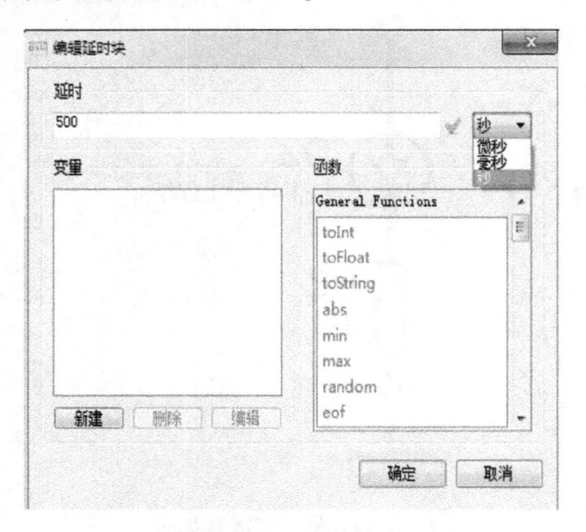

图 1-56　秒的延时

1.3.6　程序调试工具栏

程序调试工具栏如图 1-57 所示，由 7 个按钮组成，从左往右依次为连续运行、单步运行、单步跳进子程序、跳出子程序、单步到、切换断点、清除断点。

（1） 连续运行

结构流程图编译（也叫构建工程）通过后，单击仿真工具条中的“开始”或“暂停”

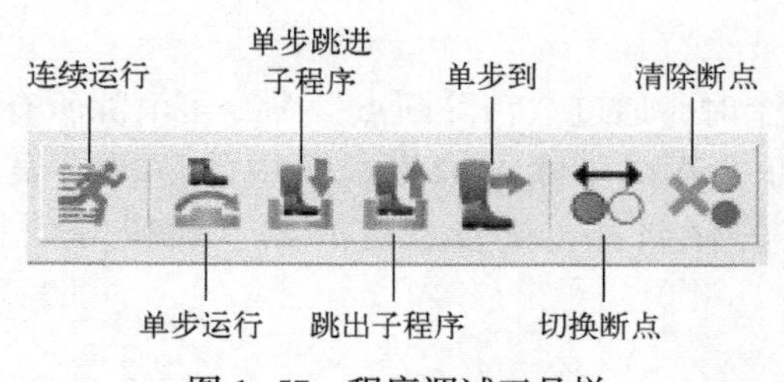

图 1-57　程序调试工具栏

按钮，进入到如图 1-49 所示的程序调试界面，单击“连续运行”按钮观察仿真结果。

（2）单步运行

单击一次“单步运行”按钮，单步运行 LOOP 结构图中的图框，按照从上往下的顺序执行。

（3）单步跳进子程序

单击“单步跳进子程序”按钮，单步执行图框，如果是子程序结构流程图的调用图框，CPU 就进入到子程序结构流程图中“单步运行”图框。

（4）跳出子程序

CPU 在子程序结构流程图单步运行中，单击“跳出子程序”按钮，跳出子程序，回到上一级结构流程图中继续运行程序。

（5）单步到

可视化结构流程图禁用此功能，只对源代码调试有效。

（6）切换断点

在某一图框上添加断点，单击“连续运行”按钮，运行到有断点的图框暂停运行，断点对单步运行、单步跳进子程序运行方式没有用。图框添加或取消断点操作如图 1-58 所示，在图框上右击，弹出快捷菜单，选择“切换断点”命令，在添加或取消之间切换，图框右上角有点的表示添加了断点。

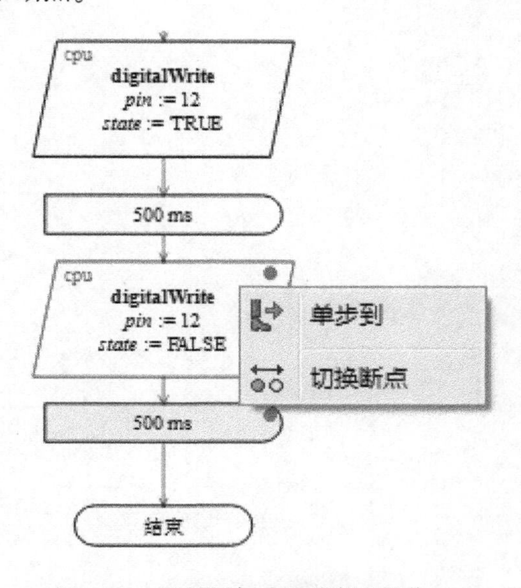

图 1-58　图框添加或取消断点操作

（7）清除断点

当设置的断点超过两个时，通过“清除断点”命令可清除所有的断点。

通过这些调试按钮可以调试排除结构流程图中的逻辑错误，同时，还可通过“单步运行”观察 CPU 内部的存储器、变量、定时器、代码等数据，进一步判断错误的原因。

任务拓展

1）修改任务中的硬件和结构流程图，使 IO2 数字引脚上的发光二极管按秒的时间闪烁。

2）修改任务中的结构流程图，硬件不动，使发光二极管按 2 s 的时间间隔闪烁。

项目2　LED二极管的花样显示控制

LED发光二极管的单灯控制在硬件和结构流程图的设计上都很简单，对于多个LED发光二极管的控制特别是花样显示控制，在硬件和结构流程图设计上就复杂很多。

在硬件设计时要考虑单片机的I/O引脚是否够用，用到的I/O引脚是否编号连续，如果I/O引脚编号连续，对I/O引脚操作的结构流程图会相对简单。I/O引脚不够用时，考虑用类似74HC595串入并出的移位寄存器来增加I/O引脚数量。

通过系统提供的可视化I/O操作图框、延时图框、决策块图框、循环构建图框等完成系统结构流程图（计算机语言中称为程序）绘制，实现对多个LED发光二极管的花样显示控制。

任务2.1　LED二极管跑马灯控制

任务目标

使用Arduino的数字IO0~IO7引脚分别控制LED发光二极管，实现8个LED发光二极管按照跑马灯花样显示，仿真硬件电路如图2-1所示。

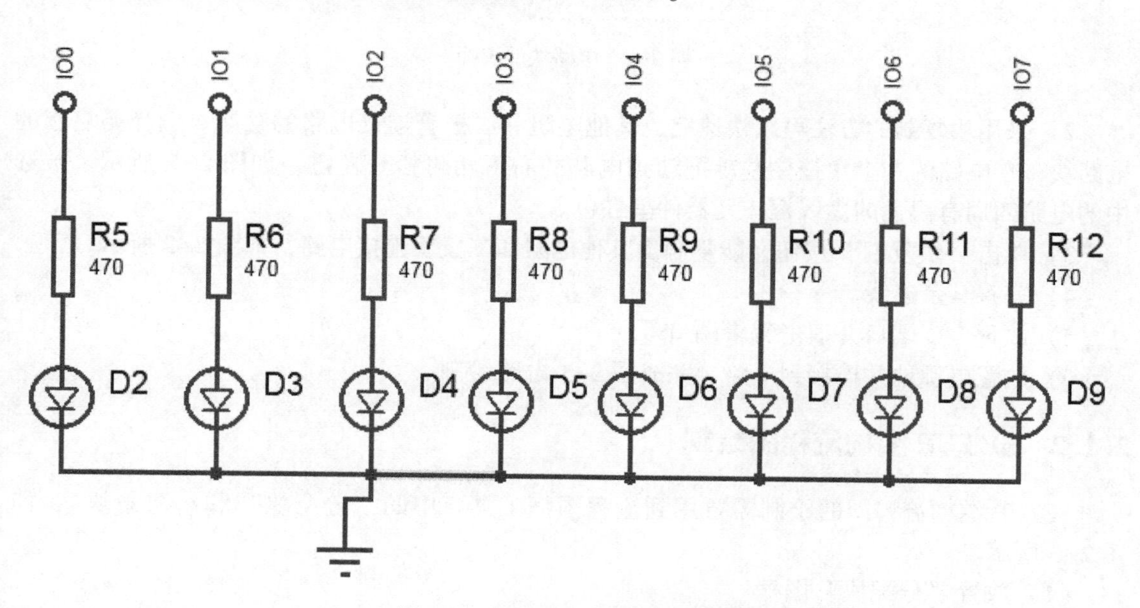

图2-1　8个发光二极管显示电路

[任务重点]

- 用“决策块”图框编写分支结构
- 跑马灯花样显示特点
- 所有 LED 发光二极管亮或暗的结构流程图绘制
- 判断 LED 发光二极管从左到右显示了一遍
- 编译并运行、观察仿真结果

任务实施

2.1.1 硬件电路绘制

1）绘制好一个电阻和一个二极管的连接电路，方法如任务 1.1 所述，电路如图 2-2 所示。

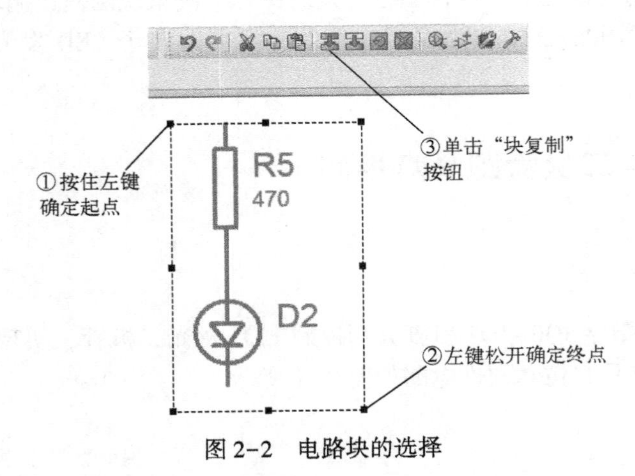

图 2-2　电路块的选择

2）采用块复制的方法可以快速完成其他电阻和二极管连接电路的绘制。选择要复制的电路块，在电路的左上角按住左键拖动到电路的右下角再松开左键，如图 2-2 所示。被选中的电路四周有黑色的虚线框，元器件呈红色。

3）单击“块复制”按钮，能复制出其他电阻和二极管连接电路，如图 2-2 所示。

4）完善其余连线。

5）放置 I/O 端口并双击编辑端口号。

6）放置电源地并连接到电路，完成图 2-1 电路绘制。

2.1.2 SETUP 结构流程图绘制

SETUP 结构流程图的绘制需要用到流程图框工具条中的“分配块”和“决策块”，如图 2-3 所示。

（1）放置“分配块”图框

1）拖动“分配块”到 SETUP 结构流程图中，如图 2-4 所示。

2）双击“分配块”，弹出“编辑分配块”对话框，如图 2-5 所示。

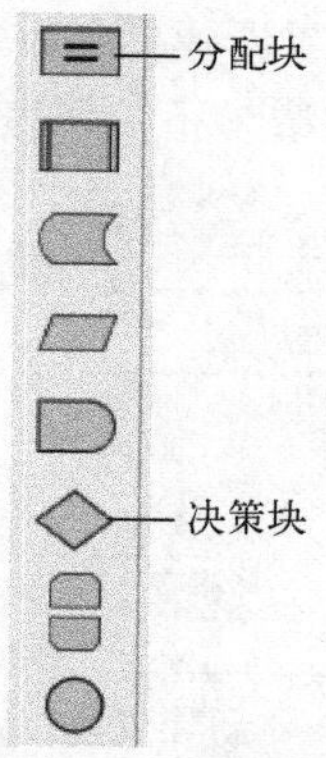

图 2-3　流程图框工具条中的“分配块”和“决策块”图

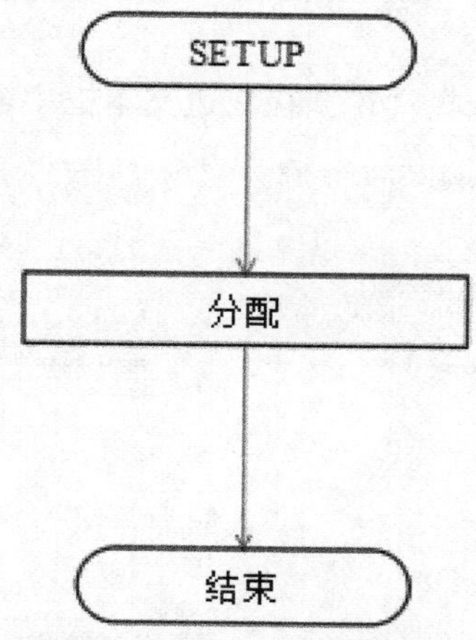

图 2-4　SETUP 结构流程图

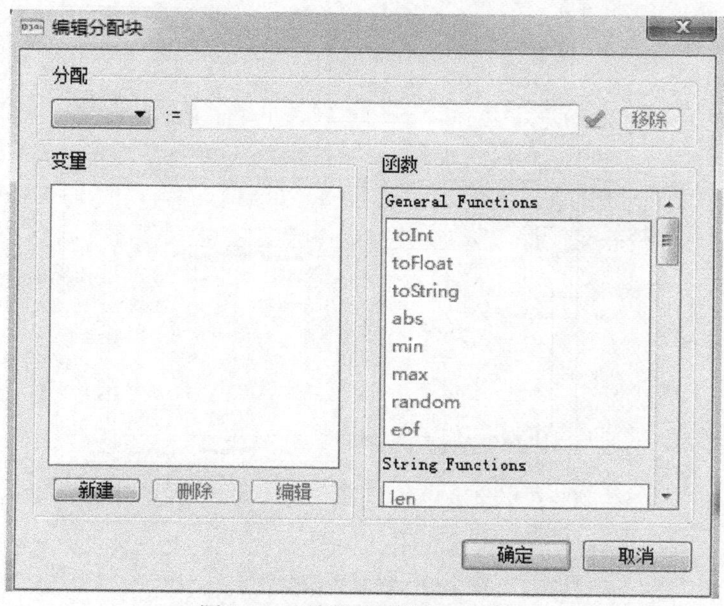

图 2-5　“编辑分配块”对话框

3）单击左下角“新建”按钮，弹出“新建变量”对话框，如图 2-6 所示。在“命名”文本框中输入 j（变量名可以任意），在“类型”下拉列表中选择“INTEGER（整型）”选项。

图 2-6 “新建变量”对话框

4）单击“确定”按钮，回到“编辑分配块”对话框，整型变量 j 定义成功，如图 2-7a 所示。

5）在“分配”下拉列表框选择“j”，在右边文本框中输入 0，具体如图 2-7b 所示。

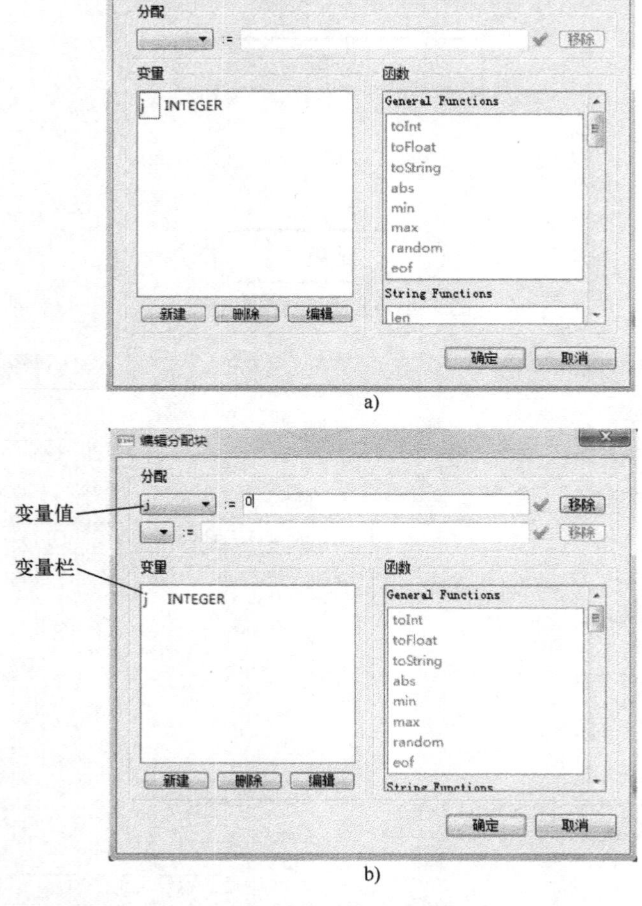

图 2-7 设置整型变量 j

a）定义整型变量 j b）设置“分配”属性

6）单击“确定”按钮，绘制的 SETUP 结构流程图如图 2-8 所示。

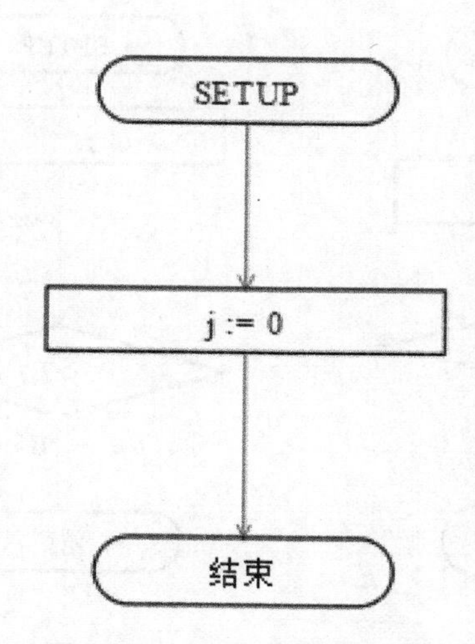

图 2-8　SETUP 结构流程图（添加分配块）

（2）放置“决策块”

拖动“决策块”图框到 SETUP 结构流程图，双击“决策块”，弹出“编辑条件块”对话框，如图 2-9 所示。在“条件”文本框中输入“j>7”，单击“确定”按钮，完成的 SETUP 结构流程图如图 2-10 所示。

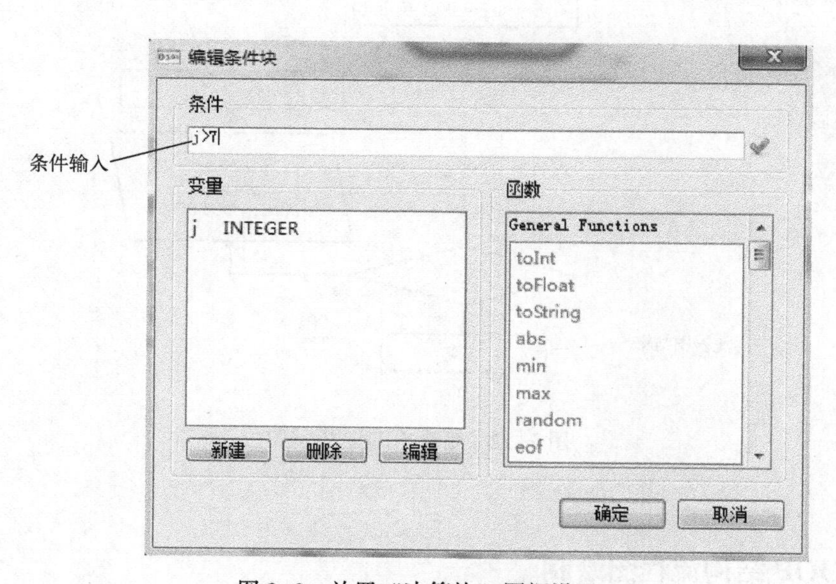

图 2-9　放置“决策块”图框设置

（3）完成“决策块”另一出口连线

具体连线操作示意图如图 2-11 所示。

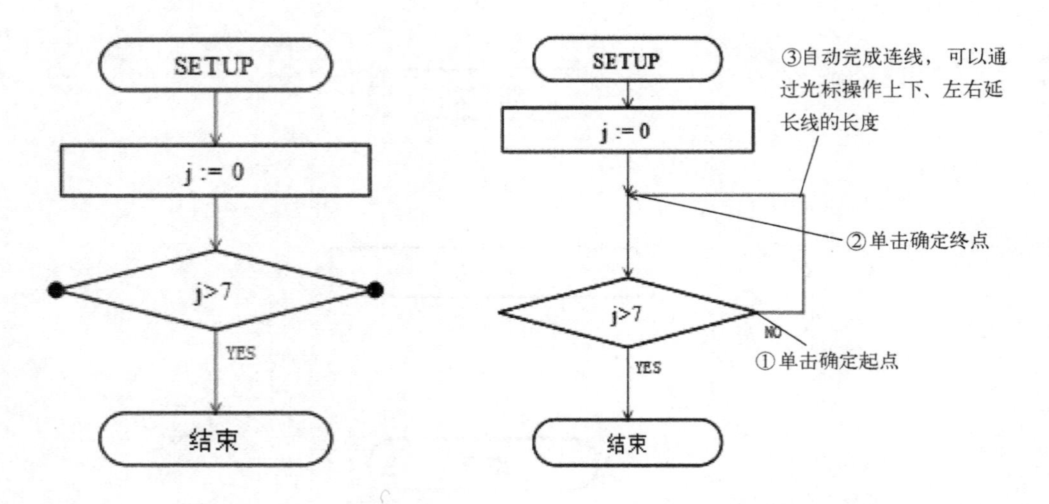

图 2-10　SETUP 结构流程图（添加决策块）　　　　图 2-11　连线操作示意图

（4）继续完善 SETUP 结构流程图

如图 2-12 所示，继续完善 SETUP 结构流程图。

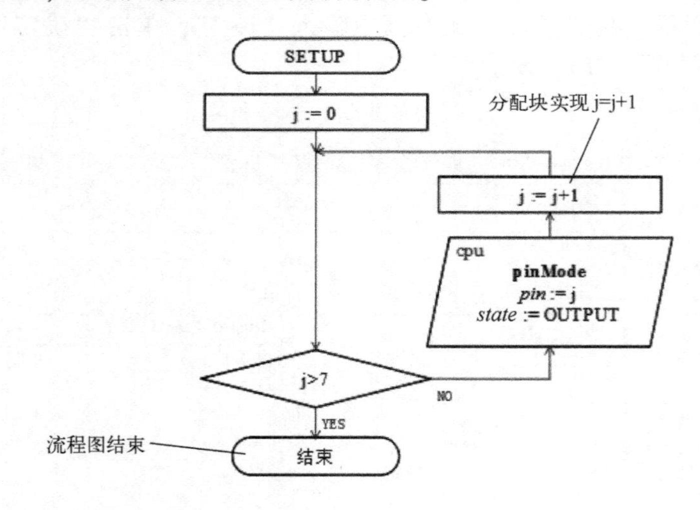

图 2-12　完善 SETUP 流程图

2.1.3　LOOP 结构流程图绘制

由于 LOOP 结构流程图中所有图框已经用过，具体绘制过程不再说明，按照图 2-13 所示绘制 LOOP 结构流程图。

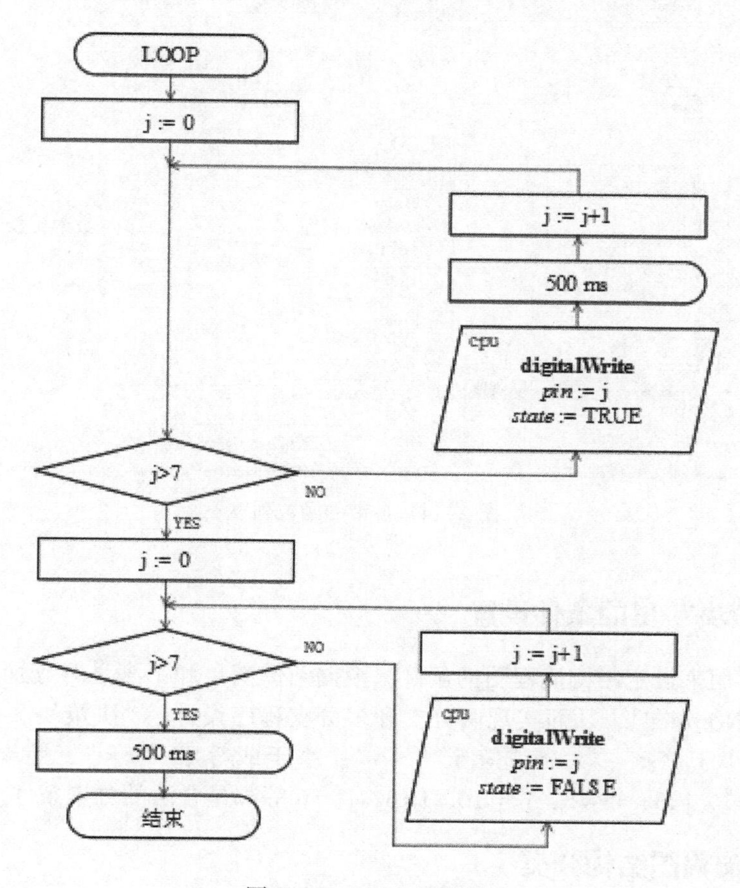

图 2-13　LOOP 流程图

2.1.4　仿真运行

2.1 仿真动画

单击“仿真运行”按钮，观察仿真结果。

相关知识

2.1.5　“分配块”图框里变量的算术运算

可视化结构流程图绘制时，通过“分配块”实现对变量的算术运算，具体的运算符含加“+”、减“-”、乘“*”、除“/”、求余“%”等运算，比如 j=j+1、j=j-1、j=j*10、j=j/10、j=j%10、j=i+10 等都是合法的运算。

也可通过系统自带的函数对变量进行相应的计算，自带的函数列表如图 2-14 所示。

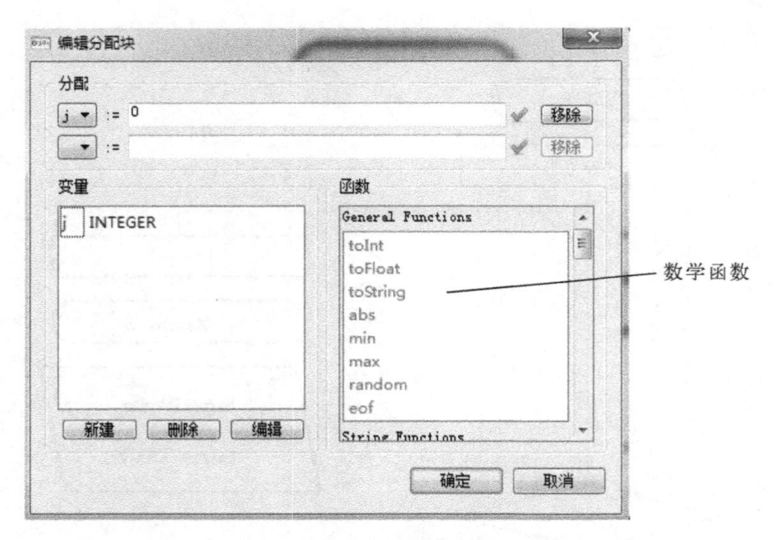

图 2-14　自带的函数列表

2.1.6　“决策块”里的条件设置

“决策块”用来设定结构流程图的条件，根据条件满足和不满足时分别执行相应的分支流程（YES 或 NO 分支），从而实现两分支和多分支程序设计，“决策块”里能设置的条件有大于“>”、小于“<”、大于或等于“>=”、小于或等于“<=”、等于“=”、不等于“!=”，比如 j>7，j<3，j>=5，j<=10，j=3，j!=6 等都是合法的分支条件。

2.1.7　结构流程图结构分类

结构流程图从结构上分为顺序结构、分支结构、循环结构 3 类。这里只介绍顺序结构和分支结构。

（1）顺序结构

顺序结构实现流程图中的图框按从上到下依次执行。任务 1.3 中的 SETUP 和 LOOP 结构流程图均为顺序结构流程图。

（2）分支结构

分支结构流程图中用到了“决策块”图框，“决策块”图框执行后下一步执行“YES”分支还是“NO”分支要根据“决策块”图框里条件是否满足。

任何结构流程图从总体上说都是顺序结构，因为流程图的执行总体上是按顺序从上往下依次执行，如果遇到“决策块”图框，可以选择不同路径继续执行，到最后都要结束流程图的执行（LOOP 结构流程图总体上也是顺序结构，但不结束执行）。

2.1.8　SETUP 结构流程图功能说明

SETUP 结构流程图通过一个分支结构对 IO0 ~ IO7 引脚的模式进行定义，均定义为输出模式，SETUP 结构流程图功能说明如图 2-15 所示。

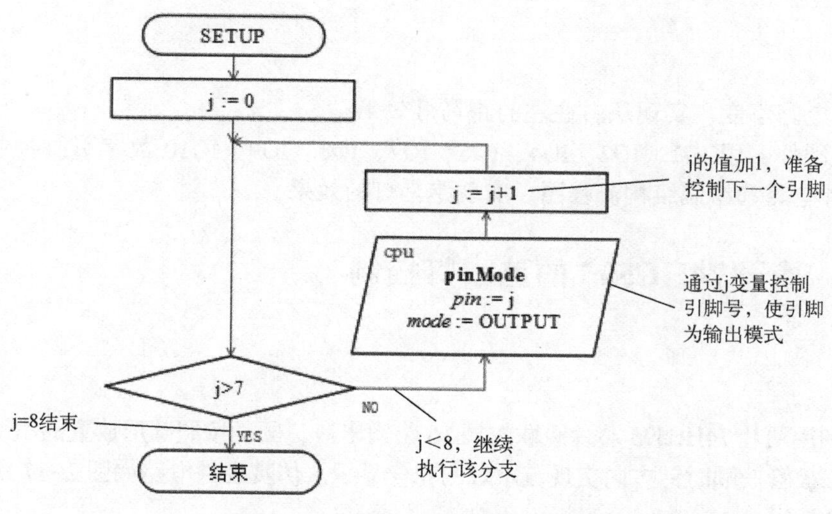

图 2-15　SETUP 结构流程图功能说明

2.1.9　LOOP 结构流程图功能说明

LOOP 结构流程图的上半部分，通过 j 变量控制引脚号，使 IO0~IO7 引脚分别输出高电平，并延时 500 ms，看到跑马灯的效果；LOOP 结构流程图的下半部分，通过 j 变量控制引脚号，使 IO0~IO7 引脚分别输出为低电平，所有灯熄灭，并延时 500 ms，为下一次跑马灯的效果做准备。LOOP 结构流程图功能说明如图 2-16 所示。

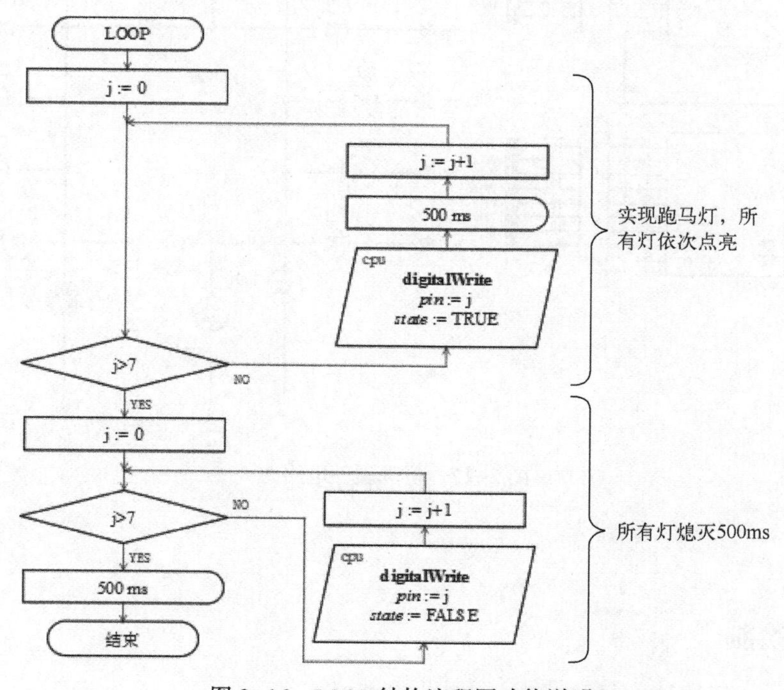

图 2-16　LOOP 结构流程图功能说明

任务拓展

1）硬件电路不变，实现从右往左的跑马灯效果。

2）修改硬件，用IO1、IO2、IO4、IO6、IO7、IO8、IO9、IO10数字引脚控制发光二极管，设计硬件电路和绘制结构流程图，实现跑马灯的效果。

任务2.2　基于74HC595的流水灯控制

任务目标

任务是利用两片74HC595芯片级联扩展16位输出口，驱动按照圆形放置的16个发光二极管，使发光二极管按顺时针方向实现流水灯的花样显示。仿真硬件电路如图2-17所示。

[任务重点]

- 串入并出的移位寄存器74HC595的工作原理
- 两片74HC595级联的硬件电路设计
- 结构流程图绘制
- 编译并运行、观察仿真结果

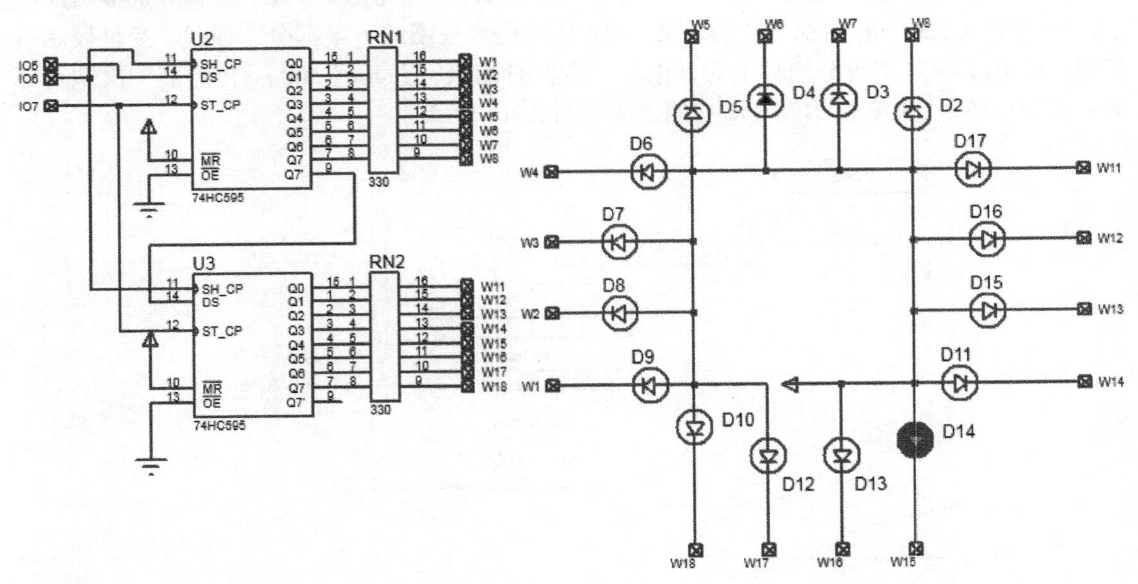

图2-17　仿真硬件电路

任务实施

2.2.1　硬件绘制

（1）74HC595元器件选择

在“选取元器件”对话框的“分类”列表框中选择“TTL 74HC series”选项，在“显示本地结果”列表框中双击“74HC595”选项，完成 74HC595 元器件选择，如图 2-18 所示。

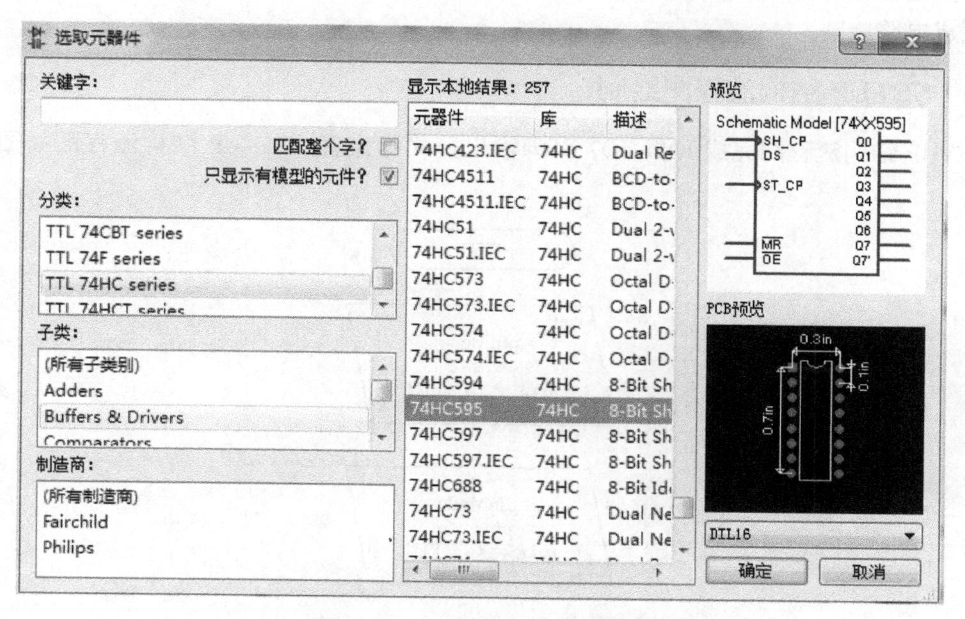

图 2-18　74HC595 元器件选择

（2）排阻元器件选择

在“选取元器件”对话框的“分类”列表框中选择“Resistors”选项，在“子类”列表框中选择“Resistor Packs”选项，在“显示本地结果”列表框中双击“RX8”选项，完成排阻元器件的选择，如图 2-19 所示。

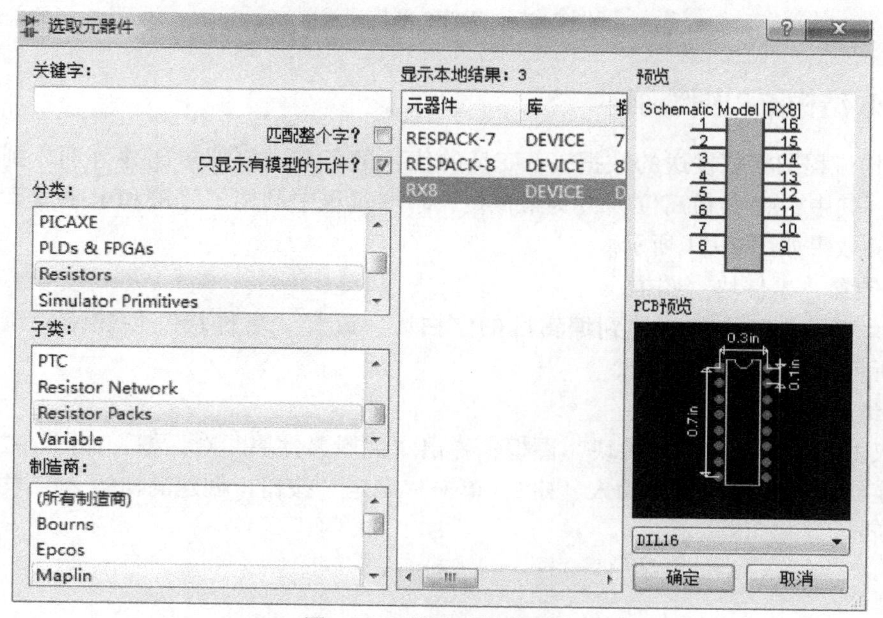

图 2-19　排阻元器件选取

（3）放置元器件和端口

按照图 2-17 所示电路放置元器件和端口，调整元器件相对位置，连线、编辑元器件属性，完成电路绘制。

2.2.2 SETUP 结构流程图绘制

SETUP 结构流程图完成 IO5～IO7 引脚输出模式的设置，SETUP 结构流程图如图 2-20 所示。

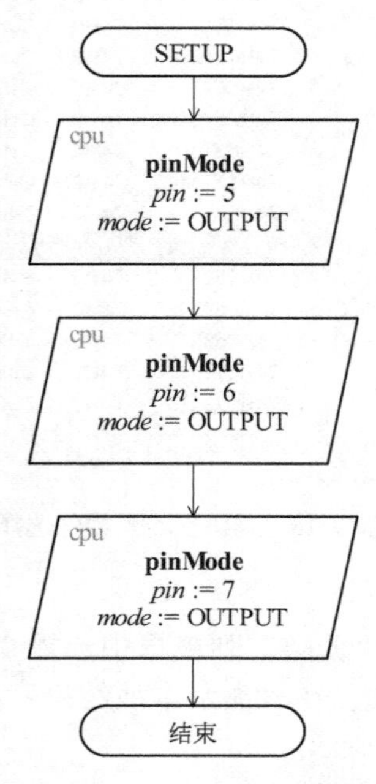

图 2-20 SETUP 结构流程图

2.2.3 zh 结构流程图绘制

zh 结构流程图将要发送的数据（a 变量的值）的各二进制位求出并分别放到布尔变量 a7～a0 中，其中，a7 为最高位，a0 为最低位，求取过程中利用了除法和求余运算。zh 结构流程图最终效果如图 2-21 所示。

（1）放置“事件块”图框

拖动“事件块”图框放置到编辑区的空白区，放置“事件块”创建结构流程图，如图 2-22 所示。

（2）编辑事件块

1）双击结构图中的“事件块”图框，弹出“编辑事件块”对话框，如图 2-23 所示。

2）在“名称”文本框中输入“zh”，单击“确定”按钮，创建的初始 zh 结构流程图如图 2-24 所示。

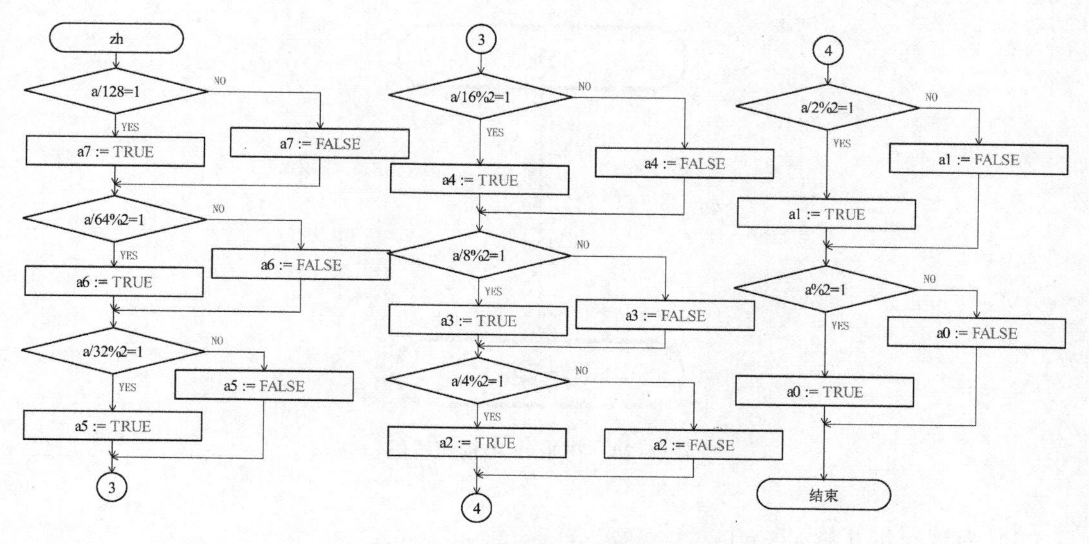

图 2-21　zh 结构流程图最终效果

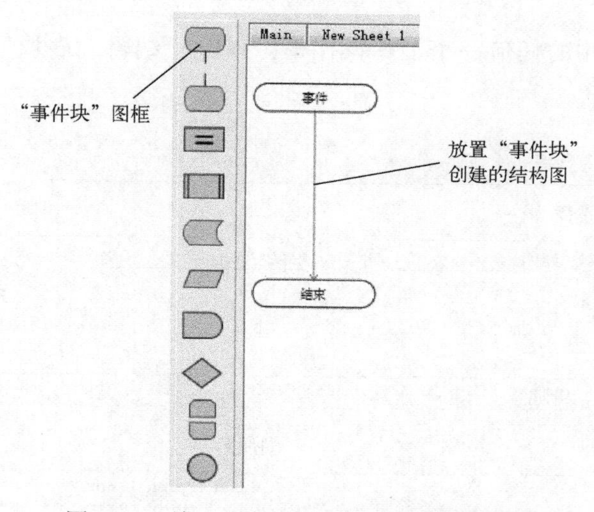

图 2-22　放置"事件块"创建的结构流程图

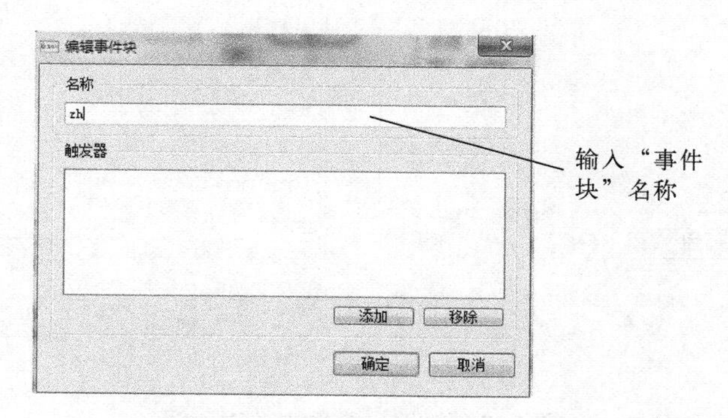

图 2-23　"编辑事件块"对话框

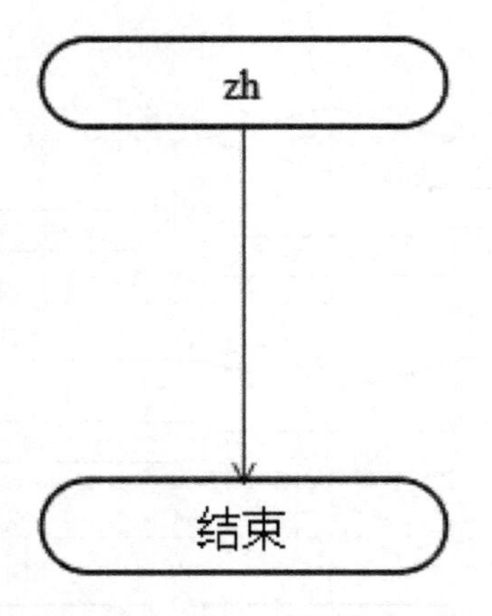

图 2-24　初始 zh 结构流程图

（3）新建布尔变量 a7～a0

可以在任何结构流程图的“分配块”“决策块”“I/O 操作”图框等的编辑窗口中新建变量。

1）双击图 2-20 中的任何一个 I/O 操作框，弹出“编辑 I/O 块”对话框，如图 2-25 所示。

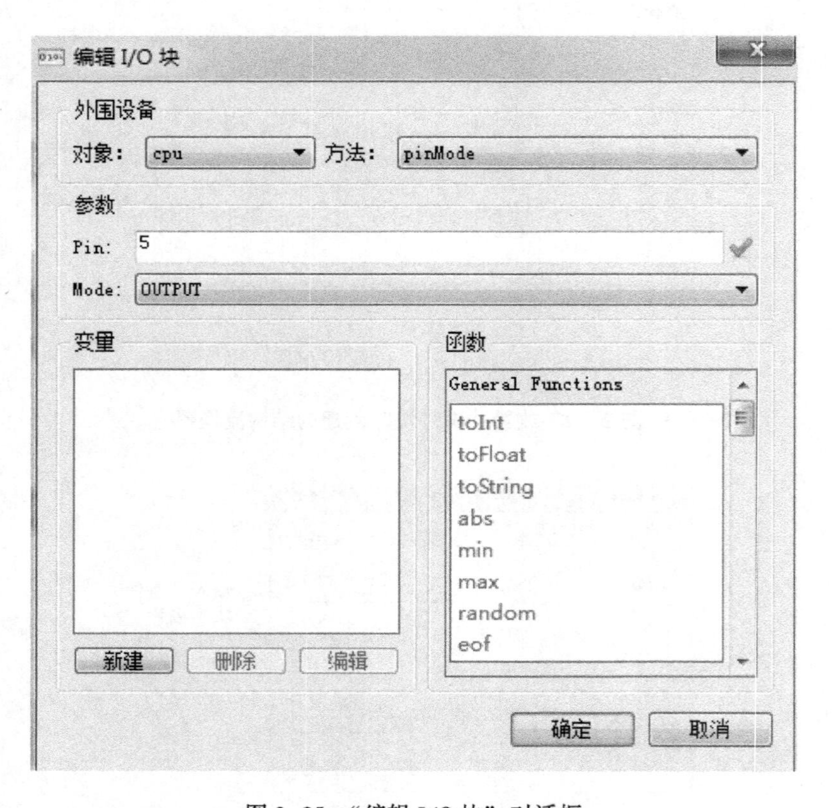

图 2-25　“编辑 I/O 块”对话框

2）单击“新建”按钮，弹出“新建变量”对话框，如图 2-26 所示。在“命名”文本框中输入“a0”，在“类型”下拉列表框中选择“BOOLEAN”选项。

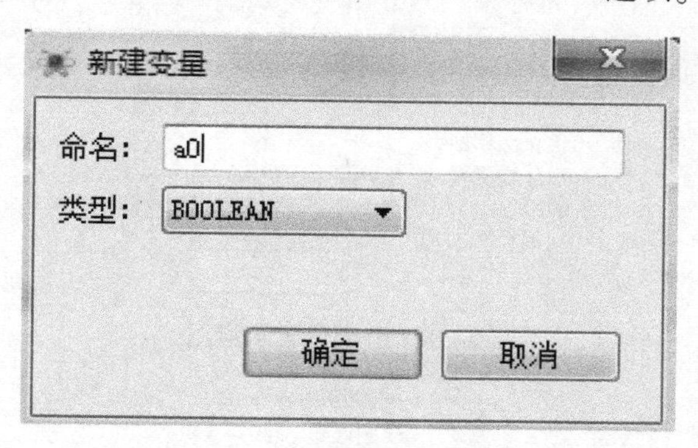

图 2-26 “新建变量”对话框

3）单击“确定”按钮，在“编辑 I/O 块”对话框中完成布尔变量 a0 的定义，如图 2-27 所示，在“变量”列表框中列出了定义好的变量 a0。

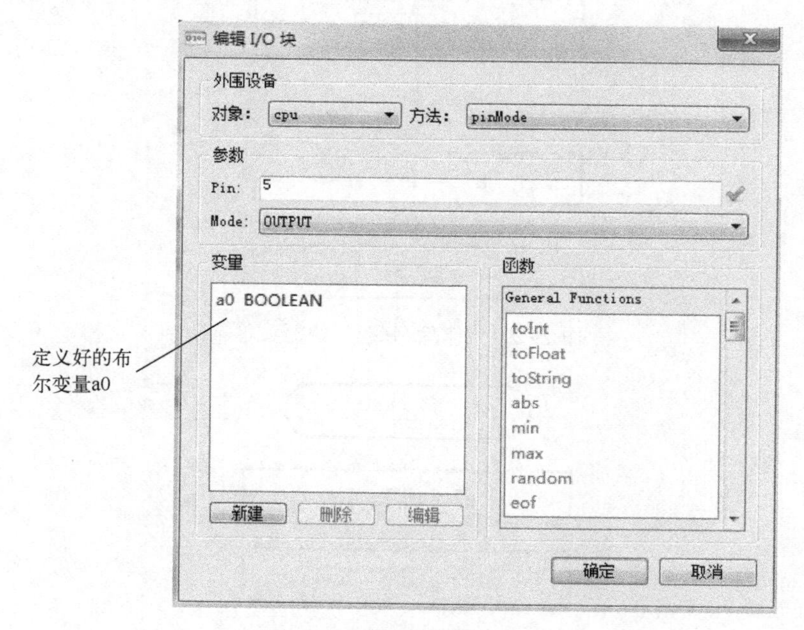

图 2-27 布尔变量 a0 定义

4）和变量 a0 的新建方法相同，完成变量 a1 ~ a7 的新建，所有变量新建结束后，图 2-27 中的“变量”列表中会全部列出。

（4）结构流程图的分裂

结构流程图比较复杂，编辑区的纵向或横向放不下时，可以将结构流程图分裂。

1）将光标移动到要分裂的连接线位置，分裂位置示意如图 2-28 所示。

2）右击弹出“删除/分裂”快捷菜单，如图 2-29 所示，选择“分裂”选项，完成结构流程图的分裂，自动添加成对的“互联”图框，“互联”图框编号按顺序随机产生，编号相同的地方就是连接在一起的，分裂后的结构流程图如图 2-30 所示。

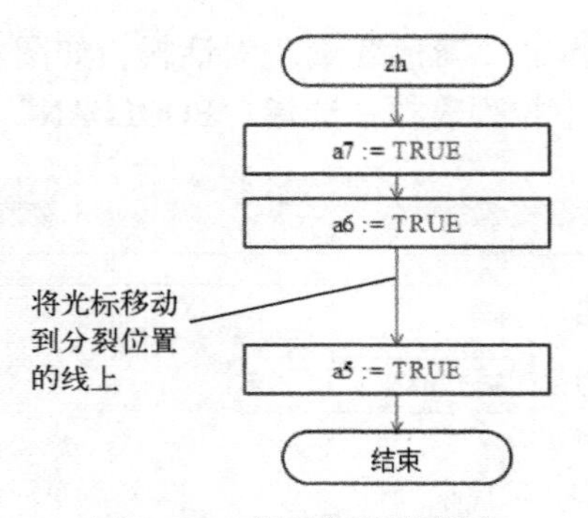

图 2-28　分裂位置示意图

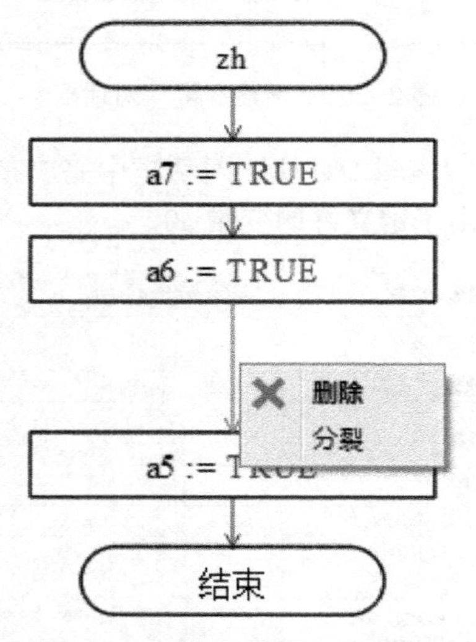

图 2-29　“删除/分裂”快捷菜单

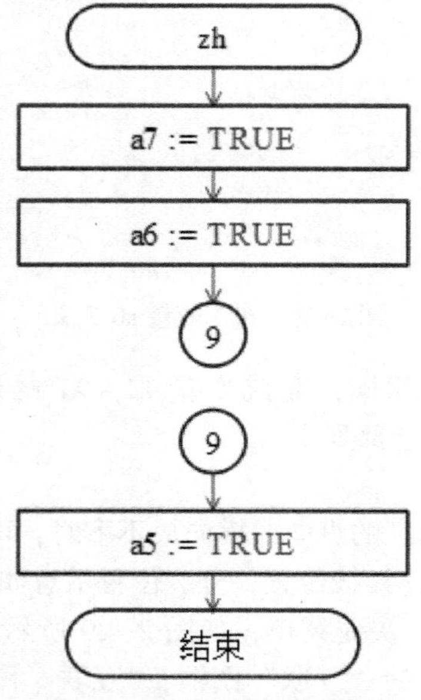

图 2-30　分裂后的结构流程图

（5）完成其他流程图

继续完成 zh 结构流程图的绘制，最终效果如图 2-21 所示。

2.2.4 fa 结构流程图和 SH 结构流程图绘制

SH 结构流程图实现 IO6 引脚为低-高-低的电平。fa 结构流程图实现将变量 a7～a0 的值依次发送到 74HC595 保存起来，按照 74HC595 工作原理，IO5 每输出一个二进制位，IO6 引脚必须输出一个上升沿脉冲（即低-高-低的电平），单片机才能将一位二进制数输出锁存到 74HC595。fa 结构流程图和 SH 结构流程图如图 2-31 所示。

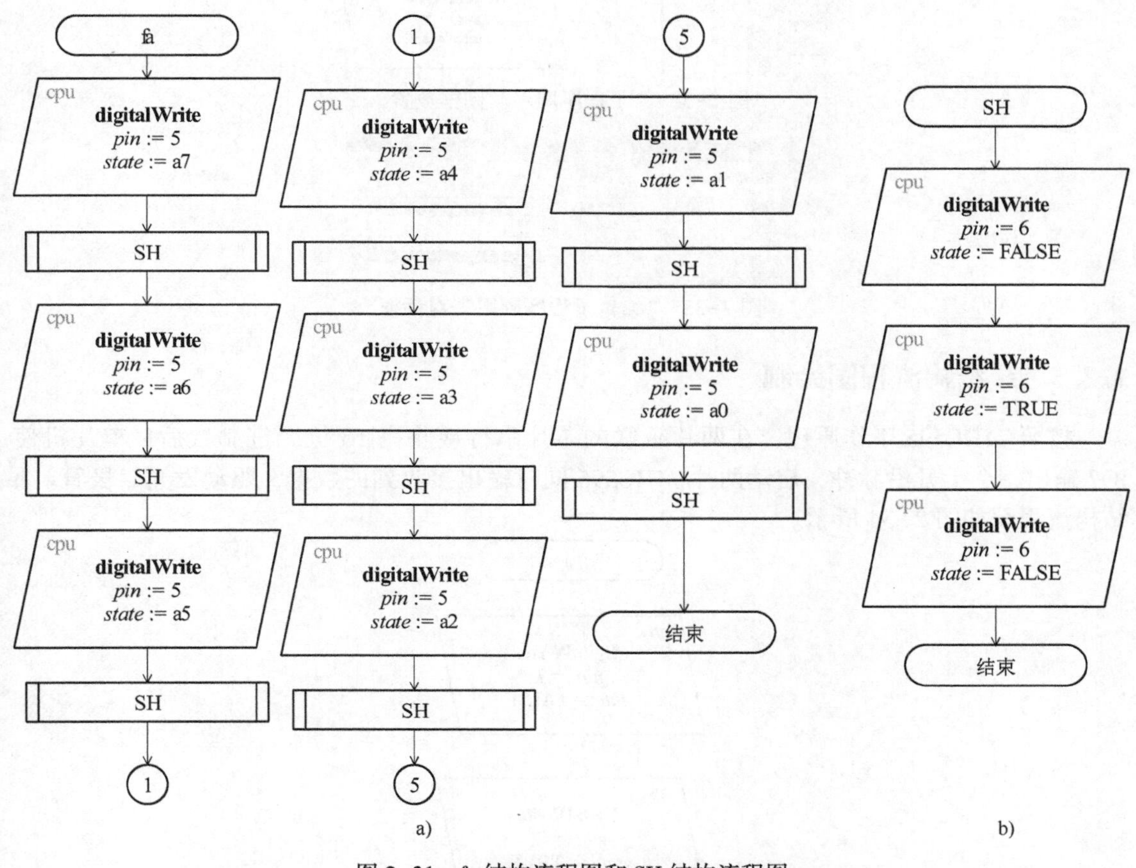

图 2-31　fa 结构流程图和 SH 结构流程图

a）fa 结构流程图　b）SH 结构流程图

1）拖动“子程序调用”图框到 fa 结构流程图中，“子程序调用”图框放置如图 2-32 所示。

2）双击图 2-32 中的“子程序调用”图框，弹出“编辑子程序调用”对话框，如图 2-33 所示。其中，在“图纸”下拉列表中选择“(全部)”选项，在“方式”下拉列表中选择“SH”选项，单击“确定”按钮。

3）进一步完善，完成图 2-31 的绘制。

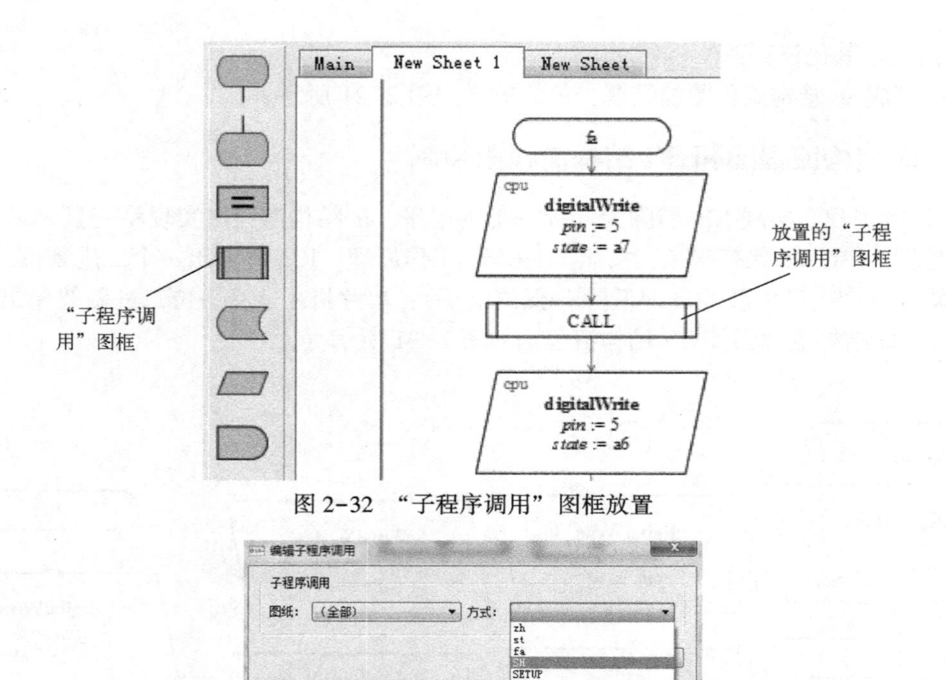

图 2-32 “子程序调用”图框放置

图 2-33 “编辑子程序调用”对话框

2.2.5 st 结构流程图绘制

按照 74HC595 工作原理，在两片级联的芯片串行接收完 16 位二进制数后，单片机使 IO7 输出一个上升沿脉冲，启动两片 74HC595 同时输出接收到的数据，驱动发光二极管。st 结构流程图如图 2-34 所示。

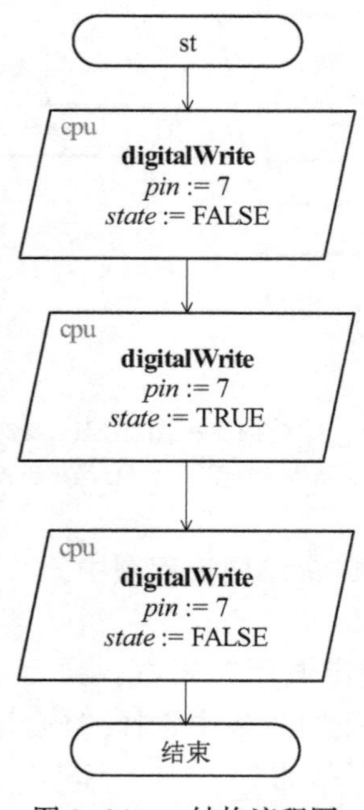

图 2-34 st 结构流程图

2.2.6 LOOP 结构流程图绘制

按照显示流水灯花样的特点，要求单片机通过两片 74HC595 输出 16 个 16 位的二进制数，每一个 16 位二进制数中只有一个 0，其他位为 1，数据输出保持 500 ms 不变。在低 8 位数中 0 所在位变的过程中，高 8 位数恒为 1（高 8 位二进制数对应的十进制数为 255）；在高 8 位数中 0 所在位变的过程中，低 8 位数恒为 1（低 8 位二进制数对应的十进制数为 255）。根据这一规律，LOOP 结构流程图主要分为两个循环结构，分别循环 8 次，在第一个循环中，每一次完成高 8 位为全 1 输出，低 8 位输出数据使 0 分别从低位到高位变化；在第二个循环中，每一次高 8 位输出数据使 0 分别从低位到高位变化，低 8 位输出数据为全 1。LOOP 结构流程图如图 2-35 所示。

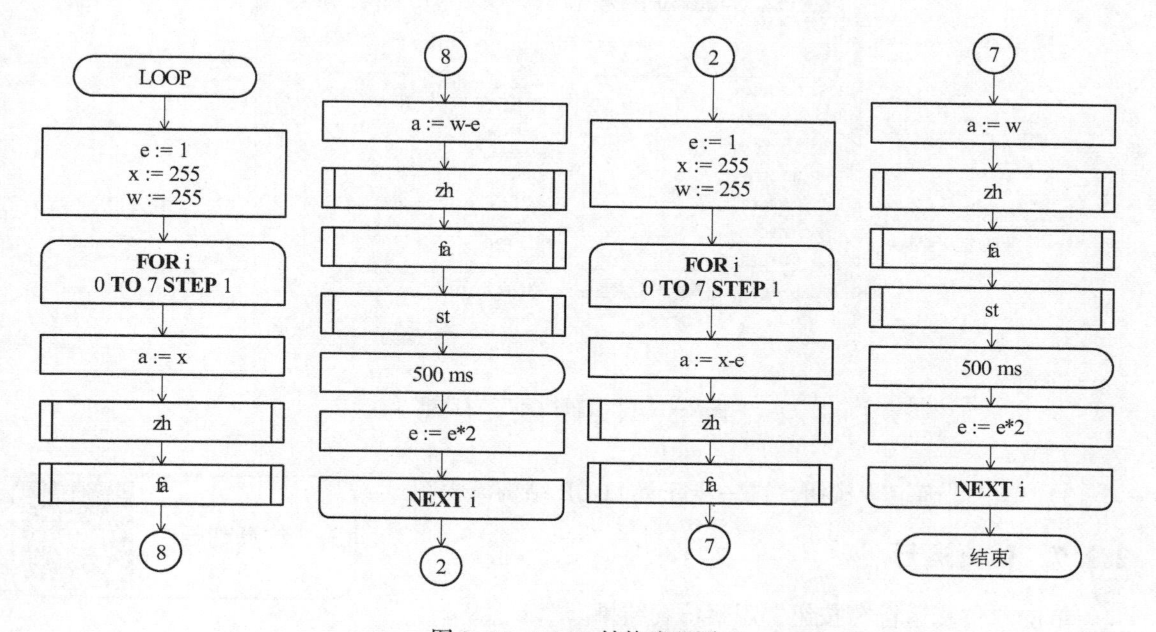

图 2-35 LOOP 结构流程图

1）利用“循环构建”图框绘制流程图，“循环构建”图框如图 2-36 所示。

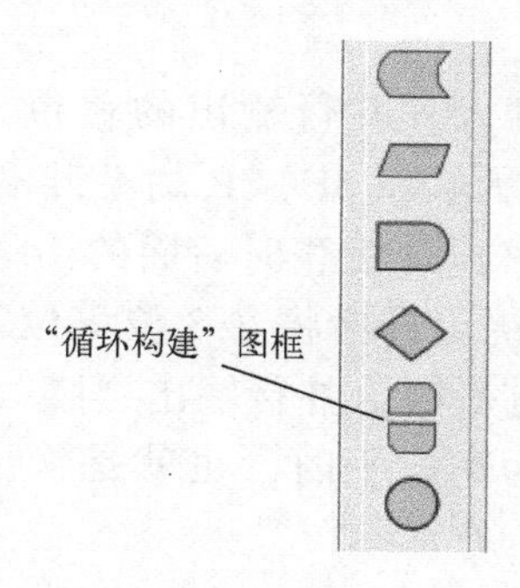

图 2-36 “循环构建”图框

2）将“循环构建”图框拖动到 LOOP 结构流程图中，双击弹出“编辑循环”对话框。在“下一个循环”选项卡进行设置，具体如图 2-37 所示。其中，在“循环变量”下拉列表中选择循环变量“i”（用 i 变量控制循环次数），设置“开始值”为 0，“停止值”为 7，“单步值”为 1。

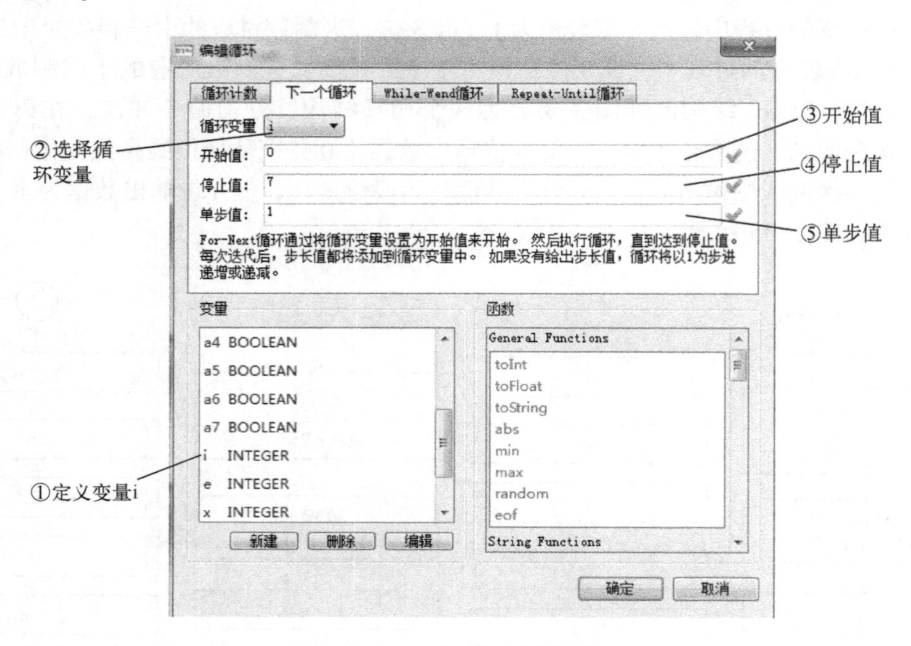

图 2-37 “编辑循环”对话框

3）单击“确定”按钮，进一步完善 LOOP 结构流程图。

2.2.7 仿真运行

单击“仿真运行”按钮，观察仿真结果。

相关知识

2.2.8 74HC595 功能介绍

74HC595 是一个 8 位串行输入、并行输出的移位寄存器，并行输出为三态输出。74HC595 芯片引脚如图 2-38 所示。在 SH_CP 的上升沿，串行数据由 DS 输入到内部的 8 位移位寄存器，并由 Q7'输出，多片级联时后面的 74HC595 数据输入端接前面一片的 Q7'，而并行输出则是在 ST_CP 的上升沿将在 8 位移位寄存器的数据存入到 8 位并行输出缓存器，$\overline{OE}$的控制信号为低电平时，并行输出引脚（Q0～Q7）的输出值等于并行输出缓存器所存储的值。而当$\overline{OE}$为高电平时，也就是输出关闭时，并行输出引脚会保持在高阻抗状态。

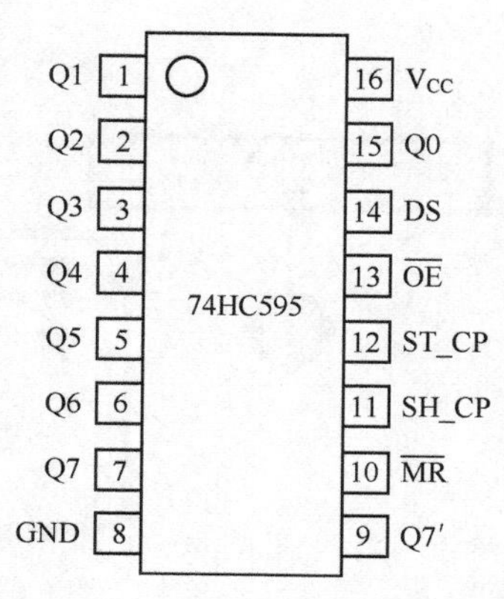

图 2-38　74HC595 芯片引脚

74HC595 芯片各引脚功能如表 2-1 所示。

表 2-1　74HC595 芯片引脚功能

符　号	引　脚	描　述
Q0~Q7	第 15 脚，第 1~7 脚	8 位并行数据输出
GND	第 8 脚	接地
Q7′	第 9 脚	串行数据输出
$\overline{MR}$	第 10 脚	复位（低电平有效）
SH_CP	第 11 脚	数据输入时钟脉冲线（上升沿）
ST_CP	第 12 脚	输出存储器锁存时钟脉冲线（上升沿）
$\overline{OE}$	第 13 脚	输出有效（低电平）
DS	第 14 脚	串行数据输入
VCC	第 16 脚	电源

2.2.9　两片 74HC595 级联的使用方法和步骤

两片 74HC595 级联的硬件电路连接按照图 2-17 所示。单片机对 74HC595 的操作步骤如下。

1）单片机将要输出的 1 位数据输出到 74HC595 的数据输入端 DS 上，先送高位后送低位或先送低位再送高位。

2）单片机在 SH_CP 引脚产生上升沿。

3）重复 1）和 2)，将 16 位数据依次按顺序输出锁存到两片 74HC595 芯片上。

4）单片机在 ST_CP 产生上升沿，使两片 74HC595 同时并行输出数据，即数据并出。

2.2.10　“分裂”图框使用

在流程图绘制中，如果要转列、转行或换页继续绘制结构流程图，就要用到“互联”图框。

在分裂处右击，在弹出的快捷菜单中选择“分裂”选项，流程图断开，自动添加节点号。也可手动添加“互联”图框，拖动“分裂”图框到编辑区，双击编辑节点号，如

图 2-39 所示。

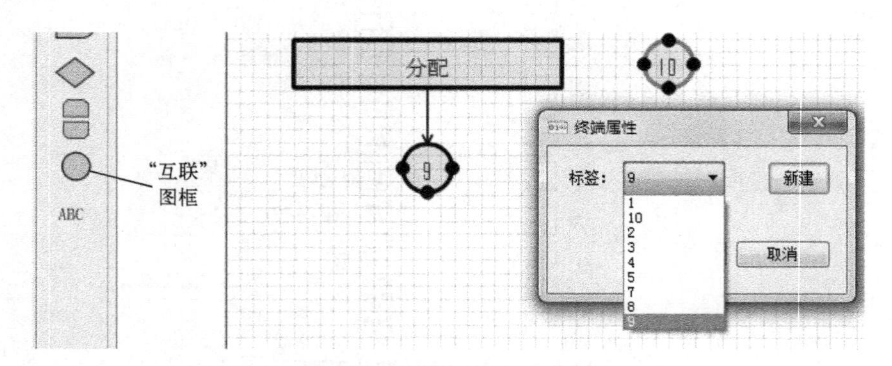

图 2-39　手动放置"分裂"节点并编辑

2.2.11　循环结构

任务 LOOP 结构流程图中包含循环结构，循环结构用"循环构建"图框完成，以 LOOP 结构流程图中的循环结构介绍其构成和执行过程。截取 LOOP 部分流程图如图 2-40 所示。

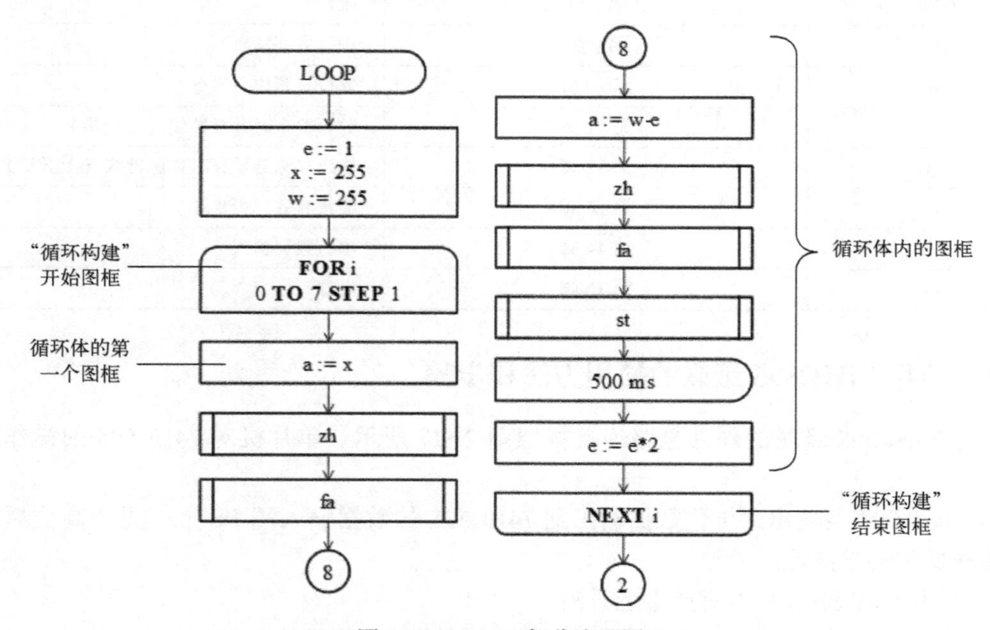

图 2-40　LOOP 部分流程图

循环结构由循环控制条件和循环体组成。循环结构执行时首先执行"循环构建"开始图框，变量 i 获得初始值为 0，然后判断循环条件是否成立，如果循环条件成立（这里是 i 的值小于或等于 7），顺序执行循环体内的图框，循环体执行一遍后自动回去再判断循环条件，如果循环条件成立再执行循环体，直到循环条件不成立才结束循环。

小提示： 由于这里设置的步长为 1，所以循环体每执行一遍，i 的值自动增加 1，所以总有结束循环的时候，否则死循环。

2.2.12 LOOP 结构流程图功能说明

由于 LOOP 结构流程图太复杂，分两部分介绍。

1）完成前 8 个 16 位二进制数的输出，先发高 8 位，再发低 8 位，8 个 16 位二进制数如表 2-2 所示。通过对数据进行分析，发现规律：高 8 位二进制数均为 1，8 个低 8 位二进制数中的 0 依次从低到高移动或者分别等于 255-x（$x=2^n$，n=0，1，2，…，7）。

表 2-2　8 个 16 位二进制数

序　号	高 8 位	低 8 位
0	1111，1111（255）	1111，1110（254）
1	1111，1111（255）	1111，1101（253）
2	1111，1111（255）	1111，1011（251）
3	1111，1111（255）	1111，0111（247）
4	1111，1111（255）	1110，1111（239）
5	1111，1111（255）	1101，1111（223）
6	1111，1111（255）	1011，1111（191）
7	1111，1111（255）	0111，1111（127）

实现这些数据输出的部分 LOOP 结构流程图如图 2-41 所示，在图中对图框功能加以介绍。

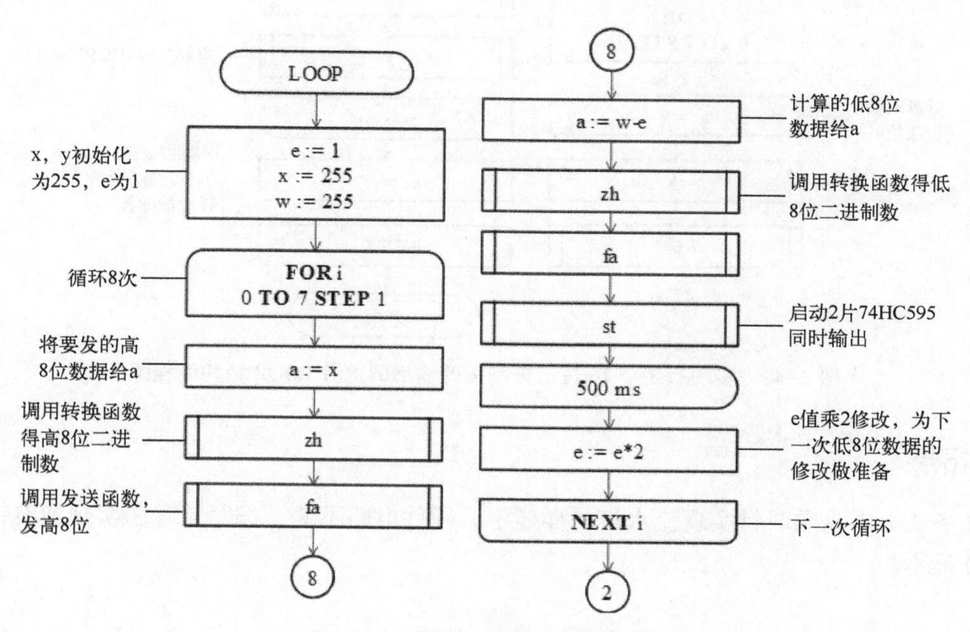

图 2-41　部分 LOOP 结构流程图

2）完成后 8 个 16 位二进制数的输出，先发高 8 位，再发低 8 位，8 个 16 位二进制数如表 2-3 所示。通过对数据进行分析，发现规律：低 8 位二进制数均为 1，8 个高 8 位二进制数中的 0 依次从低到高移动或者分别等于 255-x（$x=2^n$，n=0，1，2，…，7）。

表 2-3　8 个 16 位二进制数

序　　号	高 8 位	低 8 位
0	1111，1110（254）	1111，1111（255）
1	1111，1101（253）	1111，1111（255）
2	1111，1011（251）	1111，1111（255）
3	1111，0111（247）	1111，1111（255）
4	1110，1111（239）	1111，1111（255）
5	1101，1111（223）	1111，1111（255）
6	1011，1111（191）	1111，1111（255）
7	0111，1111（127）	1111，1111（255）

实现这些数据输出的部分 LOOP 结构流程图如图 2-42 所示，在图中对图框功能加以说明。

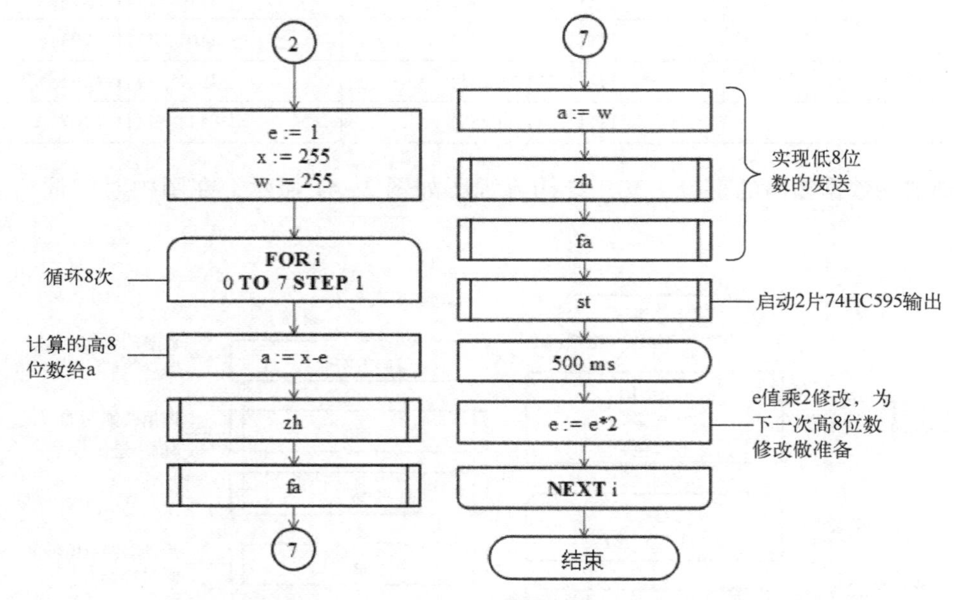

图 2-42　实现后 8 个 16 位二进制数的输出的部分 LOOP 结构流程图

任务拓展

任务 2. 2 中是顺时针实现流水灯花样显示，硬件电路不变，编写流程图实现逆时针流水灯花样显示。

项目 3　LED 数码管的应用

LED 数码管显示器在单片机的应用系统中用于显示数字，LED 数码管的结构和型号很多，根据内部结构的不同分为共阴极和共阳极数码管，显示方式有静态显示和动态显示。单片机的数字 I/O 端口引脚可直接驱动数码管显示，Arduino 的数字 I/O 引脚只能单个位控制，使驱动数码管显示器显示数字的流程图比较复杂。应用系统提供的“Grove 4-Digit Display Module”模块，使应用系统的硬件电路设计更加简单，通过模块提供的图框绘制流程图更加方便。

任务 3.1　1 位 LED 数码管显示器构成的秒表

任务目标

任务是用 Arduino 的数字 IO0~IO6 引脚驱动共阴极数码管，按照 1 s 时间间隔分别显示 0~9，仿真硬件电路如图 3-1 所示。

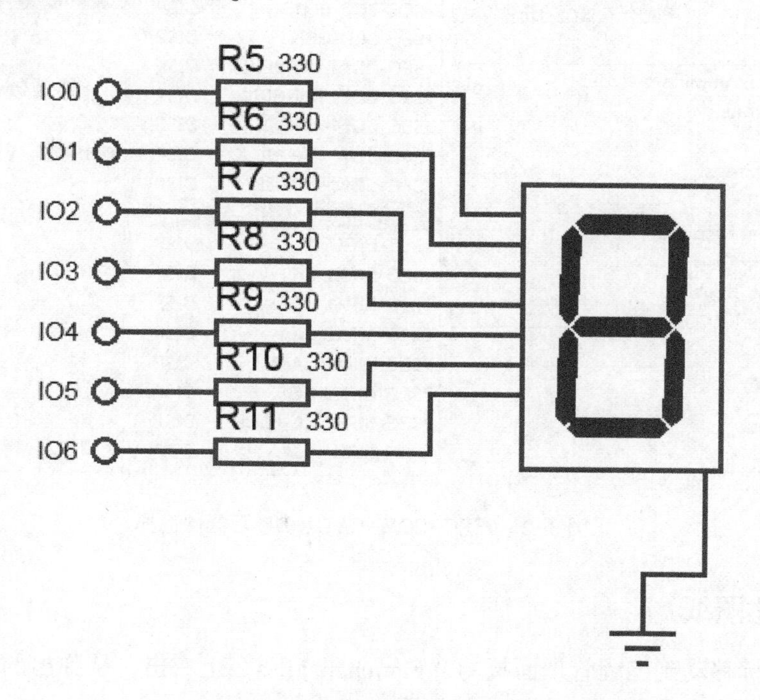

图 3-1　仿真硬件电路

[任务重点]

- 数码管的结构和分类
- 创建子程序结构流程图
- 新建图纸
- 结构流程图绘制
- 编译并运行、观察仿真结果

任务实施

3.1.1 硬件电路绘制

1）7SEG-COM-CATHODE 元器件选择

在“选取元器件”对话框的“分类”列表中选择“Optoelectronics”选项，在“子类”列表中选择“7-Segment Displays”选项，在“显示本地结果”列表中双击“7SEG-COM-CATHODE”选项，完成 7SEG-COM-CATHODE 元器件选择，如图 3-2 所示。

2）按照已掌握的知识，绘制如图 3-1 所示电路。

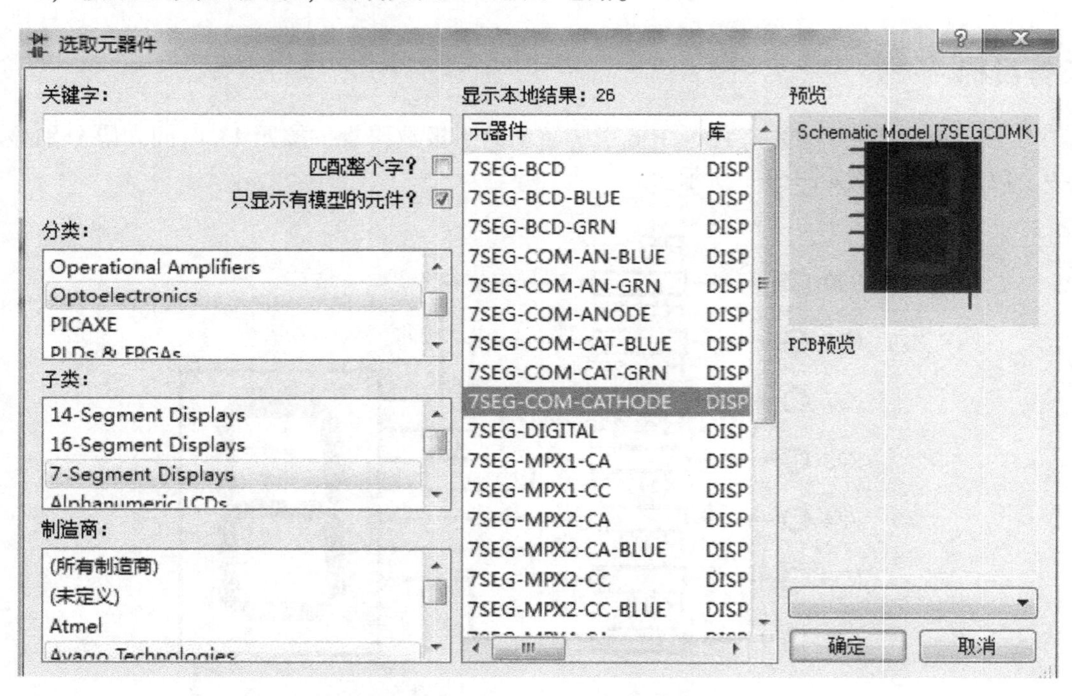

图 3-2 7SEG-COM-CATHODE 元器件选择

3.1.2 新建图纸

1）将光标移动到工程管理面板的“Flowchart Files”上右击，从弹出的快捷菜单中选择“新建图纸”命令，如图 3-3 所示，新建图纸 Sheet1。

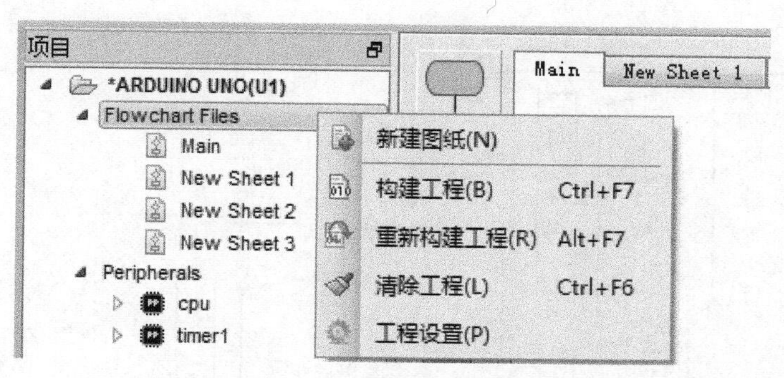

图 3-3 “新建图纸”快捷菜单

2）同样的方法，分别新建图纸 Sheet2、Sheet3 等。

3）可对新建的图纸重命名，在需要重命名的图纸上右击，从弹出的快捷菜单中选择“重命名图纸”命令，如图 3-4 所示。修改图纸名如图 3-5 所示。

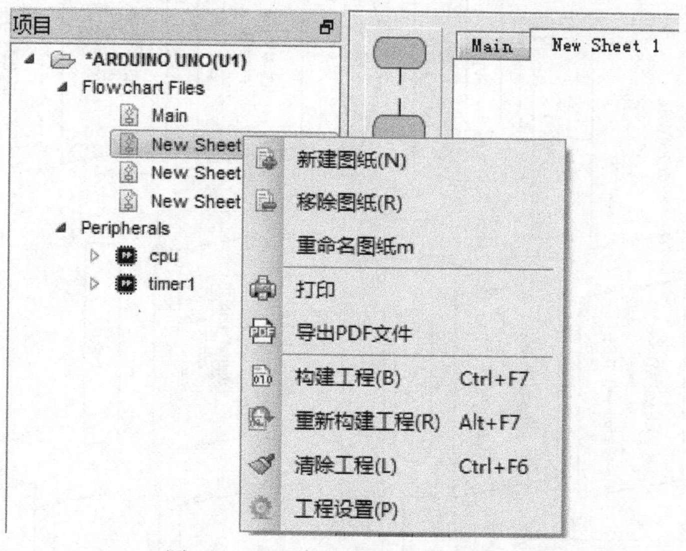

图 3-4 “重命名图纸”快捷菜单

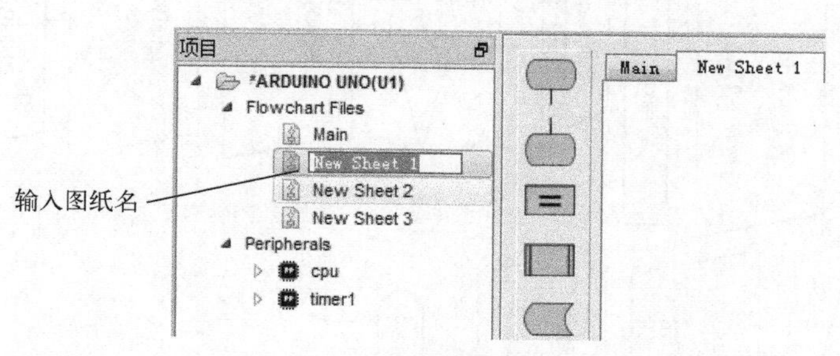

图 3-5 修改图纸名

3.1.3 在新建的图纸上绘制结构流程图

1）在 NewSheet2 图纸上绘制 display3 ~ display7 结构流程图。New Sheet2 图纸上的结构流程图如图 3-6 所示。

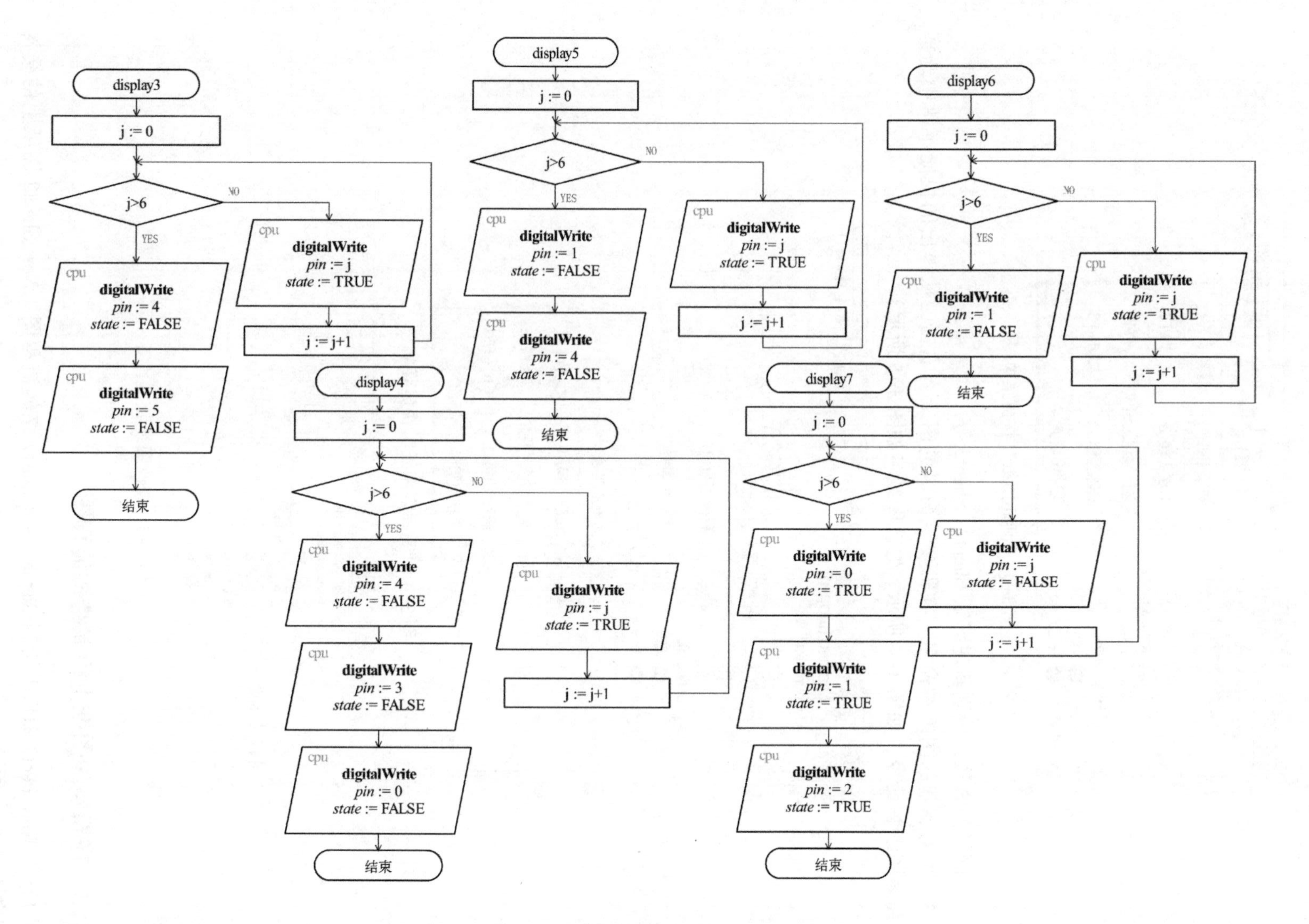

图3-6　New Sheet2图纸上的结构流程图

2）在 New Sheet3 图纸上绘制 display8 和 display9 结构流程图。New Sheet3 图纸上的结构流程图如图 3-7 所示。

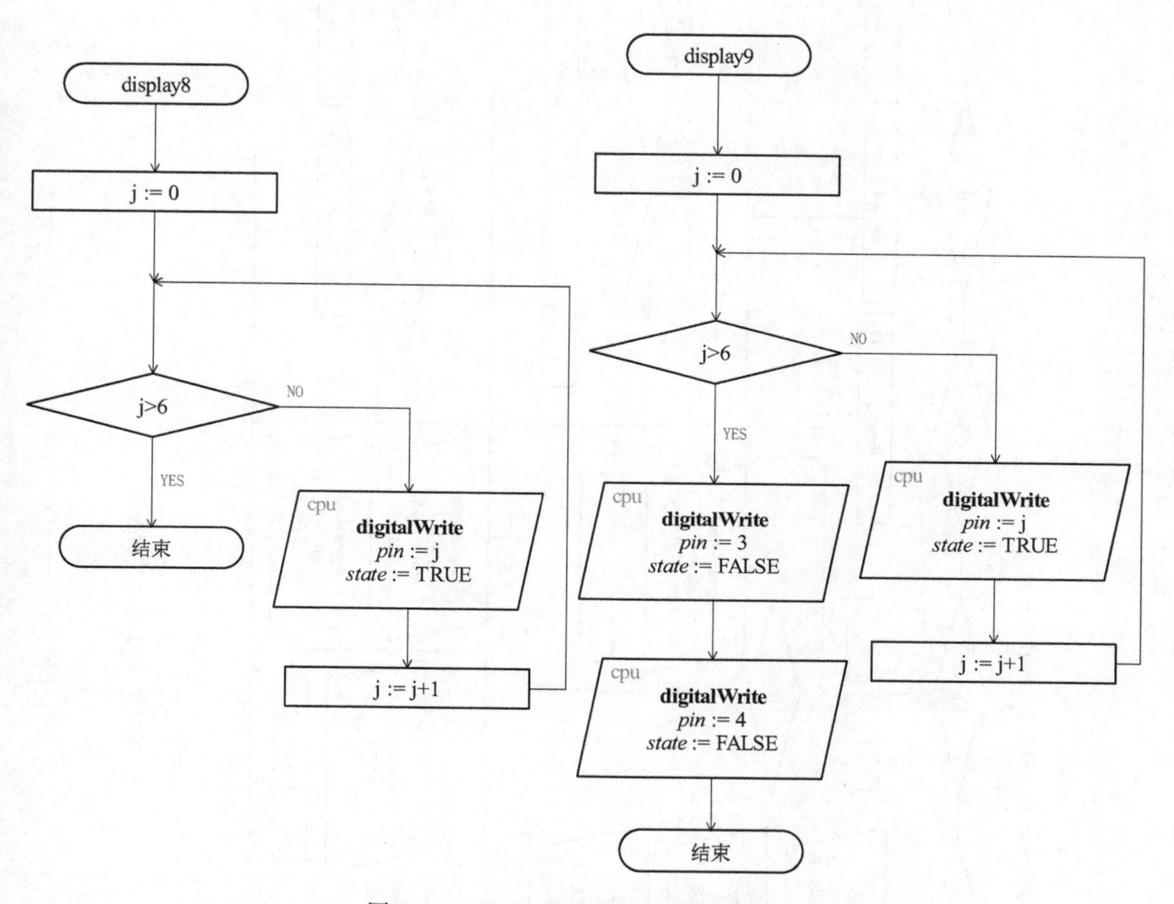

图 3-7　New Sheet3 图纸上的结构流程图

display3～display9 结构流程图分别使数码管显示器显示数字 3～9，这些结构流程图是根据共阴极数码管显示器显示数字对应引脚输出的状态编写的。

3）在 New Sheet1 图纸上绘制 display 结构流程图，display 结构流程图根据当前显示的数字，通过“决策块”实现分支结构完成引脚状态的控制或调用对应结构流程图使数码管显示器显示相应数字，New Sheet1 图纸上的 display 结构流程图如图 3-8 所示。

3.1.4　在 Main 图纸上绘制结构流程图

（1）SETUP 结构流程图绘制

该流程图主要完成 IO0～IO6 引脚模式设置，根据硬件电路，这些引脚设置为输出模式，SETUP 结构流程图如图 3-9 所示。

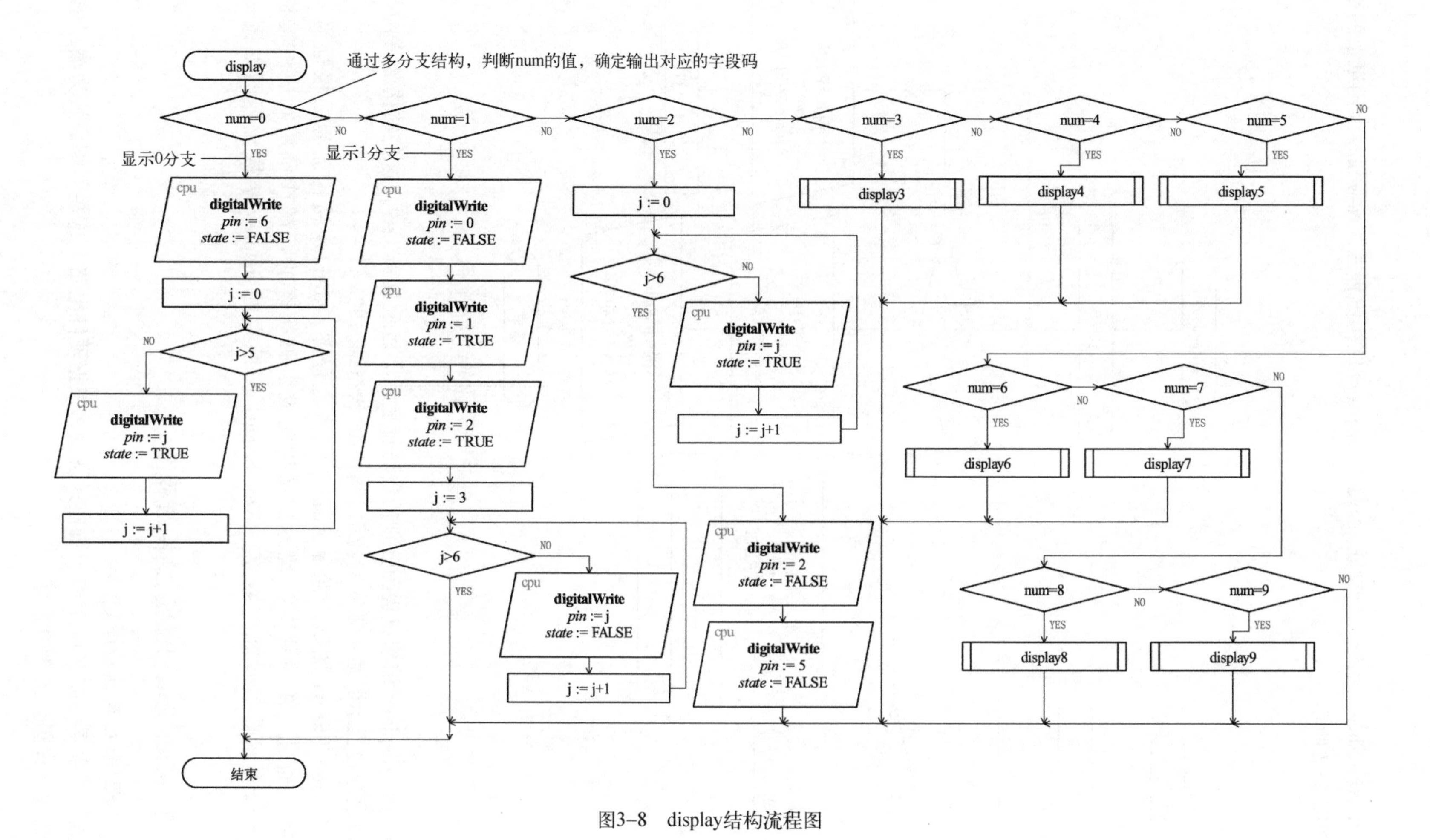

图3-8　display结构流程图

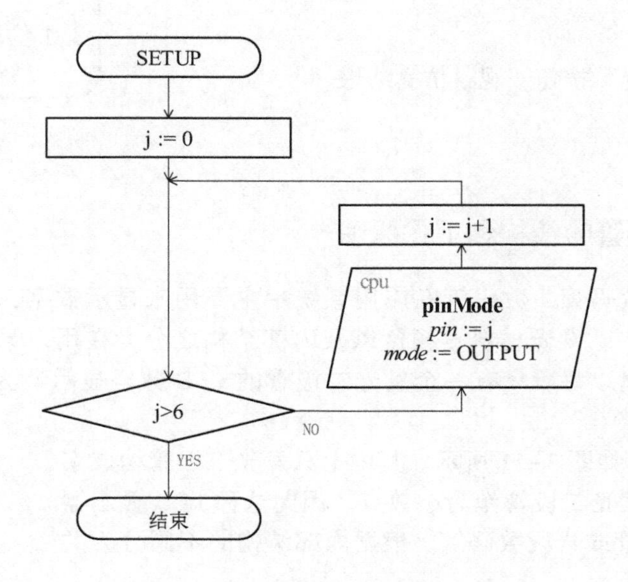

图 3-9　SETUP 结构流程图

（2）LOOP 结构流程图绘制

LOOP 结构流程图如图 3-10 所示。

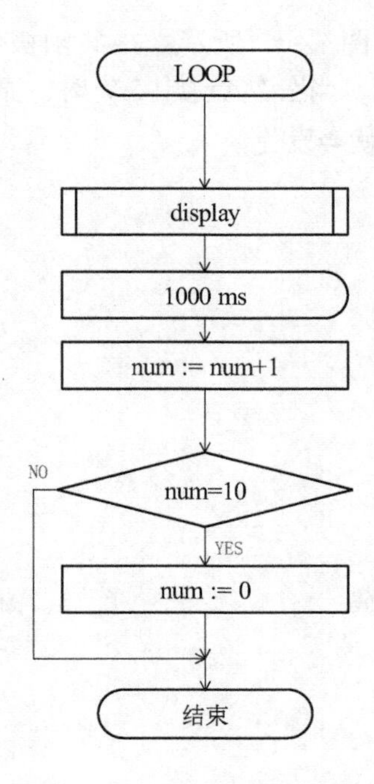

图 3-10　LOOP 结构流程图

3.1.5　仿真运行

3. 1 仿真动画

单击“仿真运行”按钮，观察仿真结果。

相关知识

3.1.6　LED 数码管的结构和工作原理

任务中用到了数码管，数码管在应用系统中主要用来显示数字，LED 数码管显示器的种类很多，有规格、发光材料、颜色以及内部结构之分，在用户系统中可以根据不同需要进行选择。这里以每段只有一个发光二极管的 LED 数码显示器为例，介绍其结构和显示原理。

七段数码管引脚如图 3-11 所示。其中七只发光二极管构成字形“8”，还有一只发光二极管作为小数点。因此这种 LED 显示器称为七段 LED 数码管或八段数码管。根据内部结构的不同分为共阴极和共阳极数码管。

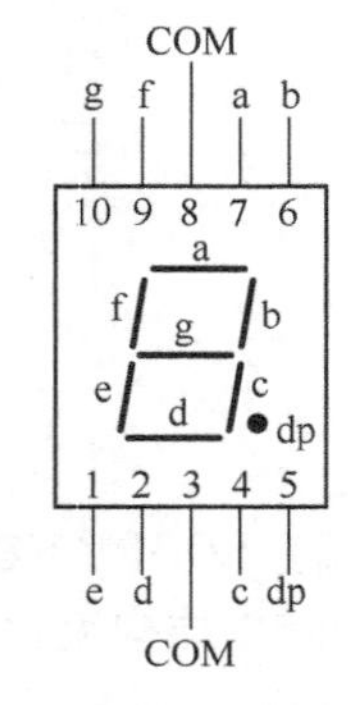

图 3-11　七段数码管引脚

（1）共阴极数码管

共阴极数码管内部结构图如图 3-12 所示。在共阴极结构中，各段发光二极管的阴极连在一起当公共点接地，某一段发光二极管的阳极接高电平时，该段就会发光。

（2）共阳极数码管

共阳极数码管内部结构图如图 3-13 所示。在共阳极结构中，各段发光二极管的阳极连在一起。当公共点接+5 V 时，某一段发光二极管的阴极接低电平，该段就会发光。

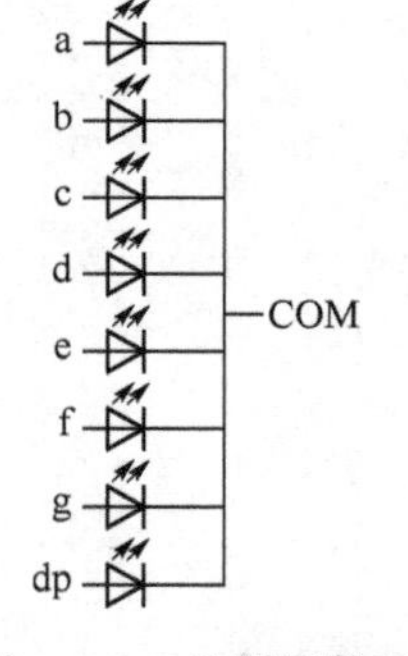

图 3-12　共阴极数码管内部结构图

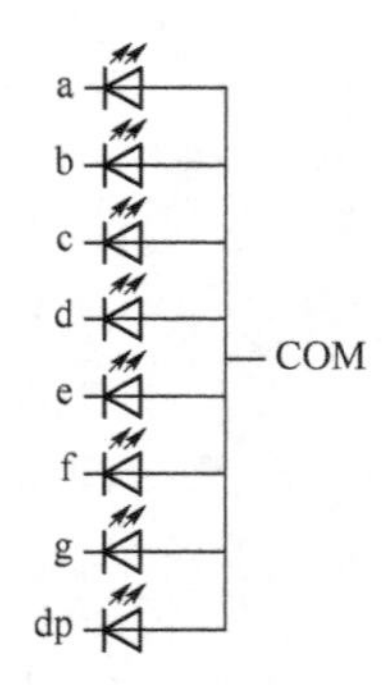

图 3-13　共阳极数码管内部结构图

3.1.7　字段码

图 3-1 中采用的是共阴极 LED 数码管，要显示字符“0”，则要求 a、b、c、d、e、f 各引脚为高电平，g 和 dp 为低电平。如果采用的是共阳极数码显示器，要显示字符“0”，则

要求 a、b、c、d、e、f 各引脚为低电平，g 和 dp 为高电平。

以共阴极数码管为例，要显示字符“0”，I/O 口输出的 8 位数据如下：

I/O 口	IO7	IO6	IO5	IO4	IO3	IO2	IO1	IO0	
	↓	↓	↓	↓	↓	↓	↓	↓	
显示器的段	dp	g	f	e	d	c	b	a	
I/O 口输出	0	0	1	1	1	1	1	1	3FH（段码）

由上面分析产生的 3FH（两位十六进制数）就是对应图 3-1 中“0”的字段码。表 3-1 所示为共阴极数码管和共阳极数码管显示器显示不同字符的字段码，此表是七段码。所谓七段码是不计小数点的字段码。包括小数点的字段码，称为八段码。由表中可以看出共阴极数码管和共阳极数码管的字段码互为补码。

表 3-1　LED 显示器的字段码

显示字符	字段码		显示字符	字段码	
	共阴极	共阳极		共阴极	共阳极
0	0011,1111	1100,0000	A	77 H	88 H
1	0000,0110	1111,1001	B	7C H	83 H
2	0101,1011	1010,0100	C	39 H	C6 H
3	0100,1111	1011,0000	D	5E H	A1 H
4	0110,0110	1001,1001	E	79 H	86 H
5	0110,1101	1001,0010	F	71 H	8E H
6	0111,1101	1000,0010	P	73 H	8C H
7	0000,0111	1111,1000	—	40 H	BF H
8	0111,1111	1000,0000	Y	6E H	91 H
9	0110,0111	1001,0000	熄灭	00 H	FF H

任务中通过 IO0~IO6 数字引脚分别输出了 0~9 的字段码，其中，IO0 用于输出七段码的最低位（位 0，控制的是 a 段），IO6 输出七段码的位 6（控制的是 g 段），因为没选用带小数点的数码管，所以字段码的最高位没输出。display3 ~ display9 结构流程图就是按照表 3-1 绘制的。

3.1.8　LED 数码管静态显示原理

LED 数码管显示器的显示方法有静态显示和动态显示两种。所谓静态显示，就是显示器的每一个字段（a~dp 段）都要独占一条具有锁存功能的 I/O 线。当 CPU 将要显示的字（经硬件译码）或字段码（经过软件译码）送到输出口上，数码管显示器就可以显示出所要显示的字符。如果 CPU 不去改写它，它将一直保持下去。

静态显示的优点是显示程序简单、亮度高。由于在不改变显示内容时不用 CPU 干预，所以节约了 CPU 的时间。但静态显示也有缺点，主要是数码管位数较多时，占用 I/O 线较多，硬件较复杂，成本高。静态显示一般用于显示位数较少的系统中。

3.1.9　LOOP 结构流程图功能说明

1 位秒表实现的功能就是在 1 位的 LED 数码管显示器上依次显示 0~9，然后循环往复，每位数字显示的时间是 1 s。LOOP 结构流程图中，通过整型变量 num 控制显示的数字，调用 display 子程序结构流程图，把 num 显示数字对应的字段码输出到 I/O 端口，使对应的数码管笔画段发光二极管点亮，从而显示对应的数字。1 s 时间间隔通过调用延时函数完成。LOOP 结构流程图功能说明如图 3-14 所示。

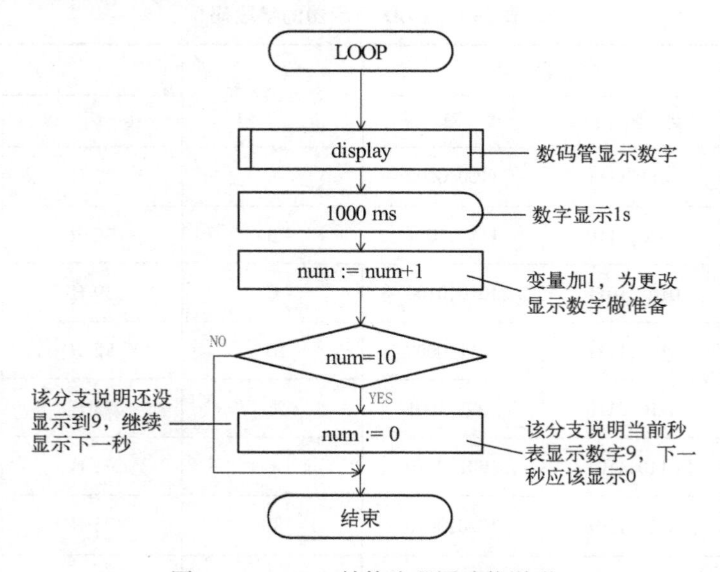

图 3-14　LOOP 结构流程图功能说明

3.1.10　display9 结构流程图功能说明

根据表 3-1 可知，LED 数码管显示器要显示数字 9，IO6 ~ IO0 输出的二进制必须是 1100111（不包括最高位，小数点控制位），display9 结构流程图就是实现 IO6~IO0 引脚输出对应的高电平或低电平。display9 结构流程图功能说明如图 3-15 所示，首先用分支结构使 IO0~IO6 全部输出为高电平，然后单独使 IO3、IO4 输出为低电平，这是为了简化流程图而已。

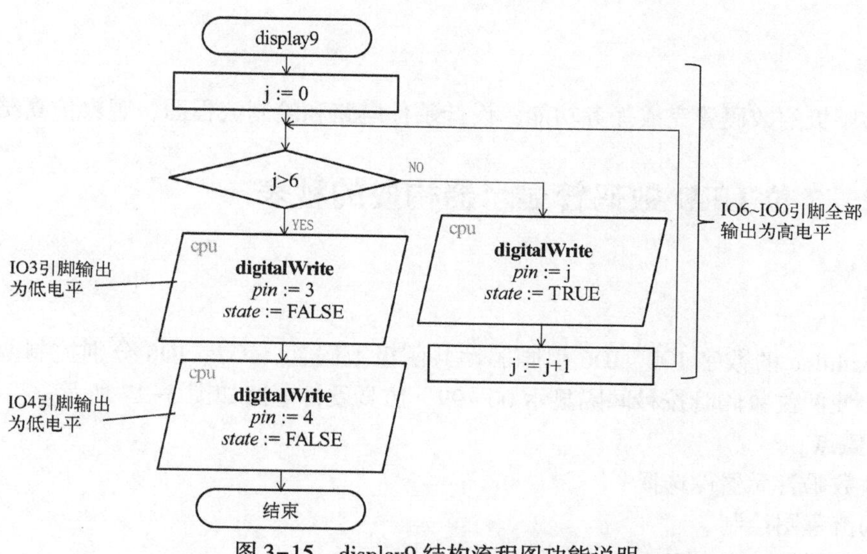

图 3-15　display9 结构流程图功能说明

3.1.11　LED 数码管静态显示器驱动电路设计

为保护数码管在显示时不会因为笔画段正向导通电流过大而烧毁，在实际电路系统中，通常在各笔画段的引脚上外接 330 Ω 或 470 Ω 的限流电阻，控制各笔画段引脚的电流，从而控制数码管的显示亮度。

LED 数码管静态显示器驱动电路总体上分为两类，第一类是数码管的笔画段引脚接在单片机的 I/O 引脚上；第二类是通过外部的锁存器或移位寄存器扩展 I/O 口，外接数码管。

由于任务中只用到了 1 位数码管，数码管是直接接在单片机的 I/O 引脚上的。当数码管的位数较多时，单片机的 I/O 引脚就不够用了，下面以外接 74HC595 移位寄存器为例来介绍扩展输出口，完成两位数码管的静态显示电路的设计。需要两片 74HC595 级联扩展 16 位输出口，外接两个数码管，数码管多一位就多要一片 74HC595 级联。两位数码管的静态显示电路如图 3-16 所示。

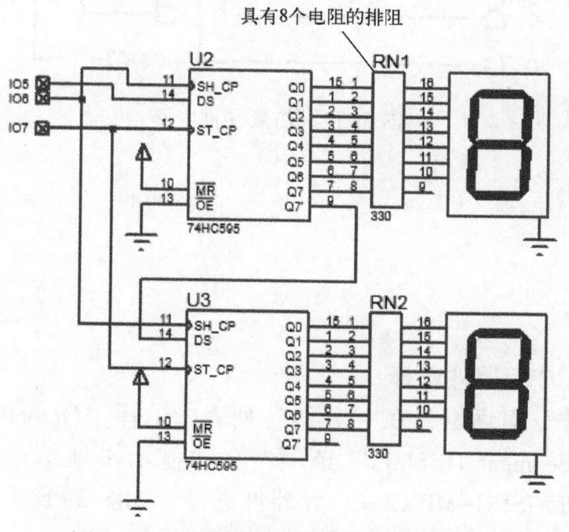

图 3-16　两位数码管的静态显示电路

任务拓展

采用共阳极的数码管完成任务功能，设计硬件电路和绘制流程图，观察仿真结果。

任务 3.2　2 位 LED 数码管显示器构成的秒表

任务目标

使用 Arduino 的数字 IO0～IO6 引脚驱动共阴极数码管，IO7、IO8 分别控制两位数码管的公共端，使两位数码管按秒间隔显示 00～99，仿真硬件电路如图 3-17 所示。

[**任务重点**]

- 双联数码管元器件选择
- 结构流程图绘制
- 双联数码管动态显示
- 编译并运行、观察仿真结果

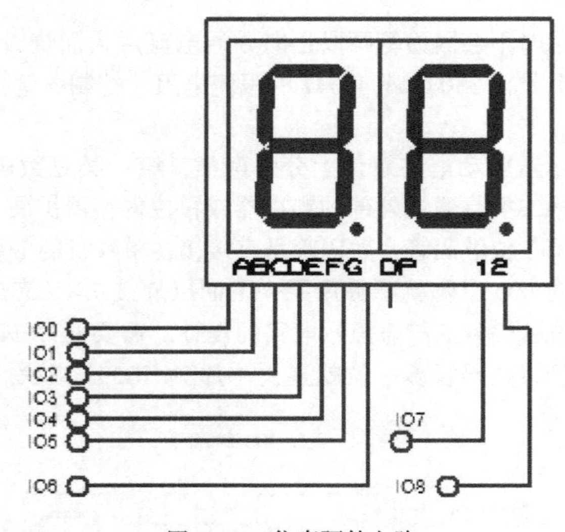

图 3-17　仿真硬件电路

任务实施

3.2.1　硬件绘制

1）7SEG-MPX2-CC 元器件选择

打开“选取元器件”对话框，在“分类”列表中选择“Optoelectronics”选项，在“子类”列表中选择“7-Segment Displays”选项，在“显示本地结果”列表中双击“7SEG-MPX2-CC”选项，完成 7SEG-MPX2-CC 元器件选择，如图 3-18 所示。

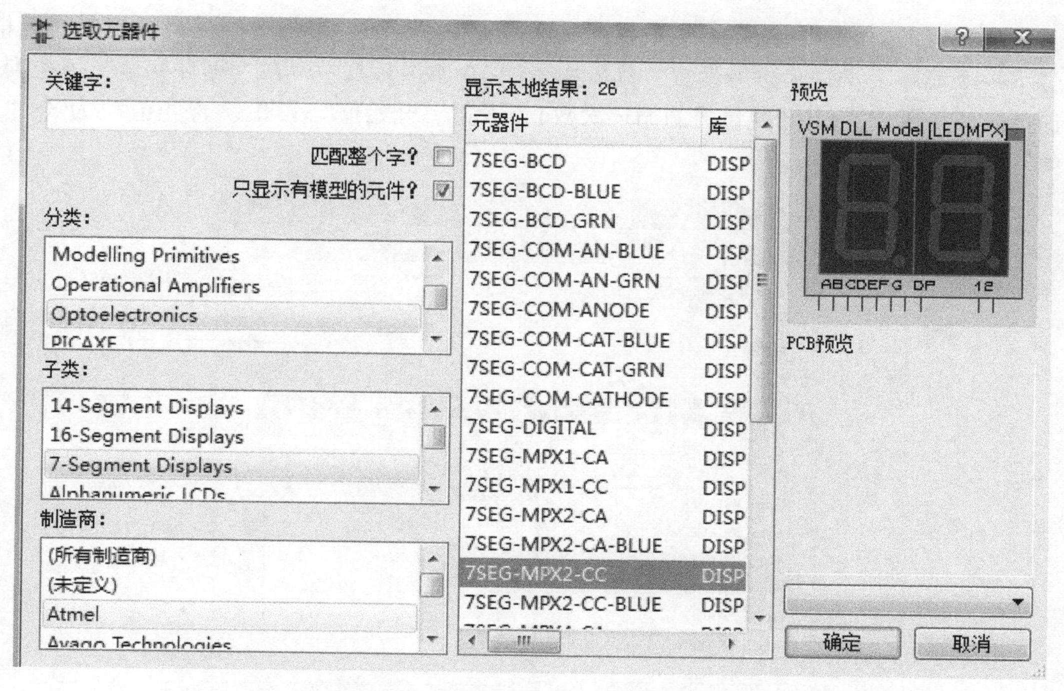

图 3-18 7SEG-MPX2-CC 元器件选择

2）按照已掌握的知识，绘制如图 3-17 所示电路。

3.2.2 SETUP 结构流程图绘制

SETUP 结构流程图通过一个循环结构完成 IO0～IO8 引脚输出模式的设置，如图 3-19 所示。

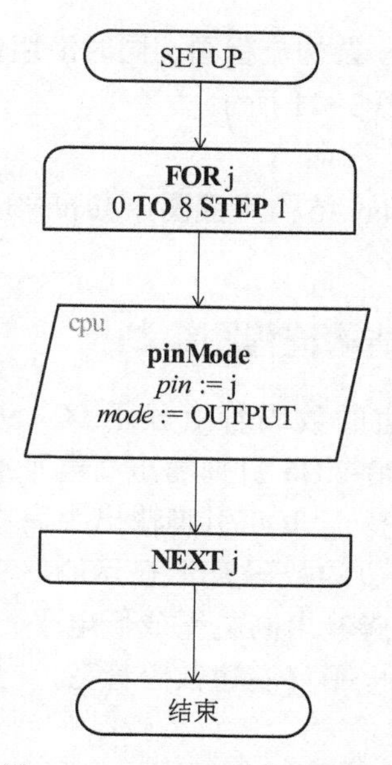

图 3-19 SETUP 结构流程图

1）将“循环构建”图框拖动到 SETUP 结构流程图中，双击弹出“编辑循环”对话框。在“下一个循环”选项卡进行设置，具体如图 3-20 所示。其中，在“循环变量”下拉列表中选择循环变量“j”(用 j 变量控制循环次数)，设置“开始值”为 0，“停止值”为 8，“单步值”为 1。

图 3-20 “编辑循环”对话框

2）单击“确定”按钮，进一步完善 SETUP 结构流程图。

3.2.3 display 结构流程图绘制

这里沿用任务 3.1 中的 display 结构流程图，同时沿用任务 3.1 中的 display3～display9 结构流程图图。具体结构流程图如图 3-21 所示。

1）新建空白图纸。

2）分别将任务 3.1 中的 display 结构流程图、display3～display9 结构流程图复制到空白的图纸上。

3.2.4 display1 和 display2 结构流程图绘制

display1 结构流程图使在左边的数码管上显示 00～99 秒值的十位数字，其中，调用 display 结构流程图使硬件图中 IO0～IO6 引脚输出高电平或低电平，同时使硬件图中的 IO7 引脚输出为低电平（左边数码管亮）、IO8 引脚输出为高电平（右边数码管灭），显示时间 1ms；display2 结构流程图使在右边的数码管上显示 00～99 秒值的个位数字，其中，调用 display 结构流程图使 IO0～IO6 引脚输出高电平或低电平，同时 IO7 引脚输出为高电平（左边数码管灭）、IO8 引脚输出为低电平（右边数码管亮），显示时间 1 ms。display1 和 display2 结构流程图如图 3-22 所示。

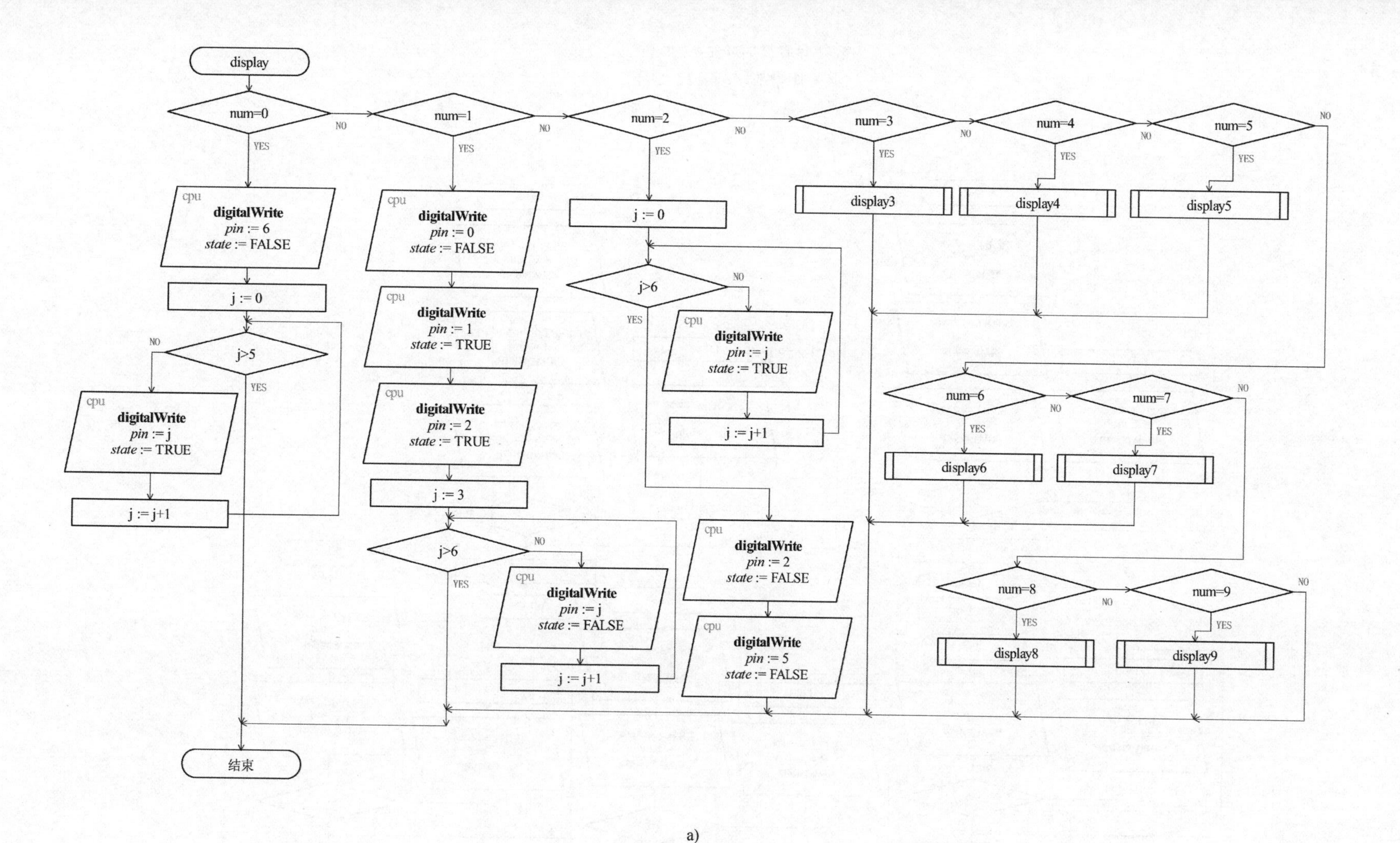

a)

图3-21　结构流程图

a) display 结构流程图

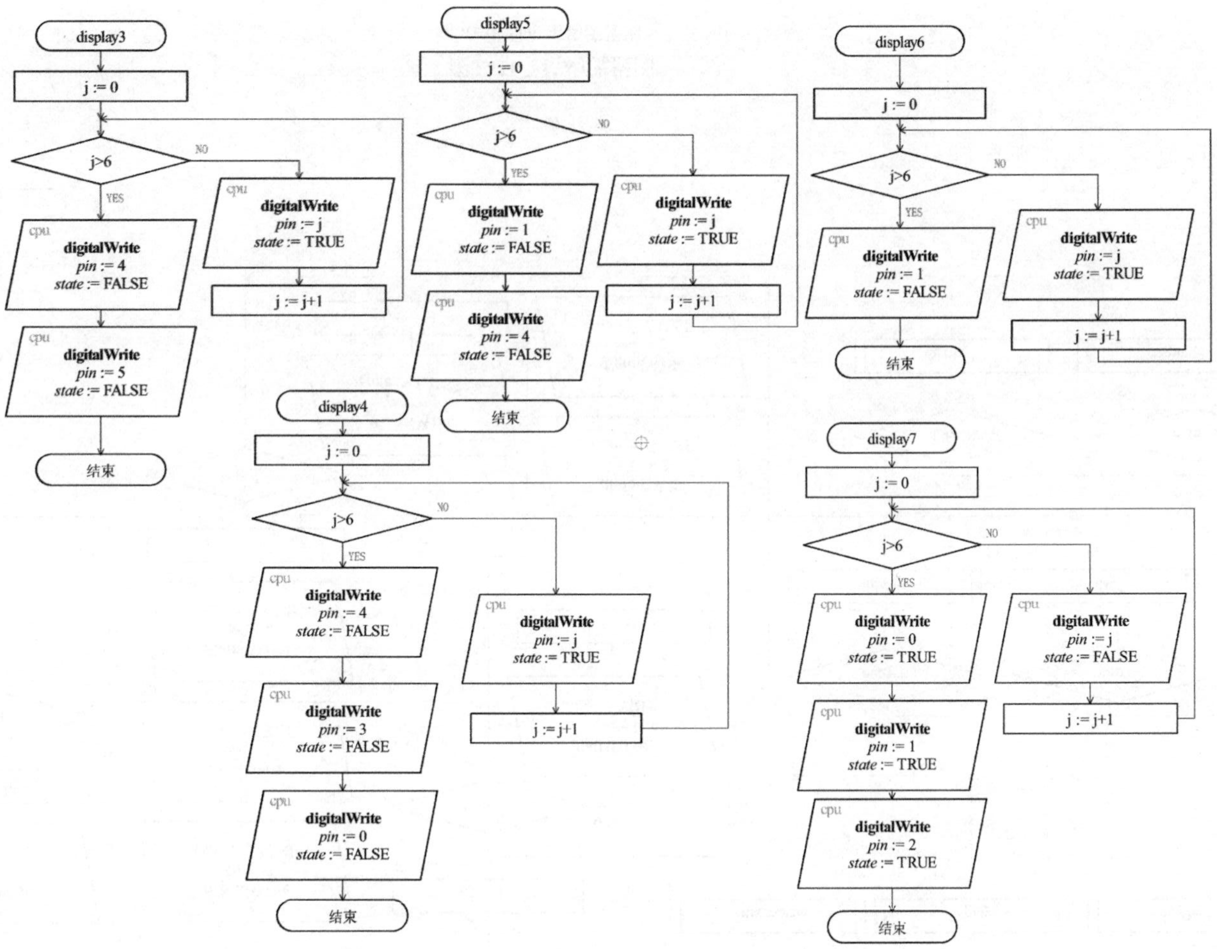

b)

图3-21 结构流程图（续）

b) display3~display7 结构流程图

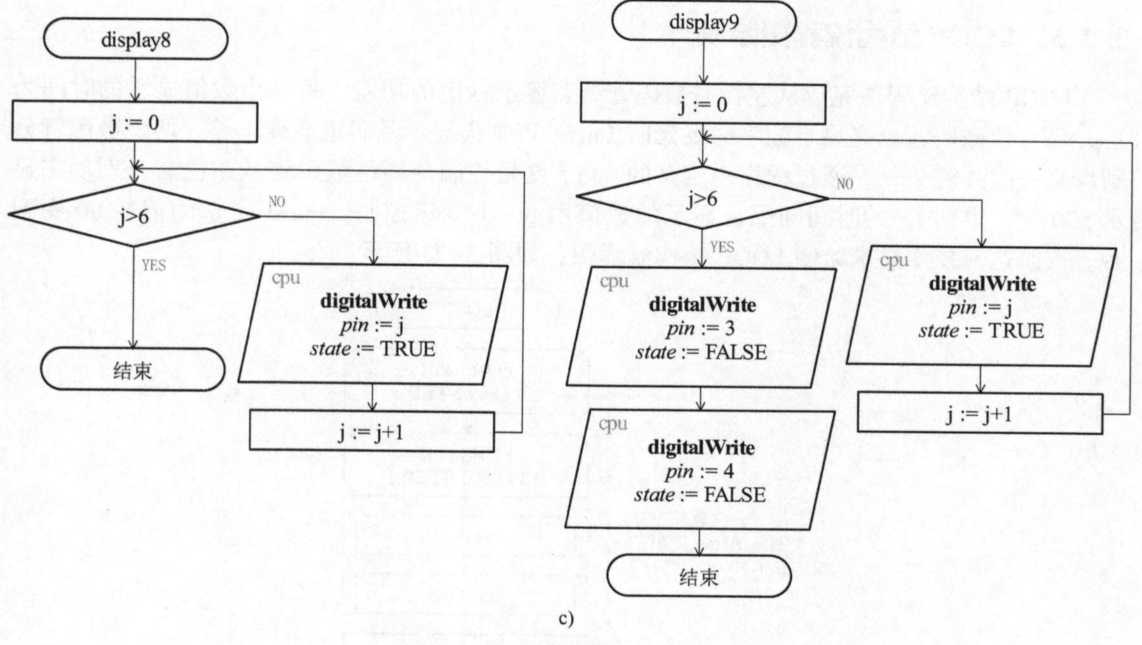

图 3-21　结构流程图（续）

c）display8、display9 结构流程图

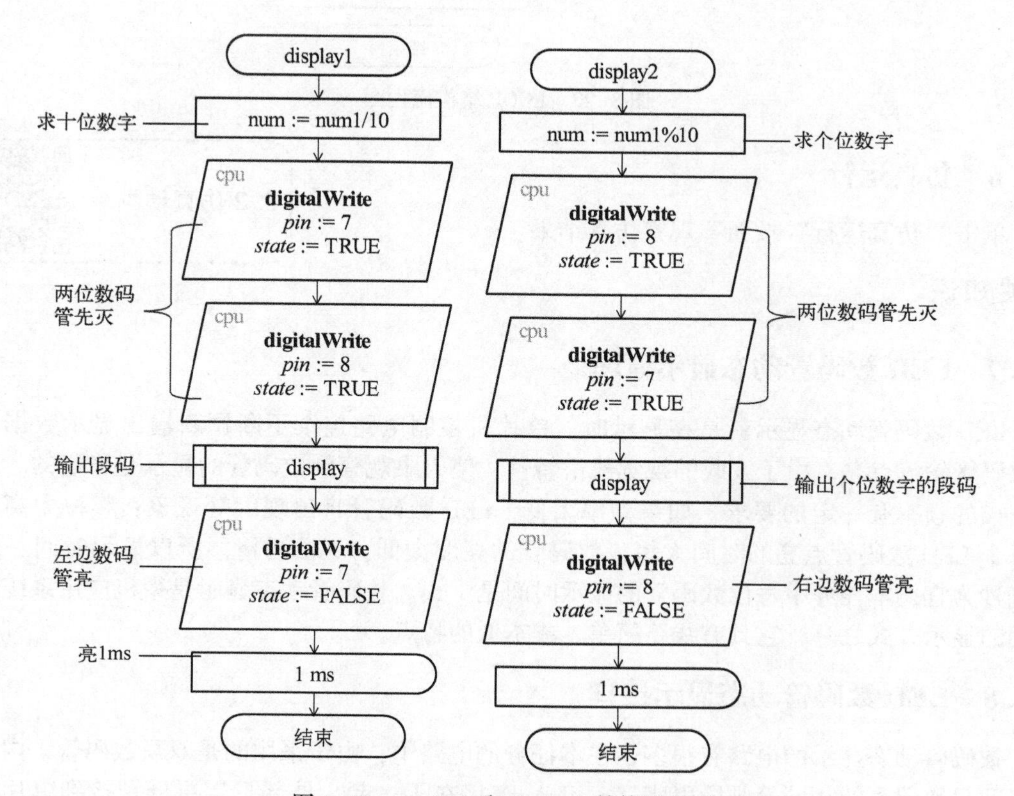

图 3-22　display1 和 display2 结构流程图

3. 2. 5　LOOP 结构流程图绘制

LOOP 结构流程图完成从左往右数码管动态显示秒值的功能，每一个数值显示的时间为 1 s，每一位数码管点亮显示数字时要延时 1 ms，否则会显示乱码或亮度不够，两位数码管分别点亮一次共需 2 ms，通过程序中定义的 num5 变量控制使两位数码管从左往右分别动态显示 500 次，得到 1 s 的时间间隔；显示的数值由 num1 变量控制，num1 变量的值从 00 变到 99。按照这一技术要求绘制 LOOP 结构流程图，如图 3-23 所示。

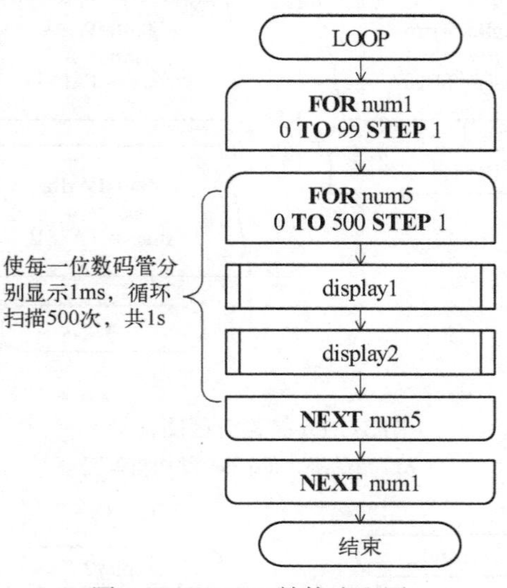

图 3-23　LOOP 结构流程图

3. 2. 6　仿真运行

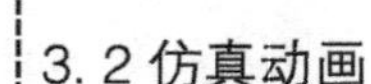

单击“仿真运行”按钮，观察仿真结果。

相关知识

3. 2. 7　LED 数码管动态显示原理

LED 数码管动态显示就是在显示时，单片机控制电路连续不断刷新输出显示数据，使各数码管轮流点亮。由于人眼的视觉暂留特性，使人眼观察到数码管的显示是稳定的。对动态扫描的频率有一定的要求，如果频率太低，LED 数码管将出现闪烁现象；频率太高，由于每个 LED 数码管点亮的时间太短，数码管的亮度太低，无法看清。所以显示时间一般取几毫秒为宜，本任务中每位数码管的显示时间是 1 ms。数码管动态显示是微机应用系统中最常用的显示方式之一，它具有线路简单，成本低的特点。

3. 2. 8　LED 数码管动态显示接口

数码管动态显示的电路有很多，在本任务的电路中，由于采用的是双联数码管，内部已经将两只数码管的相同笔画段引脚（a~dp）连接在了一起，外部只需再分别接到单片机的 IO0~IO6 上（dp 小数点引脚没连），用 IO7、IO8 分别对数码管的公共端引脚实现控制，使每只数码管可以单独显示。由于数码管的公共端电流较大，在实际系统中，可以外接74LS04或74LS06（OC门）反相器，在反相器输出引脚为低电平时吸收共阴极数码管公共端电流，驱动共阴极数码管和点亮数码管并保证数码管的亮度，同时，数码管的笔画段引脚外接330Ω或470Ω的限流电阻。共阴极LED数码管驱动硬件电路如图3-24所示。

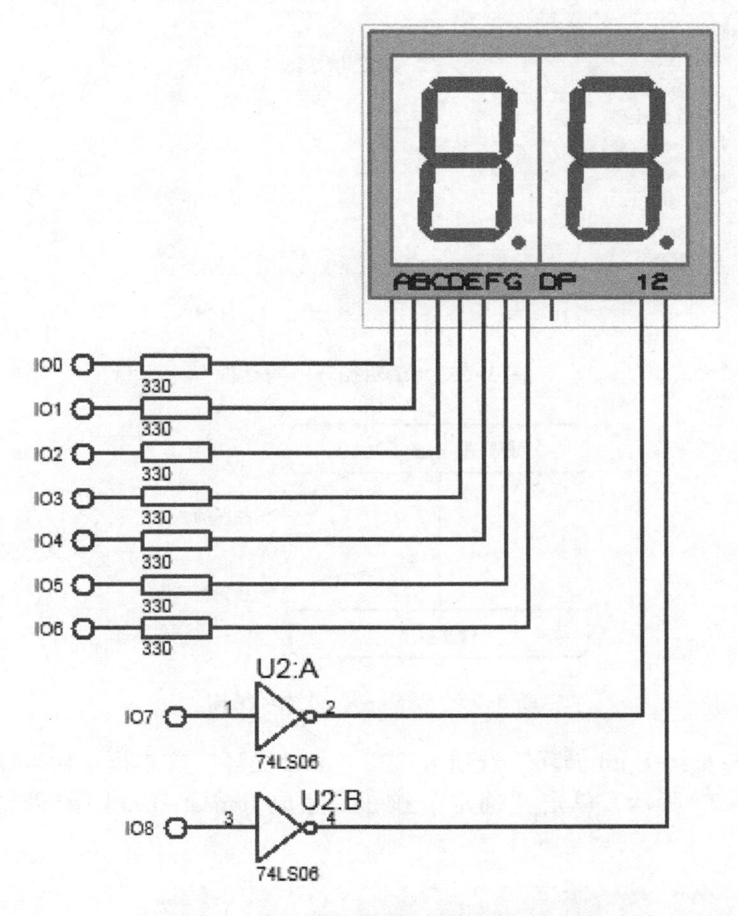

图3-24　共阴极LED数码管驱动硬件电路

3.2.9　循环结构流程图

用“循环构建”图框完成绘制循环结构流程图。拖动“循环构建”图框到流程图中，双击弹出“编辑循环”对话框，如图3-25所示，在“下一个循环”（在程序代码中称for循环）选项卡或“While-Wend循环”（在程序代码中称while循环）选项卡中或“Repeat-Until循环”（在程序代码中称do-while循环）选项卡中设置完成循环结构的绘制。使用“下一个循环”图框完成SETUP结构和LOOP结构中的循环结构绘制。

1）选择“While-Wend循环”选项卡，在“while循环”文本框中输入循环条件“num5<500”，单击“确定”按钮，完成While-Wend循环结构如图3-26所示。

小提示： 变量num5的初始值是0，并且每循环一次，在循环体内循环控制变量num5的值要进行增加或减少。

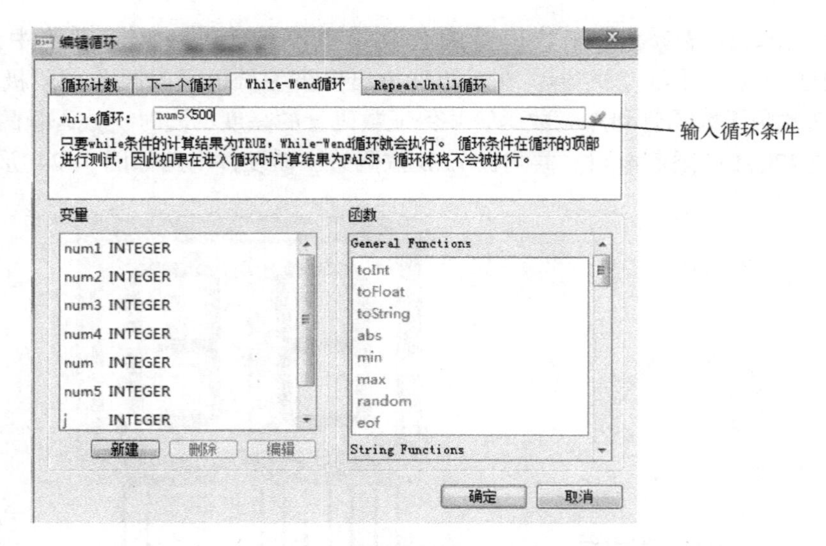

图 3-25 “编辑循环”对话框

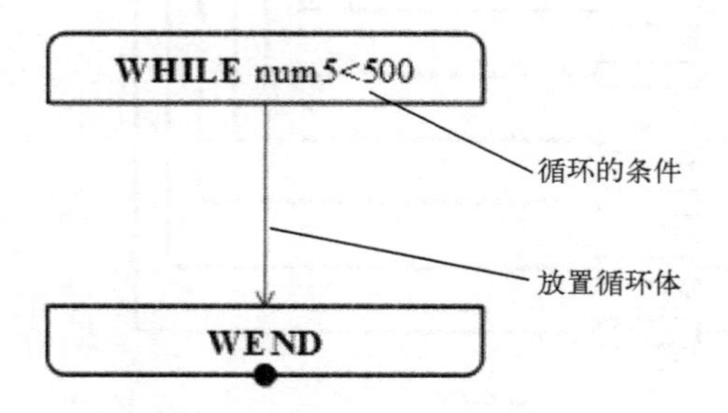

图 3-26 While-Wend 循环结构

2）选择“Repeat-Until 循环”选项卡，在“until 循环”文本框中输入循环条件“num5>500”，如图 3-27 所示，单击“确定”按钮，完成 Repeat-Until 循环结构，如图 3-28 所示。

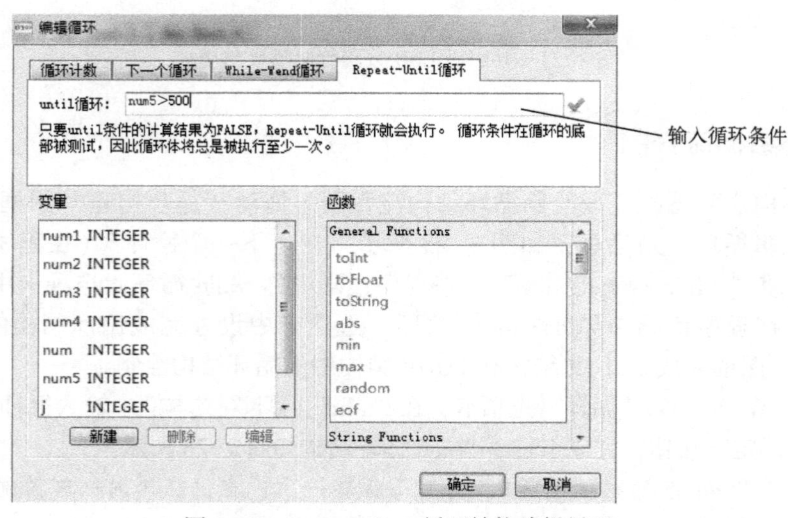

图 3-27 Repeat-Until 循环结构编辑界面

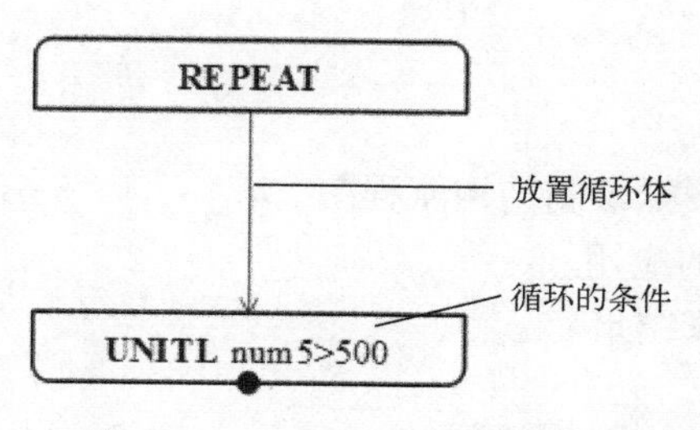

图 3-28　Repeat-Until 循环结构

该循环的条件是变量 num5≤500，一旦 num5>500 就结束循环。在循环体中，循环控制变量 num5 的值要进行增加或减少。

While-Wend 结构和 Repeat-Until 结构的区别是 While-Wend 结构先判断循环条件是否成立，若成立执行循环体，直到循环条件不成立时为止；Repeat-Until 结构是先执行循环体，再判断条件，若不成立再回去执行循环体，直到循环条件成立时为止。

任务拓展

1）用 While-Wend 结构和 Repeat-Until 结构改造任务程序，仿真观察结果。

2）将任务中数码管换成共阳极数码管，完成任务功能，设计硬件电路和绘制结构流程图，仿真观察结果。

任务 3.3　4 位 LED 数码管模块构成的分秒时间计数器

任务目标

使用系统自带的“Grove 4-Digit Display Module”模块（4 位数码管显示模块）完成数字钟的分秒时间计数显示，仿真硬件电路如图 3-29 所示。

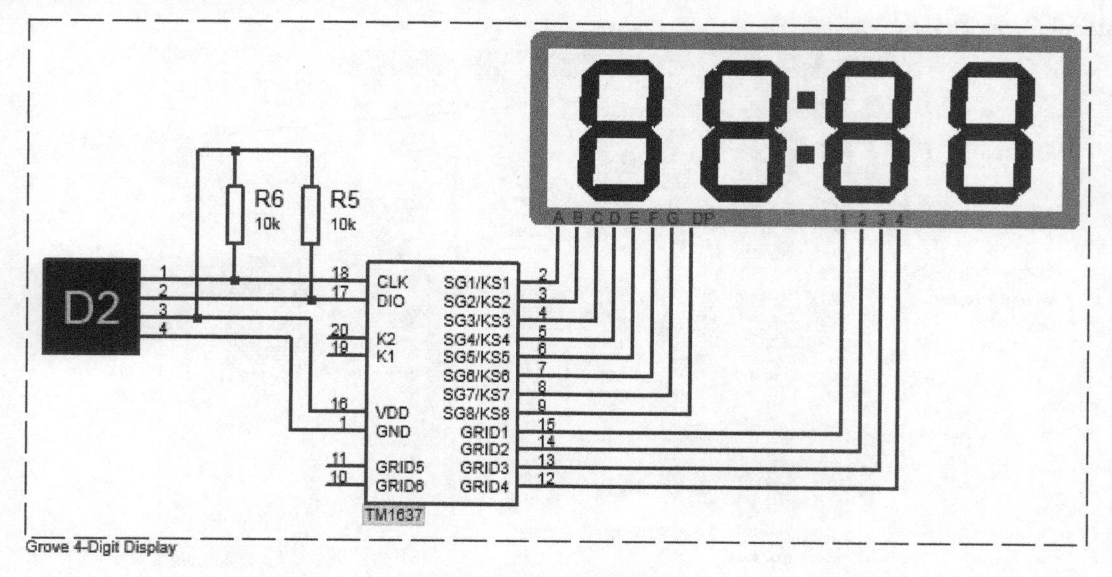

图 3-29　仿真硬件电路

[任务重点]

- 系统硬件模块的选择
- 利用系统自带模块的图框绘制结构流程图
- CPU 内部定时器中断的应用
- 编译并运行、观察仿真结果

任务实施

3.3.1 硬件电路绘制

1）单击“可视化设计”标签，打开“可视化设计”界面，如图 3-30 所示。在“可视化设计”界面左边“项目”管理面板的“Peripherals”上右击，弹出快捷菜单。

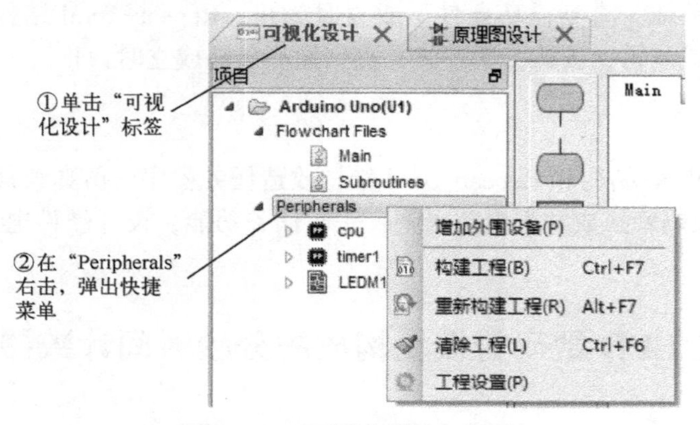

图 3-30 “可视化设计”界面

2）选择“增加外围设备”命令，弹出“选择工程剪辑”对话框，如图 3-31 所示。在“类别”下拉列表中选择“Grove”选项，在下面的模块列表中选择“Grove 4-Digit Display Module”选项。

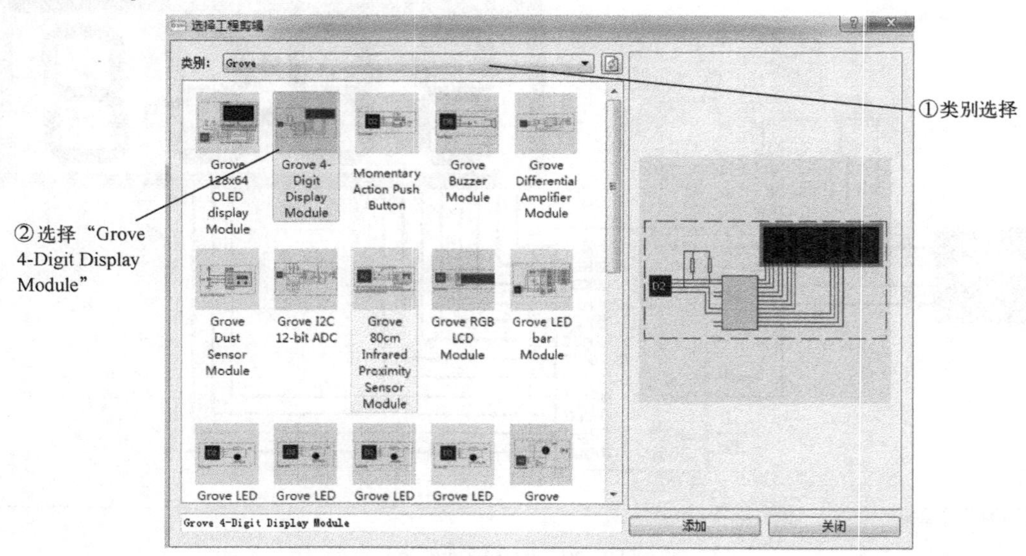

图 3-31 “选择工程剪辑”对话框

3）单击“添加”按钮，则“Grove 4-Digit Display Module”模块添加成功。“项目”管理面板如图 3-32 所示。

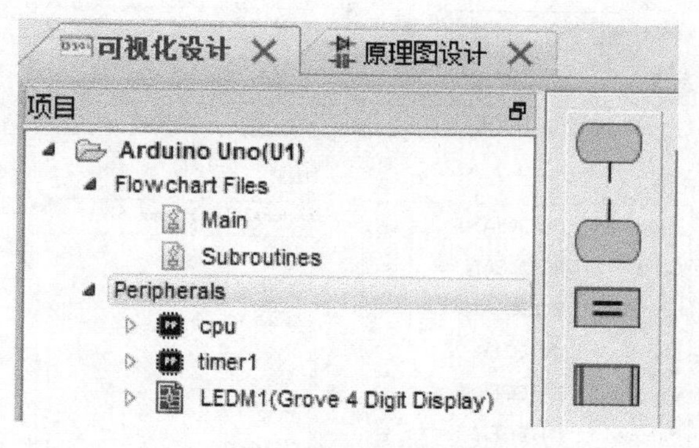

图 3-32 “项目”管理面板

4）单击“原理图设计”标签，硬件电路中出现“Grove 4-Digit Display Module”模块，如图 3-29 所示。

3.3.2 SETUP 结构流程图绘制

SETUP 结构流程图主要完成变量的定义和初始值设置、LEDM1 模块的初始化和显示亮度设置、timer1（定时器）初始化等操作。

（1）“Grove 4-Digit Display Module”（LEDM1）模块的初始化

在“项目”管理面板，单击“LEDM1”前的三角符号，展开其自带图框，如图 3-33 所示。

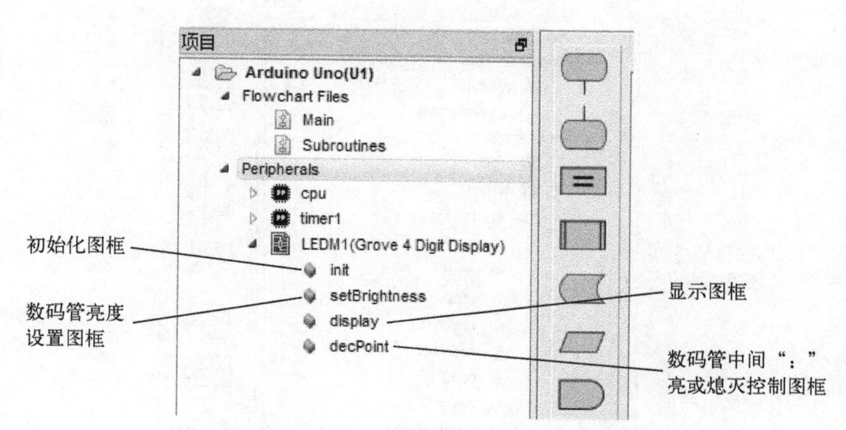

图 3-33 “LEDM1”自带图框

1）拖动“init”（初始化）图框到 SETUP 结构流程图。

2）拖动“setBrightness”（亮度）图框到 SETUP 结构流程图，双击弹出“编辑 I/O 块”对话框，如图 3-34 所示。在“对象”下拉列表中选择“LEDM1”选项，在“方法”下拉列表中选择“setBrightness”选项，在“Level”下拉列表框中选择“BRIGHT_TYPICAL”选项，单击“确定”按钮完成设置。

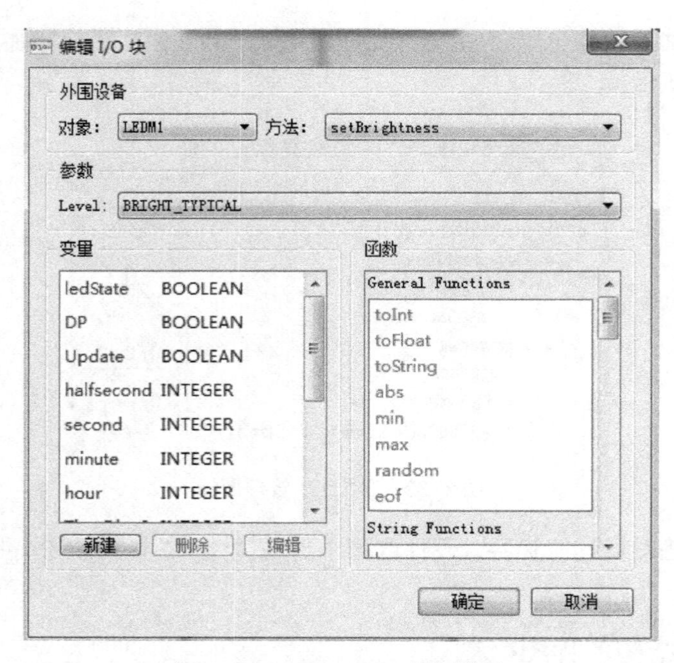

图 3-34　setBrightness 图框设置

（2）“timer1”（定时器 1）初始化设置

1）在“项目”管理面板，单击“timer1”前的三角符号，展开其自带图框，如图 3-35 所示。

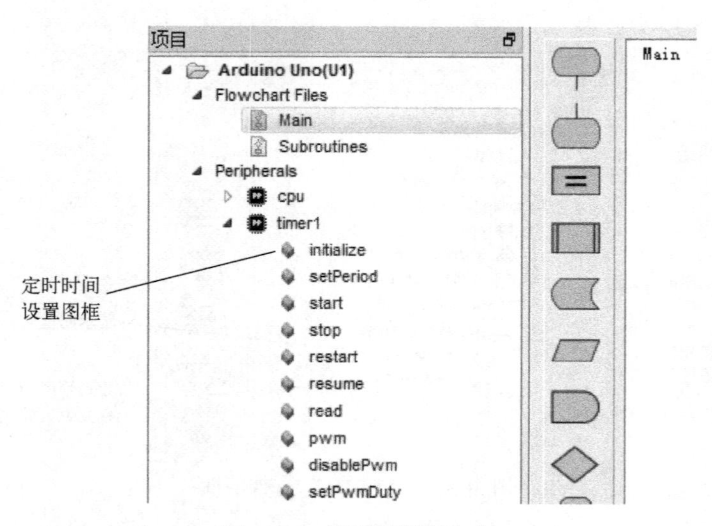

图 3-35　定时器图框命令

2）拖动“initialize”图框到 SETUP 结构流程图中，双击弹出“编辑 I/O 块”对话框，如图 3-36 所示。在“对象”下拉列表中选择“timer1”选项，在“方法”下拉列表中选择“initialize”选项，在“Period”文本框中输入“1000000”（定时时间，单位为微秒），单击“确定”按钮完成设置。

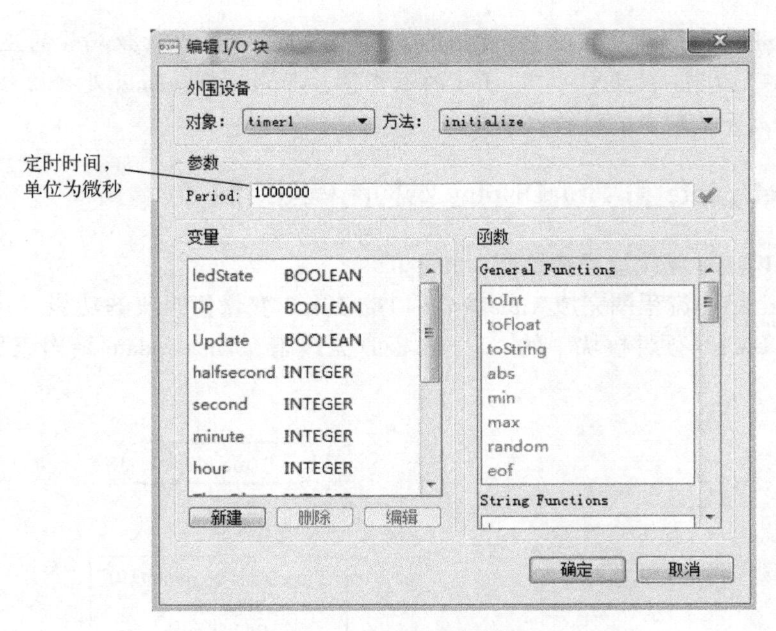

图 3-36　1 s 定时时间设置

3）完善 SETUP 结构流程图，如图 3-37 所示。

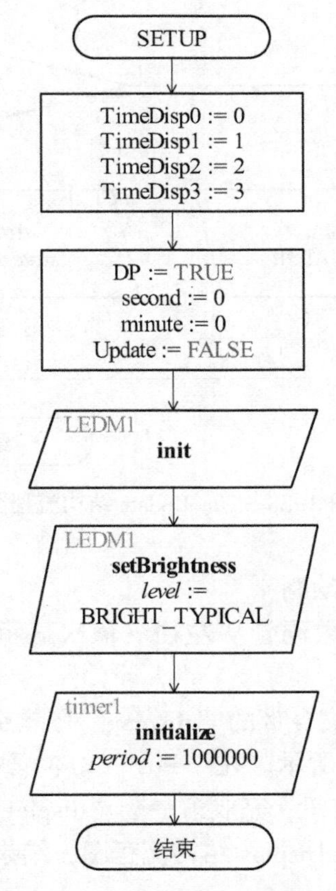

图 3-37　SETUP 结构流程图

小提示：SETUP 结构流程图中，TimeDisp0～TimeDisp3 为存放数码管的显示值的整型变量，DP 为控制 LEDM1 模块中“：”显示的位变量，minute 和 second 是存放分、秒的整型变量，Update 为是否更新分、秒的位变量。

3.3.3 TimeUpdate 和 TimeDisplay 结构流程图绘制

（1）TimeUpdate 结构流程图绘制

TimeUpdate 结构流程图完成 TimeDisp0～TimeDisp3 变量值修改的功能，并根据 DP 变量的值确定“LEDM1”硬件模块中的“：”二极管亮或暗。TimeUpdate 结构流程图如图 3-38 所示。

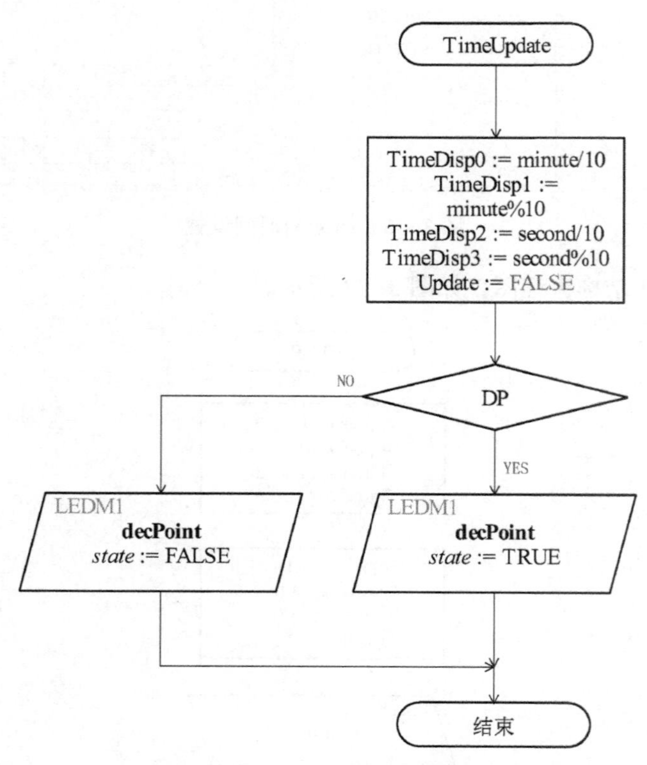

图 3-38　TimeUpdate 结构流程图

（2）TimeDisplay 结构流程图绘制

TimeDisplay 结构流程图完成数码管从左往右依次显示变量 TimeDisp0～TimeDisp3 值的功能。

1）拖动一个“LEDM1”模块自带的“display”图框到 TimeDisplay 结构流程图，双击弹出“编辑 I/O 块”，如图 3-39 所示。在“Pos”文本框中输入 0，在“Value”文本框中输入 TimeDisp0，单击“确定”按钮，完成第一个“display”图框放置和编辑。

2）按照上述方法，完善 TimeDisplay 结构流程图，结果如图 3-39 所示。

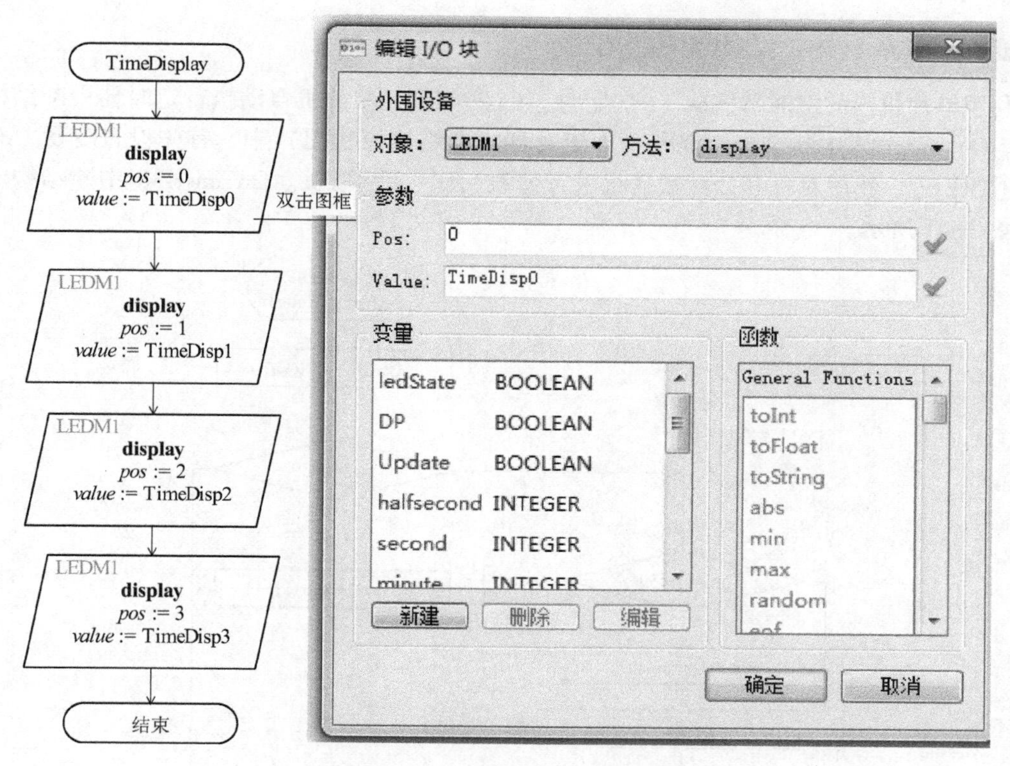

图 3-39　TimeDisplay 结构流程图

3.3.4　LOOP 结构流程图绘制

LOOP 结构流程图中根据 Update 变量的值是否为 1 判断 1 s 时间的到来，如果 1 s 时间到，则调用 TimeUpdate 结构流程图和 TimeDisplay 结构流程图，完成数码管的显示值刷新；否则，数码管的显示值不变。LOOP 结构流程图如图 3-40 所示。

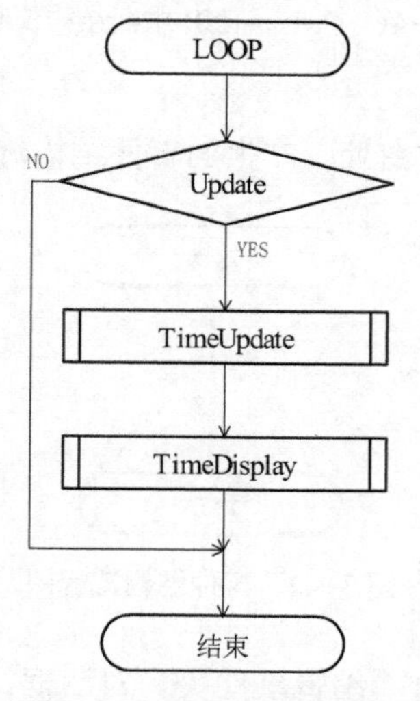

图 3-40　LOOP 结构流程图

3.3.5 OnTimerISR 结构流程图绘制

利用单片机内的定时器完成 1 s 的定时，1 s 时间到，单片机自动执行定时器中断结构流程图。OnTimerISR 中断结构流程图（即定时器中断结构流程图）中，首先设置变量 Update 为 1（TRUE），然后对秒和分计数变量进行修改、DP 变量取反。OnTimerISR 中断结构流程图如图 3-41 所示。

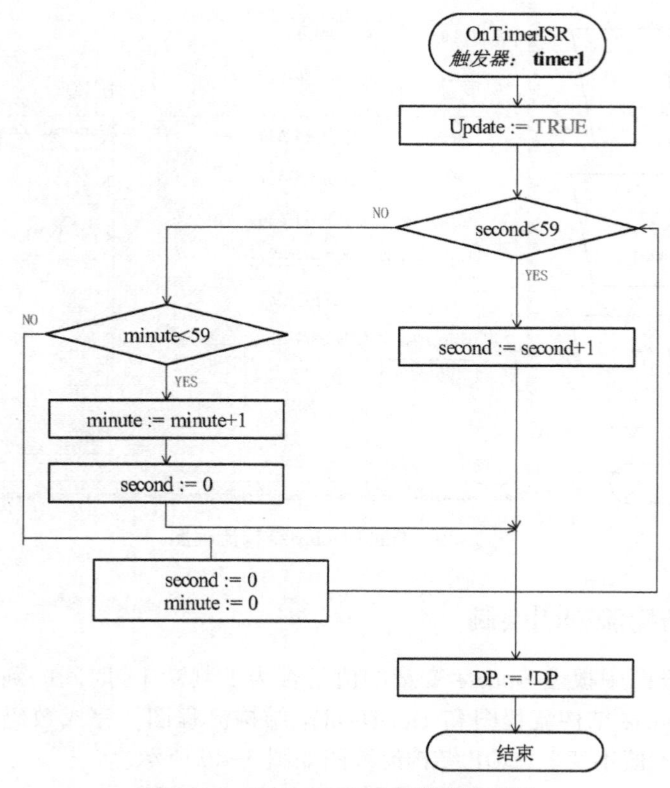

图 3-41 OnTimerISR 中断结构流程图

（1）放置“事件块”

1）拖动“事件块”到图纸空白处，产生的事件结构流程图如图 3-42 所示。

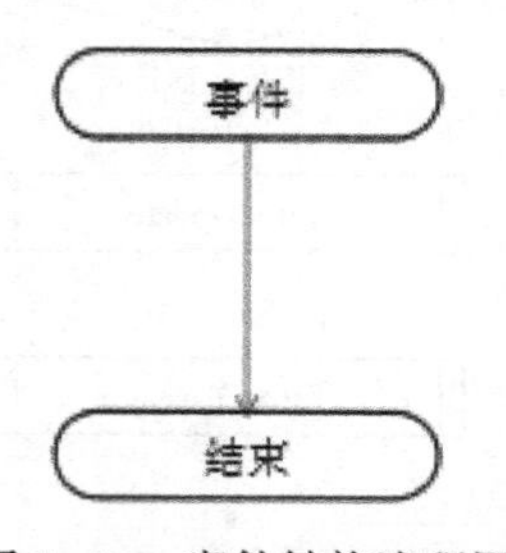

图 3-42 事件结构流程图

2）双击“事件”图框，弹出“编辑事件块”对话框，如图 3-43 所示。在“名称”文本框中输入 OnTimerISR 中断结构流程图名（可以输入任意名字），单击“添加”按钮，弹出“选择触发器”对话框，如图 3-44 所示。

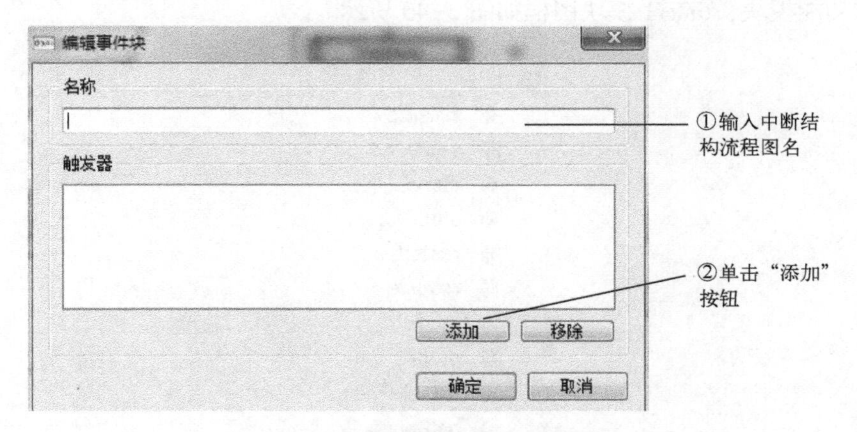

图 3-43 “编辑事件块”对话框

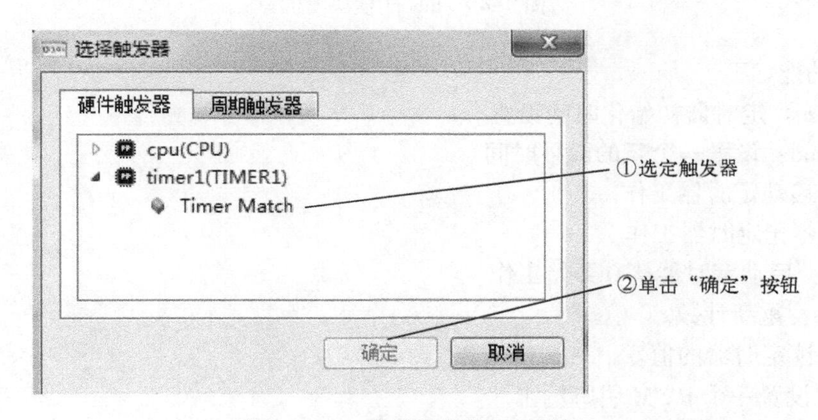

图 3-44 “选择触发器”对话框

3）在“硬件触发器”选项卡中单击“timer1”前的三角符号，选择“Timer Match”选项，单击“确定”按钮。

4）继续完成 OnTimerISR 中断结构流程图，最终结果如图 3-41 所示。

3.3.6 仿真运行

3.3 仿真动画

单击“仿真运行”按钮，观察仿真结果。

相关知识

3.3.7 单片机内部 timer1 定时器

在应用系统设计中可利用单片机内部的 timer1 定时中断方式完成相关操作，当到达定时时间单片机就进行定时中断相关处理，提高 CPU 实时处理任务的能力，通过对定时器 timer1 的初始化设置定时时间间隔，也可进行停止定时器计数（stop）、启动重新从 0 计数

(restart)、从原来值计数（resume）、读取当前计数值（read）等操作。timer1 模块是单片机内部资源的功能模块，timer1 模块图框如图 3-45 所示。

图 3-45　timer1 模块图框

各图框功能如下。

- Initialize：定时器初始化时间设置。
- setPeriod：设置一个新的微秒时间。
- start：启动定时器工作。
- stop：停止定时器工作。
- restart：启动定时器从 0 开始工作。
- resume：重新计数。
- read：读定时器的值。
- pwm：设置一个 PWM 引脚输出。
- disablePwm：取消 PWM 引脚输出。
- setPwmDuty：设置 PWM 占空比。

3.3.8　变量的类型

SETUP 结构流程图中定义了布尔变量和整型变量。TimeDisp0～TimeDisp3、minute 和 second 为整型变量（integer），能够存放的值范围为-32768～32767；DP、Update 为位变量（boolean），值为 TRUE 或 FALSE。

3.3.9　Grove 4-Digit Display 模块与单片机的连接

电路中的 Grove 4-Digit Display 模块连接号为 D2，对应 1、2 引脚和单片机的 IO2、IO3 引脚连接。双击电路中 Grove 4-Digit Display 模块的连接号“D2”弹出“编辑元件”对话框如图 3-46 所示，在“Connector ID”下拉列表中选择“D3”“D4”等选项，相应的和单片机的连接引脚为 IO3、IO4 和 IO4、IO5 等，依次类推。

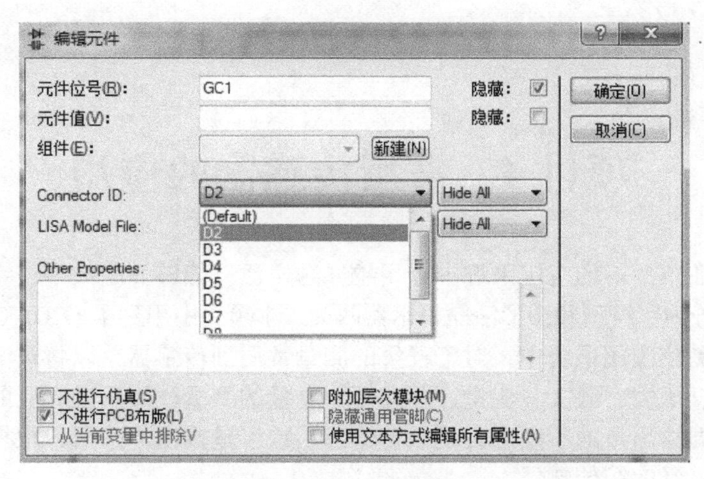

图 3-46　设置连接

3.3.10　OnTimerISR 结构流程图功能说明

OnTimerISR 结构流程图是单片机内部 timer1 中断函数，1s 定时时间到，CPU 响应中断执行 OnTimerISR 结构流程图，主要完成分秒时间变量的修改。OnTimerISR 结构流程图功能说明如图 3-47 所示。

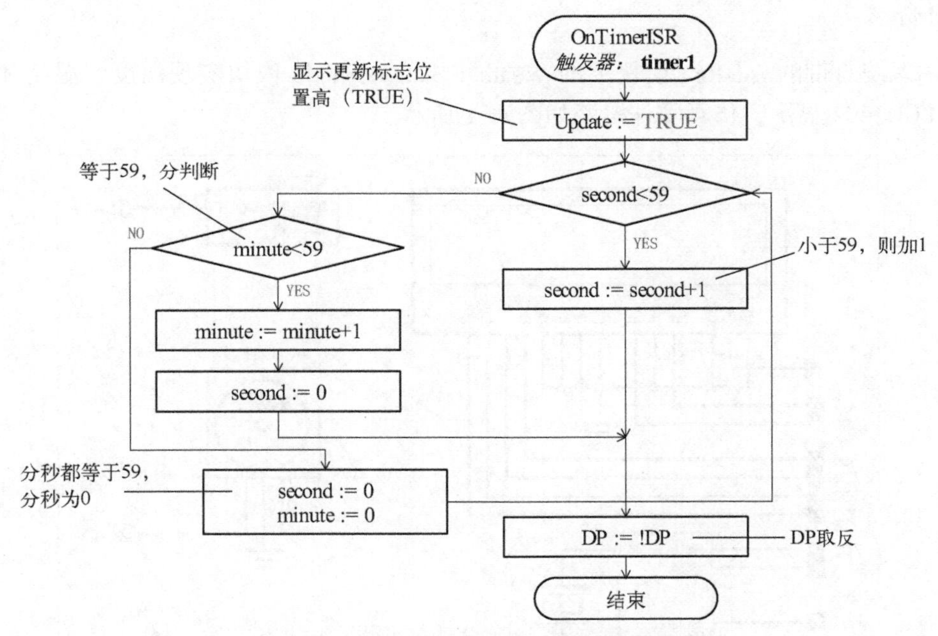

图 3-47　OnTimerISR 结构流程图功能说明

任务拓展

将电路中的 Grove 4-Digit Display 模块连接号改为 D3，数码管显示器显示时分数据，编写流程图并进行仿真。

项目 4　常用传感器的应用

液晶显示器在单片机的应用系统中运用越来越广泛，能够显示数字、字符和图形。液晶显示器根据功能分为字符型和图形液晶显示器两类，本项目中用到了 LCD1602 字符型显示器。

在单片机的测控应用系统中，对工程量的测量常用到传感器，以将被测的非电量转化为电量，比如温度、压力、湿度、流量、距离等非电量的测量就要用到对应的传感器。传感器的分类很多，根据输出量的不同分为模拟量输出、数字量输出传感器；根据被测量的不同可分为温度、压力、湿度等传感器。

Proteus 仿真软件提供了常用的传感器硬件模块，以及可视化的图框，使非电量测量系统的硬件和可视化结构图的设计变得比较简单且易掌握。

任务 4.1　基于 LCD1602 的温度、湿度和压力显示表

任务目标

使用系统自带的 Adafruit 模块下的 Weather Station Shield 模块实现温度、湿度和压力测试并在 LCD1602 显示，仿真硬件电路如图 4-1 所示。

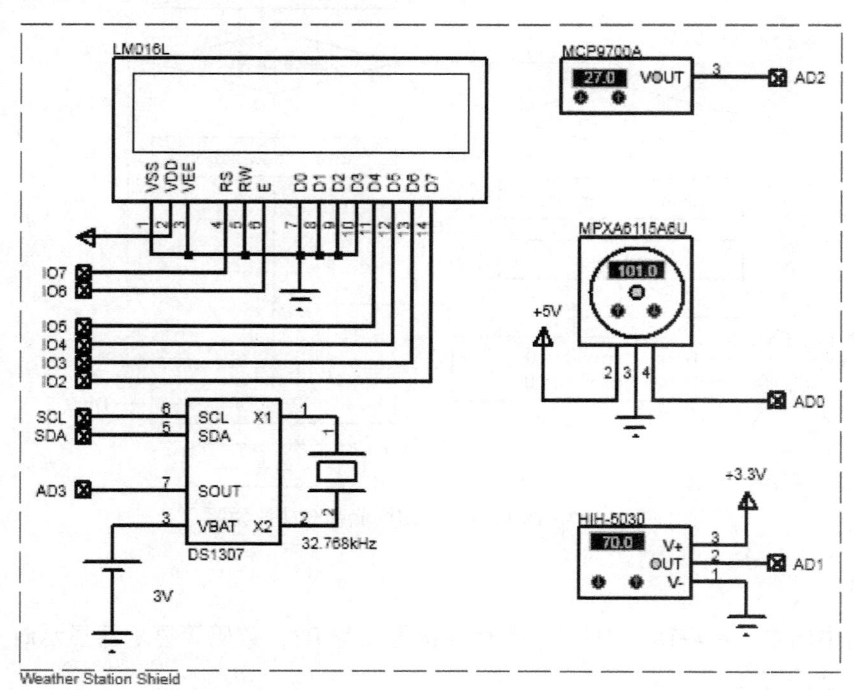

图 4-1　仿真硬件电路

[任务重点]

- 硬件电路绘制
- 温度、湿度和压力的测试和显示
- 液晶显示器
- 程序编译并运行、观察仿真结果

任务实施

4.1.1 硬件电路绘制

1）单击“可视化设计”标签，打开“可视化设计”界面，如图 4-2 所示。在左边的“项目”管理面板的“Peripherals”上右击，弹出快捷菜单。

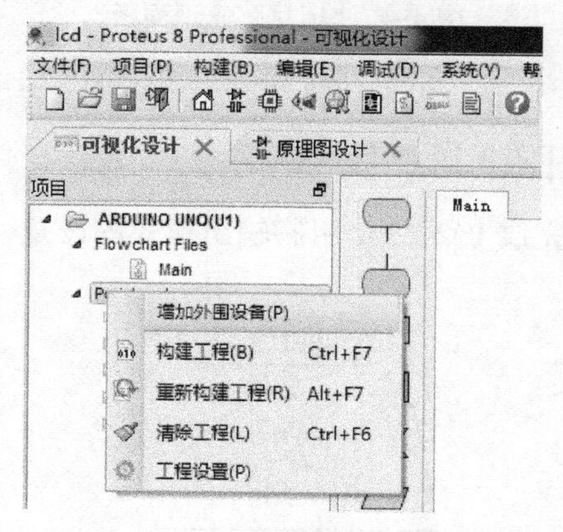

图 4-2 “可视化设计”界面

2）选择“增加外围设备”命令，弹出“选择工程剪辑”对话框，如图 4-3 所示。在“类别”下拉列表中选择“Adafruit”选项，在下面的模块列表框中选择“Arduino Weather Station Shield”模块。

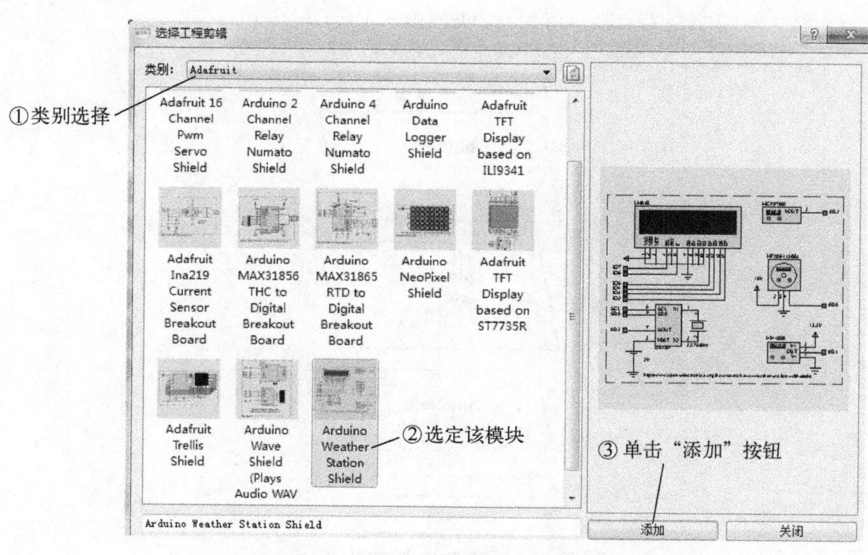

图 4-3 “选择工程剪辑”对话框

3）单击“添加”按钮，“Arduino Weather Station Shield”添加成功，“项目”管理面板如图 4-4 所示。

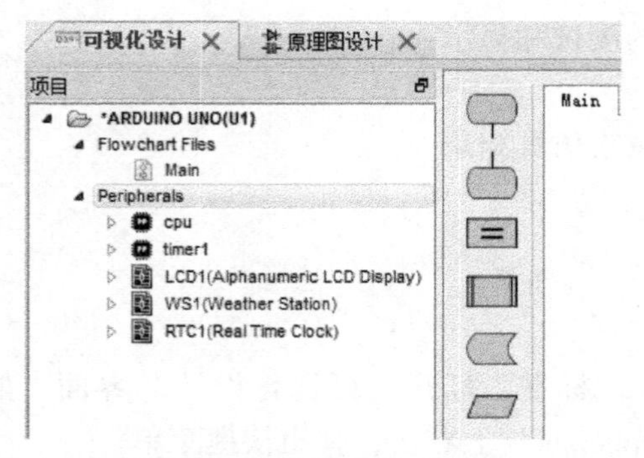

图 4-4 “项目”管理面板

4）单击“原理图设计”标签，可见仿真硬件电路如图 4-1 所示。

4.1.2 SETUP 结构流程图绘制

SETUP 结构流程图主要完成 IO2～IO7 引脚输出模式的设置，绘制的 SETUP 结构流程图如图 4-5 所示。

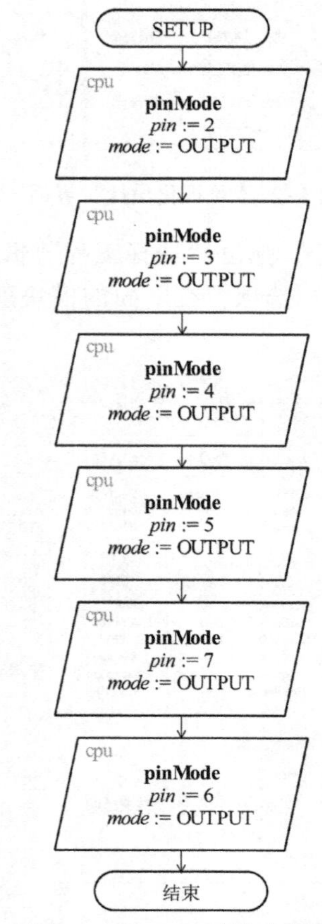

图 4-5 SETUP 结构流程图

4.1.3 LOOP 结构流程图绘制

1. LCD1（1602 液晶显示器）常用图框介绍及放置

单击“LCD1”前面的三角符号，展开 LCD1 图框工具条，如图 4-6 所示。下面介绍本任务中用到的图框功能。

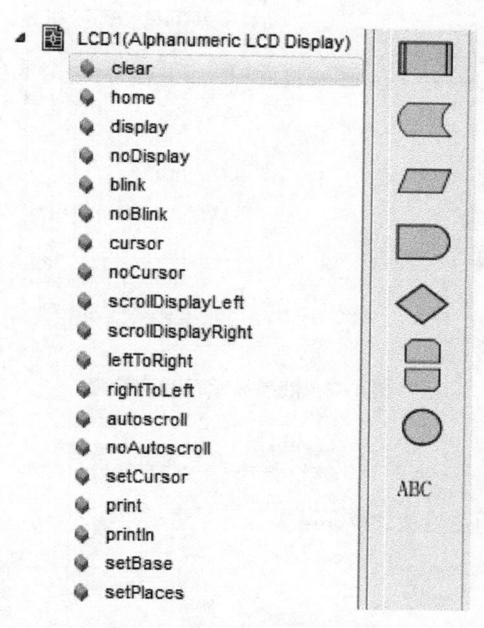

图 4-6　LCD1 图框工具条

（1）clear

液晶显示清屏命令，一般在液晶显示新的信息之前执行清屏命令，将原来显示的信息清除掉。

拖动“clear”图框到 LOOP 结构流程图。

（2）setCursor

设置显示器显示信息的光标起始位置，包含行和列的位置。1602 是两行字符型液晶显示器，每一行最多能显示 16 个字符，在应用中可控制显示器在哪一行（行号为 0 和 1）和哪一列（列号为 0~15）开始显示信息。

拖动“setCursor”图框到 LOOP 结构流程图，双击图框弹出“编辑 I/O 块”对话框，如图 4-7 所示。在“Col”文本框内输入列号，在“Row”文本框内输入行号，单击“确定”按钮，完成光标起始位置设置。

（3）print

在液晶显示器指定的光标起始位置开始输出并显示字符串或变量的值。

拖动“print”图框到 LOOP 结构流程图，双击图框，弹出“编辑 I/O 块”对话框，如图 4-8 所示。在“参数”文本框中输入变量名或字符串，如果输出显示的是字符串，必须用“ ”括起来。

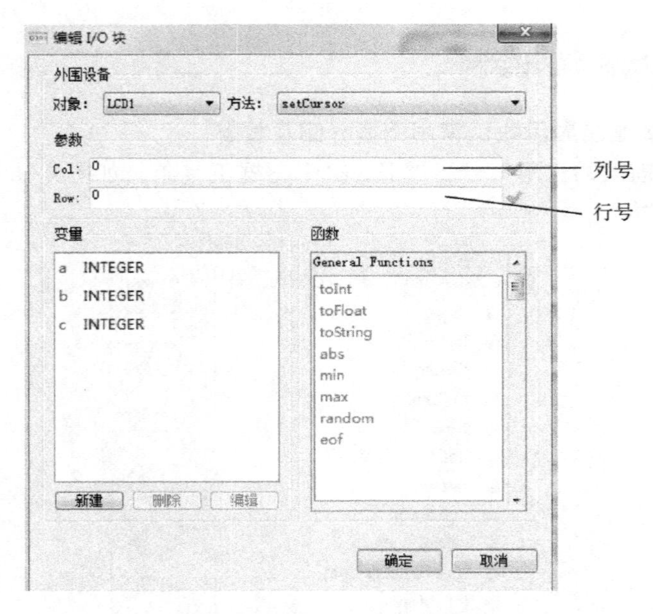

图 4-7　液晶显示行和列设置

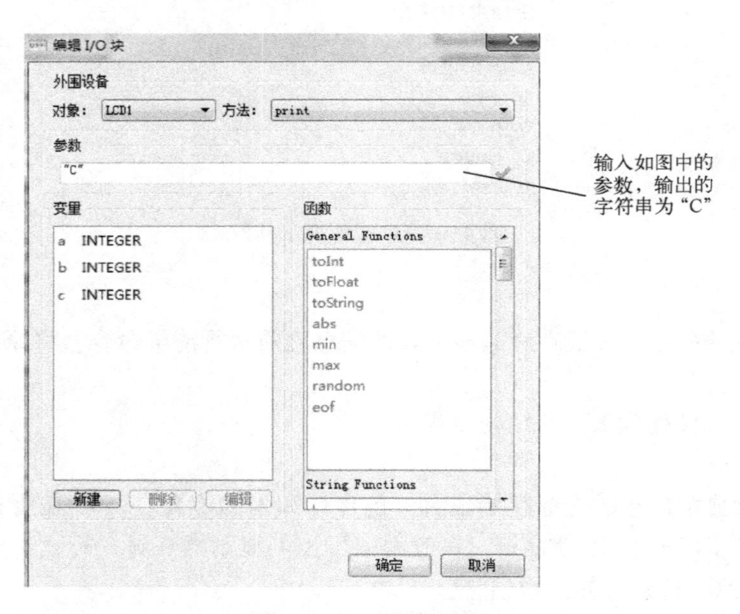

图 4-8　print 图框设置

2. 模拟量输入

拖动“I/O 操作”图框到 LOOP 结构流程图，双击弹出“编辑 I/O 块”对话框，在“对象”下拉列表中选择“cpu”选项，在“方法”下拉列表中选择“analogRead”选项，在“Ain”文本框中输入模拟量通道号，通道号为 0~5（对应 CPU 控制板的 AD0~AD5 引脚），在“Value”下拉列表中选择变量（该变量用于存放模拟量转换的数字量结果），单击“确定”按钮完成编辑，如图 4-9 所示。

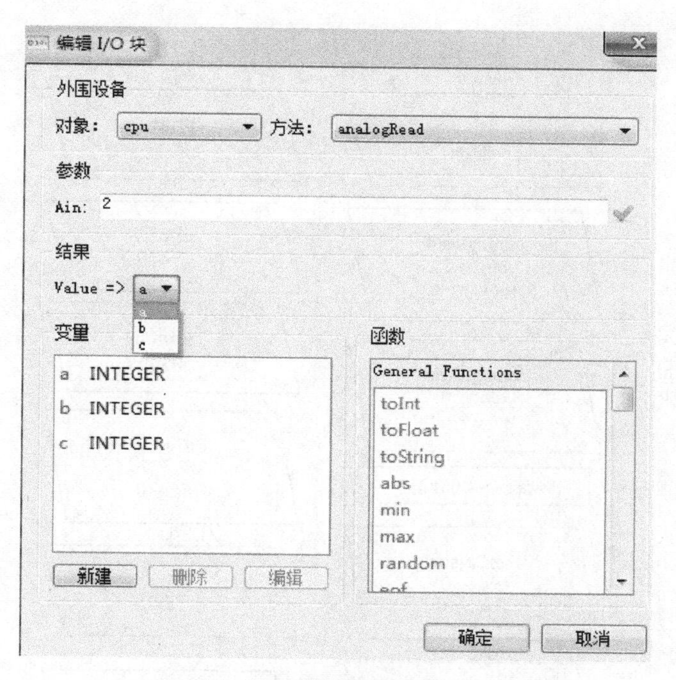

图 4-9　模拟量输入设置

也可直接利用 3 个传感器提供的图框读取温度、压力、湿度值到指定的浮点数变量。这里以温度量的读取为例说明如何利用传感器图框直接读取模拟温度值，温度值读取图框操作过程如图 4-10 所示。

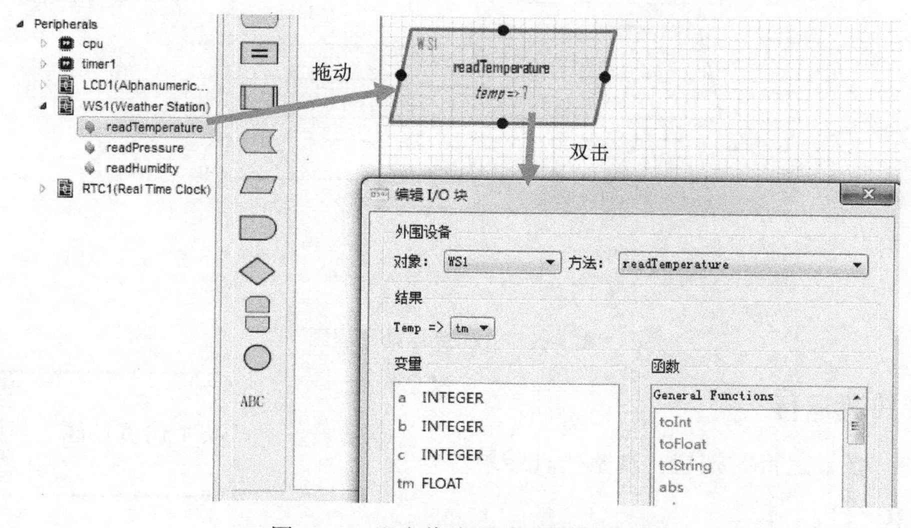

图 4-10　温度值读取图框操作过程

3. 完善绘制 LOOP 结构流程图

绘制好的 LOOP 结构流程图如图 4-11 所示，LOOP 结构流程图中读取了单片机模拟通道 0~2 中的温度、压力和湿度值，读取的值在计算机中是数字量，根据仿真时传感器输出的数据和显示数据的关系进行相应的数据处理，保证显示值和传感器的输出基本一致。

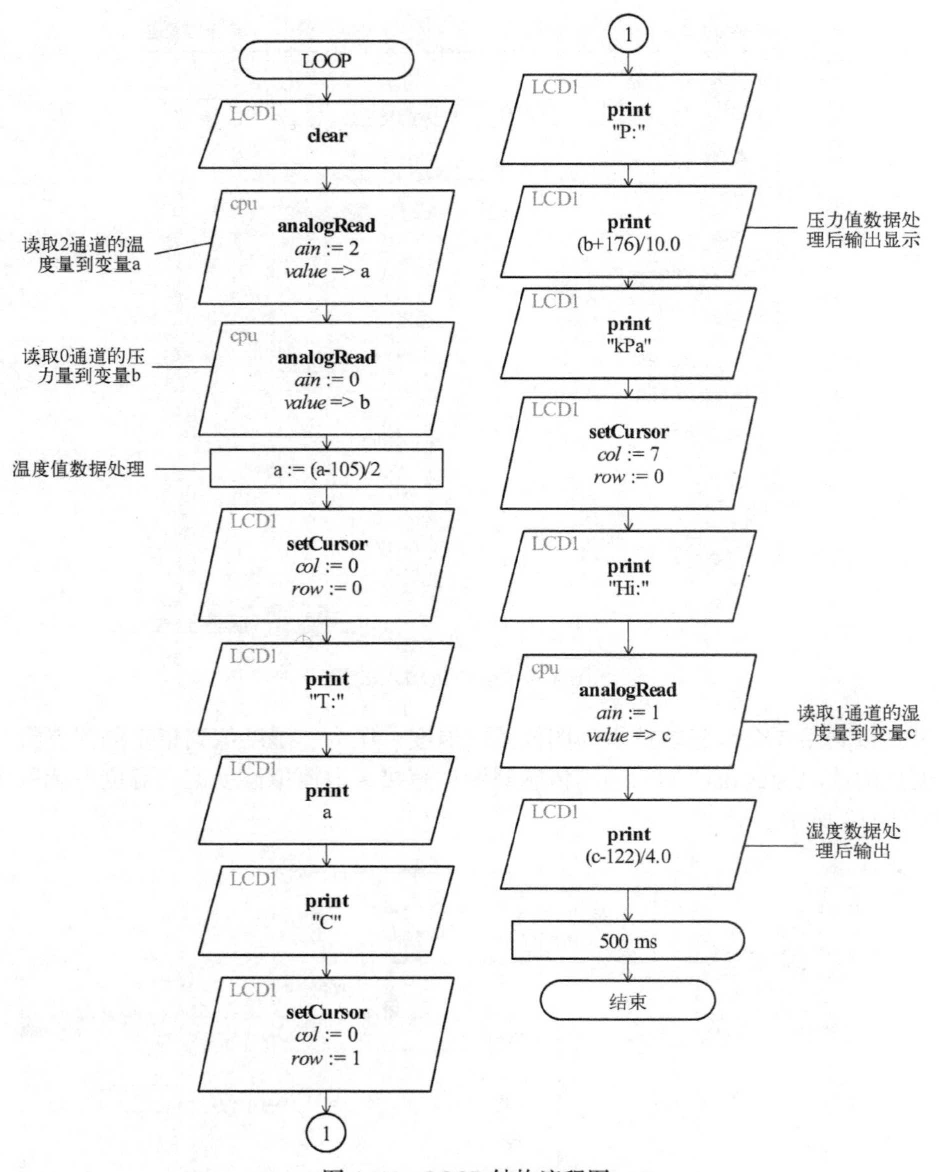

图 4-11　LOOP 结构流程图

4.1.4　仿真运行

单击“仿真运行”按钮，观察仿真结果。

相关知识

4.1.5　单片机模拟输入通道介绍

Arduino 控制板上有 A0~A5 共 6 个模拟电压量输入引脚，单片机可以对模拟量引脚输入的模拟电压量进行 A-D 转换，转换的结果为 10 位数字量，单片机根据得到的数字量计算出输入模拟电压量的大小，输入的电压模拟量可以是各种传感器输出信号经过信号处理或变换

后得到的电压量。输入的模拟电压量 U_{in} 和转换的数字量 D 之间的关系式为

$$U_{in}=\frac{D}{1024}\times U_{ref}$$

式中，U_{ref}为 5 V。

4.1.6 温度、压力和湿度工程量数据处理

由于仿真电路中温度、压力和湿度模块都是线性输出模块，即传感器模块分别直接将温度、压力和湿度转换成电压输出，单片机得到的数字量与温度、压力和湿度工程量的线性关系一定是 $y=kx+b$，其中 k 可根据传感器输出的两个工程量和对应的数字量之比求出（直线斜率），b 根据传感器输出的一个工程量和对应的数字量求出，y 为数字量，x 为工程量。

（1）温度工程量数据处理

为获得 k 和 b，在流程图中液晶直接输出单片机转换的温度模拟量对应的数字量，调整温度传感器输出量，记录下两个温度值和对应显示的值，比如调整温度输出值为 27℃，液晶显示数字量为 159；调整温度输出值为 57℃，液晶显示数字量为 220。所以

$$k=(220-159)/(57-27)\approx 2$$

再将 $y=220$ 和 $x=57$ 带入到 $y=kx+b$ 中求得 $b=106$，所以温度值 $x=(y-106)/2$。流程图中考虑精度问题，温度量数据处理公式修改为$(y-105)/2$，单片机将转换后的数字量带入该公式计算，然后直接输出到显示器。

（2）压力工程量数据处理

和温度工程量数据处理公式的求取过程一样，得到压力工程量数据处理公式为

$$(y+176)/10.0$$

（3）湿度工程量数据处理

和温度工程量数据处理公式的求取过程一样，得到湿度工程量数据处理公式为

$$(y-122)/4.0$$

由于压力和湿度显示值精确到了小数，所以上面两式中分母为 10.0 和 4.0，这是 C 语言除法运算的特点。

这种建立数据模型的方法适合于实际系统中所有线性传感器。

4.1.7 读取压力和湿度图框的设置

（1）读取压力图框的设置

在“可视化设计”界面，单击界面左侧“项目”管理面板 WS1 前面的三角符号，拖动“readPressure”图框到 LOOP 结构图，双击弹出“编辑 I/O 块”对话框。首先新建一个 float 类型的变量 press（变量名可任意），然后在“Press”下拉列表中选择变量 press，单击“确定”按钮，完成图框的设置，实现将压力值读取到变量 press，如图 4-12 所示。

（2）读取湿度图框的设置

在“可视化设计”界面，单击界面左侧“项目”管理面板 WS1 前面的三角符号，拖动“readHumidity”图框到 LOOP 结构图，双击弹出“编辑 I/O 块”对话框。首先新建一个 float 类型的变量 hum（变量名可任意），然后在“Humi”下拉列表中选择变量 hum，单击“确定”按钮，完成图框的设置，实现将压力值读取到变量 hum，如图 4-13 所示。

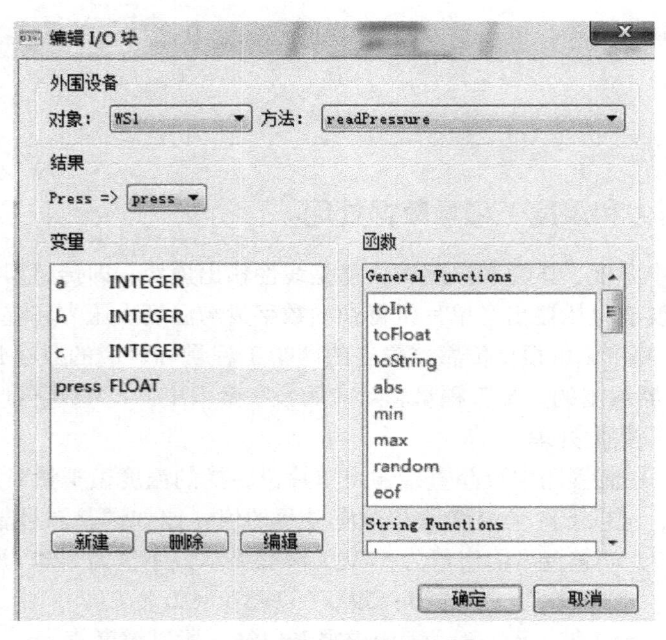

图 4-12　读取压力图框设置

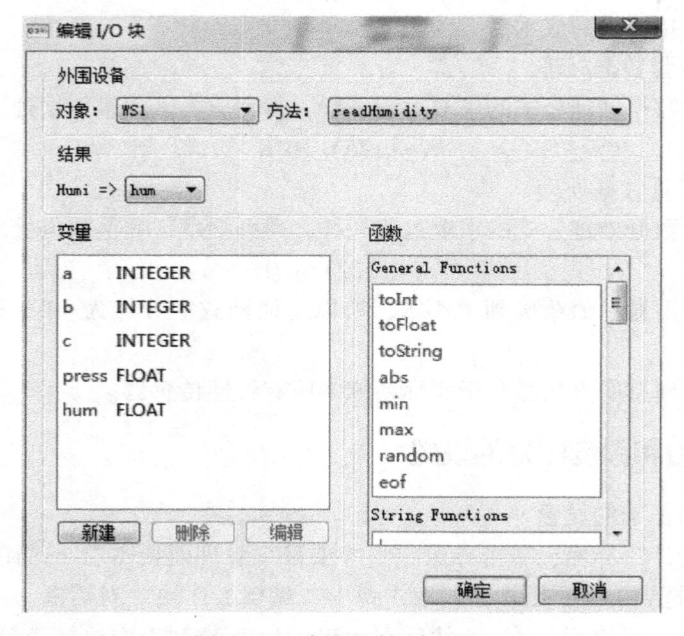

图 4-13　读取湿度图框设置

4.1.8　利用 WS1 模块图框完成 LOOP 结构流程图

利用 WS1 模块图框完成温度、压力和湿度数据的直接读取，通过 LCD1602 液晶显示，完成温度、压力和湿度的测量，相比前面的 LOOP 结构流程图简单很多。新建的 LOOP 结构流程图如图 4-14 所示。

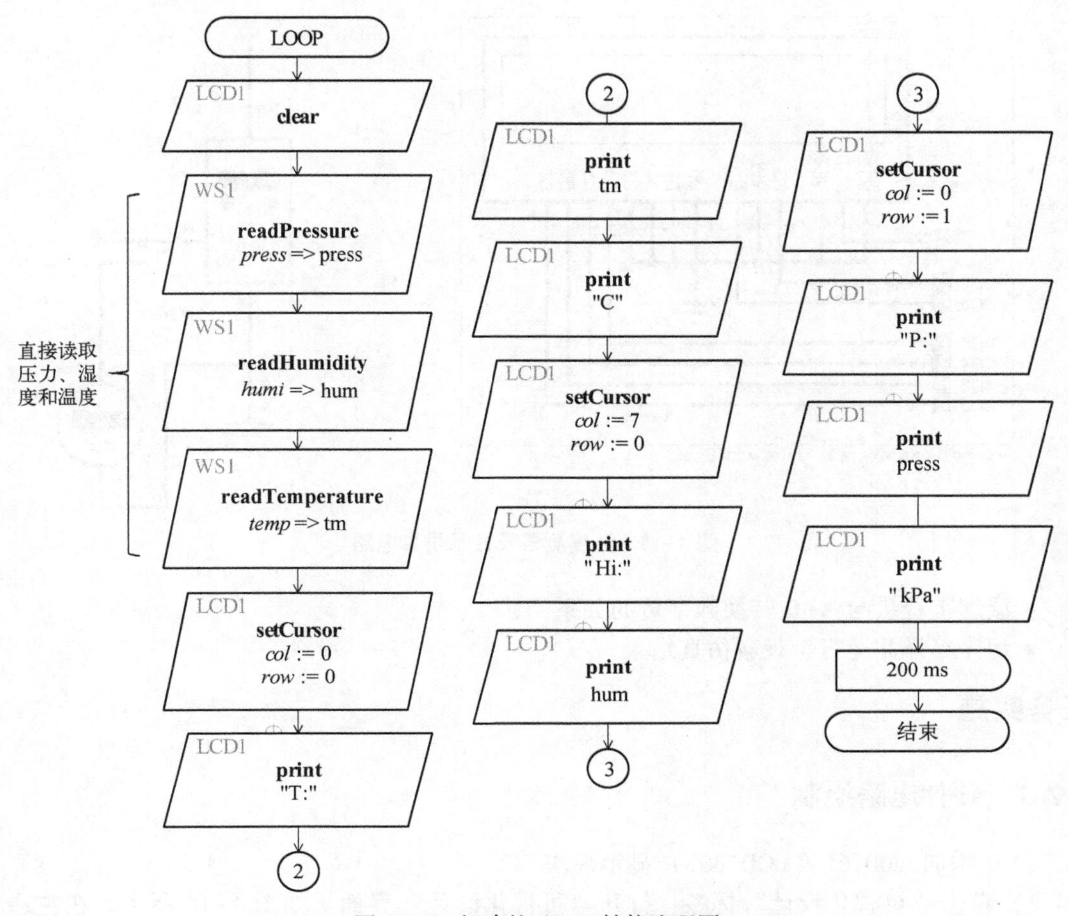

图 4-14　新建的 LOOP 结构流程图

任务拓展

将温度、压力和湿度传感器模块的输出量接到单片机的模拟量输入引脚 AD1、AD2、AD3 上，修改硬件和流程图，观察仿真结果。

任务 4.2　基于 LM35 模块的液晶温度显示表

任务目标

使用系统自带的 LM35 温度传感器器件实现温度测量并在 LCD1602 显示，仿真硬件电路如图 4-15 所示。

［任务重点］

- 利用系统自带 LCD1602 模块、温度传感器器件实现测试电路设计
- 绘制结构流程图
- LM35 温度传感器的工作原理

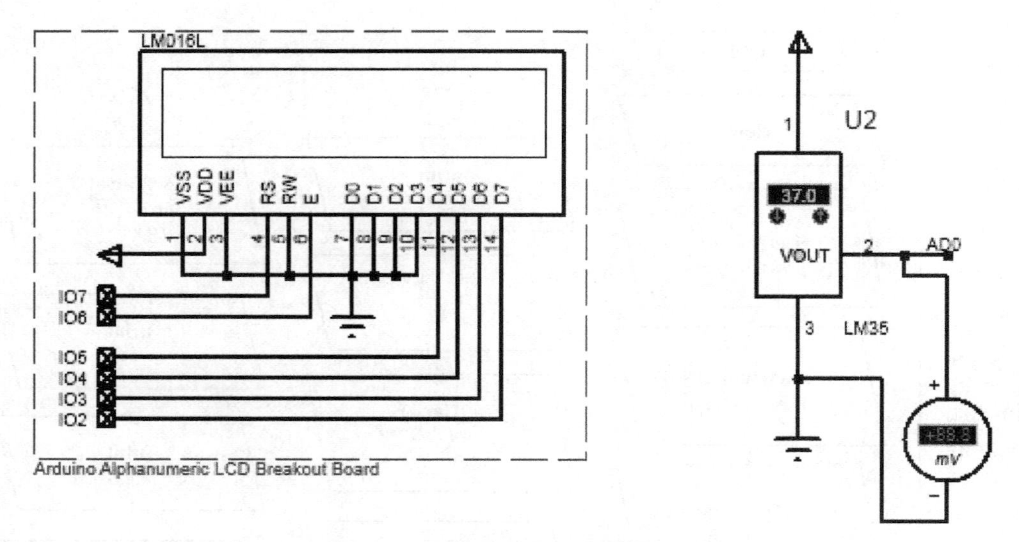

图 4-15　温度测量及显示仿真电路

- 温度工程量与 A-D 转换数字量的关系
- 程序编译并运行、观察仿真结果

任务实施

4.2.1　硬件电路绘制

（1）添加 LM016L（LCD1602）显示模块

1）单击“可视化设计”标签，打开“可视化设计”界面，如图 4-16 所示。在左边的“项目”管理面板的“Peripherals”上右击，弹出快捷菜单。

图 4-16　“可视化设计”界面

2）选择“增加外围设备”命令，弹出“选择工程剪辑”对话框，如图 4-17 所示。在“类别”下拉列表中选择“Breakout Peripherals”选项，在下面的模块列表中选择“Arduino-Alphanumeric Lcd 16x2 breakout board”模块。

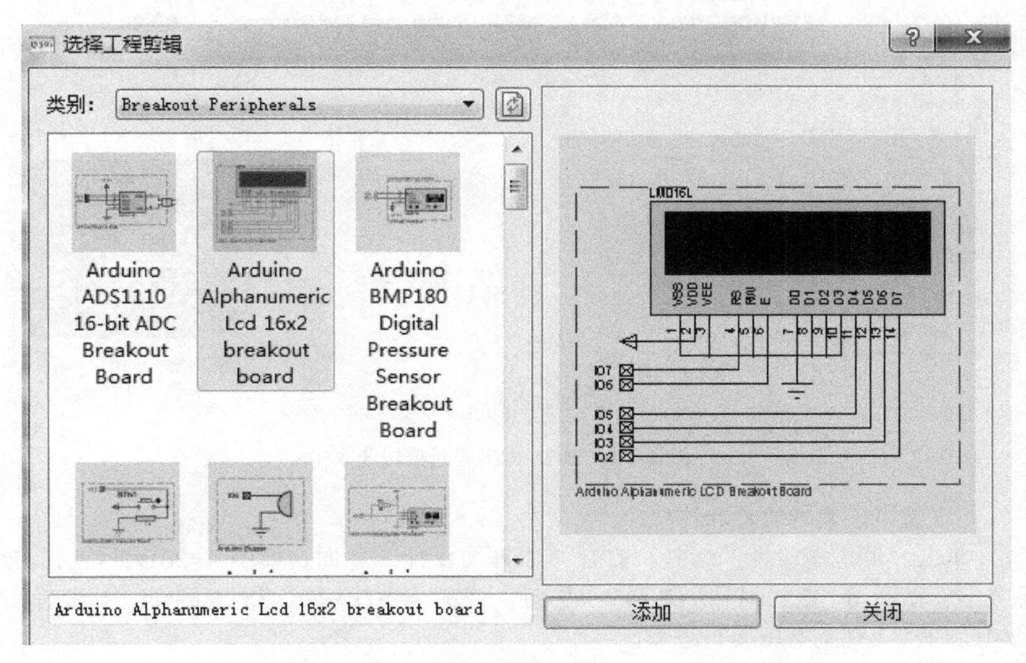

图 4-17　添加 LCD 模块

3）单击“添加”按钮，“项目”管理面板如图 4-18 所示。

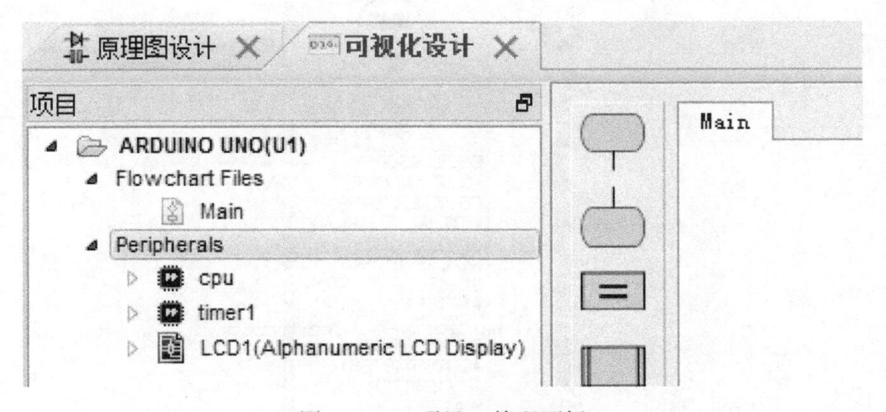

图 4-18　“项目”管理面板

（2）LM35 传感器元器件选取

在原理图设计窗口单击“P”按钮，弹出“选取元器件”对话框。在“关键字”文本框中输入“lm35”，在“显示本地结果”列表中选择“LM35”选项，单击“确定”按钮，完成 LM35 器件选取，如图 4-19 所示。

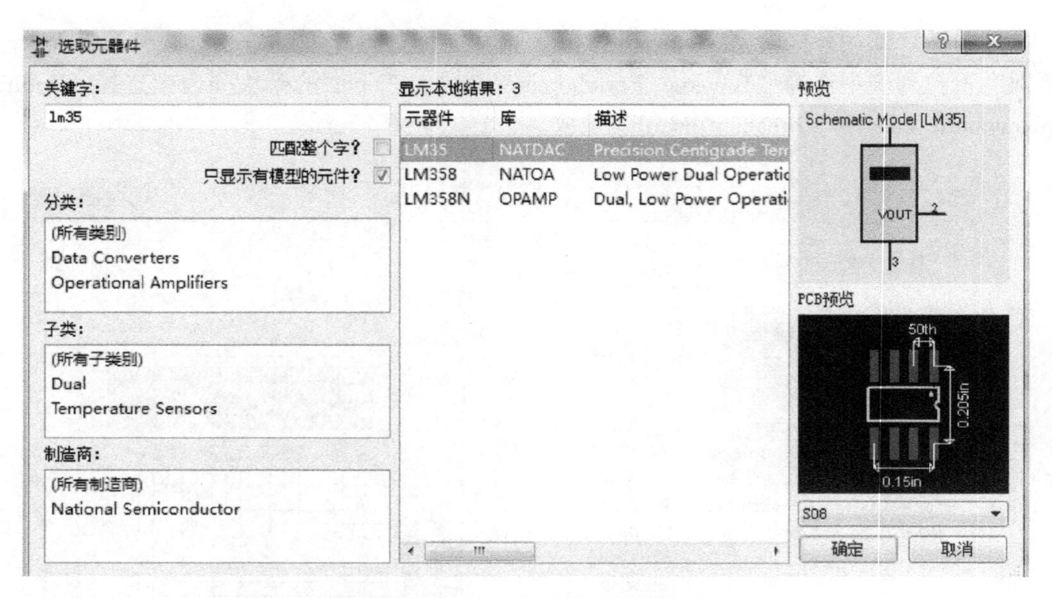

图 4-19　LM35 传感器元器件选取

（3）直流电压表的放置和连接

1）单击“原理图设计”标签，打开“原理图设计”界面，如图 4-20 所示，在左边的模式工具条中单击“虚拟仪器”按钮，在“INSTRUMENTS”列表中选择“DC VOLTMETER”（直流电压表）选项。

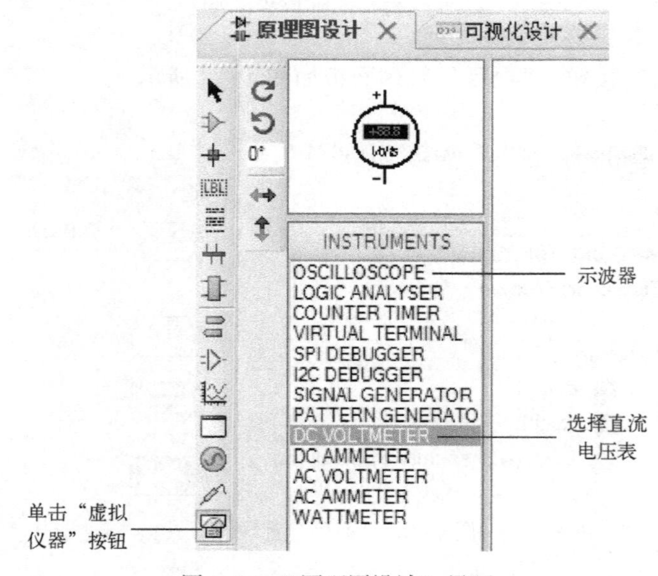

图 4-20　“原理图设计”界面

2）在设计图纸上放置直流电压表，双击弹出“编辑元件”对话框。在“Display Range”下拉列表选择“Millivolts”（毫伏）选项，然后单击“确定”按钮，如图 4-21 所示。

3）连线、放置电源和 I/O 端口，完成图 4-15 所示硬件电路设计。

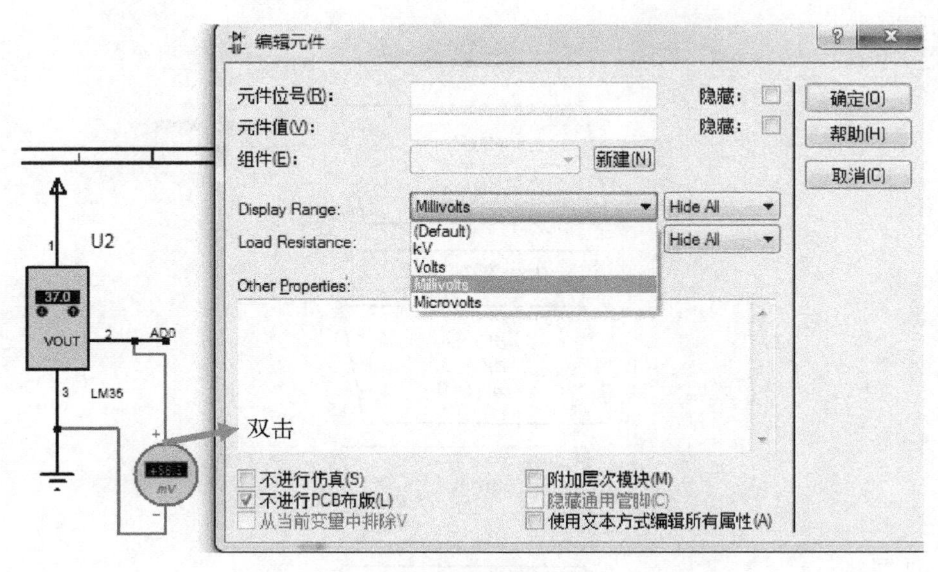

图 4-21　电压表设置

4.2.2　SETUP 结构流程图绘制

SETUP 结构流程图主要完成 IO2～IO7 引脚输出模式的设置，绘制的 SETUP 结构流程图如图 4-22 所示。

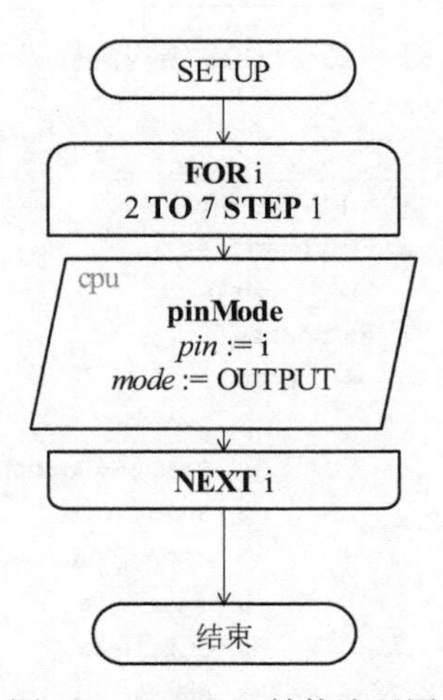

图 4-22　SETUP 结构流程图

4.2.3　LOOP 结构流程图绘制

LOOP 结构流程图主要完成模拟量转换数字量的结果读取、温度值的计算和输出显示，绘制的 LOOP 结构流程图如图 4-23 所示。

1）模拟量转换为数字量的结果读取。

单击可视化设计界面左边的项目管理面板的 cpu 前面的三角符号，展开 cpu 模块下的图框，如图 4-24 所示。

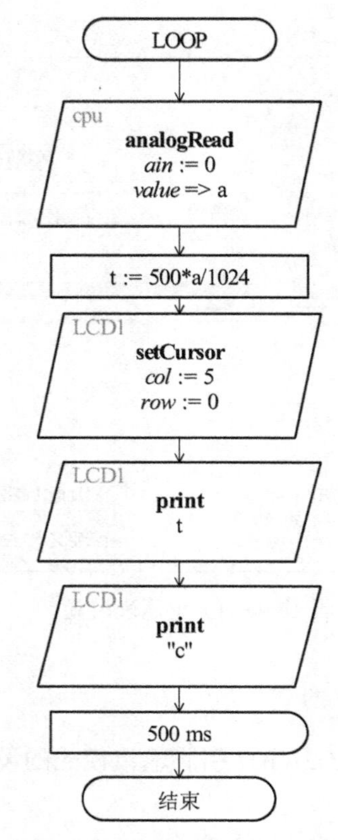

图 4-23　LOOP 结构流程图

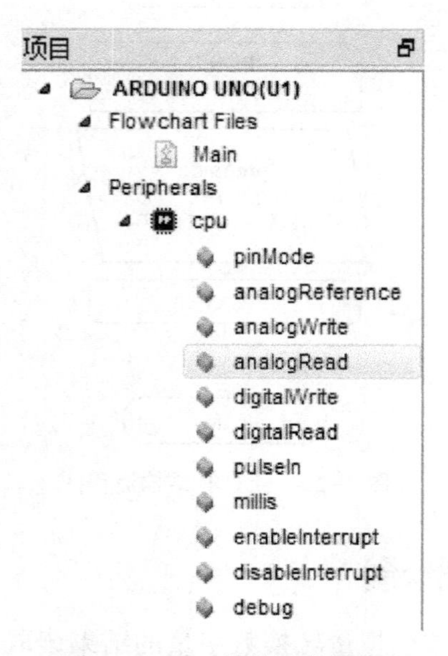

图 4-24　cpu 模块下的图框

2）拖动“analogRead”图框到 LOOP 结构流程图，双击弹出“编辑 I/O 块”对话框，只需在“Ain”文本框中输入“0”（模拟量 0 号通道），在“Value”下拉列表中选择变量“a”，单击“确定”按钮，完成图框的放置和编辑，如图 4-25 所示。

编辑 I/O 块

外围设备

对象: cpu 方法: analogRead

参数

Ain: 0

结果

Value => a

变量

a INTEGER

t INTEGER

i INTEGER

ain INTEGER

新建 删除 编辑

函数

General Functions

toInt

toFloat

toString

abs

min

max

random

确定 取消

图 4-25 analogRead 图框设置

3）继续完善 LOOP 结构流程图绘制。

4.2.4 仿真运行

单击“仿真运行”按钮，观察仿真结果。

4.2 仿真动画

相关知识

4.2.5 LM35 温度传感器工作原理

LM35 线性温度传感器将摄氏温度转换为毫伏电压，测温范围为-55～150℃。温度为0℃时，输出电压为 0 mV，温度增加时输出电压按 10 mV/℃增加。其电源供应模式有单电源和正负双电源两种，正负双电源供应模式可实现负温度的测量，测量精度达±0.25℃。

4.2.6 A-D 转换数字量与温度工程量的关系

单片机内部 10 位 A-D 转换器将输入电压转换为数字量，转换关系为

$$U_{\mathrm{i}}=\frac{D}{1024}\times U_{\mathrm{ref}}$$

式中，U_{i}为输入的模拟电压值，D 为转换的数字量结果，U_{ref}为 A-D 转换器的参考电压，电路中取 5 V。

根据 LM35 温度传感器的工作原理，输入电压量除以 10，将 mV 电压转换为温度，所以

上式两边分别除以 10 得

$$t=U_{i}/10=\frac{D}{1024}\times U_{ref}/10=\frac{D}{1024}\times 500$$

如果想温度值精确到小数，可将式中 500 改成 500.0。

4.2.7 LOOP 结构流程图功能说明

LOOP 结构流程图完成 LM35 温度传感器输出电压的测量，根据转换关系计算温度值，将温度值在液晶显示器的指定位置显示。LOOP 结构流程图功能说明如图 4-26 所示。

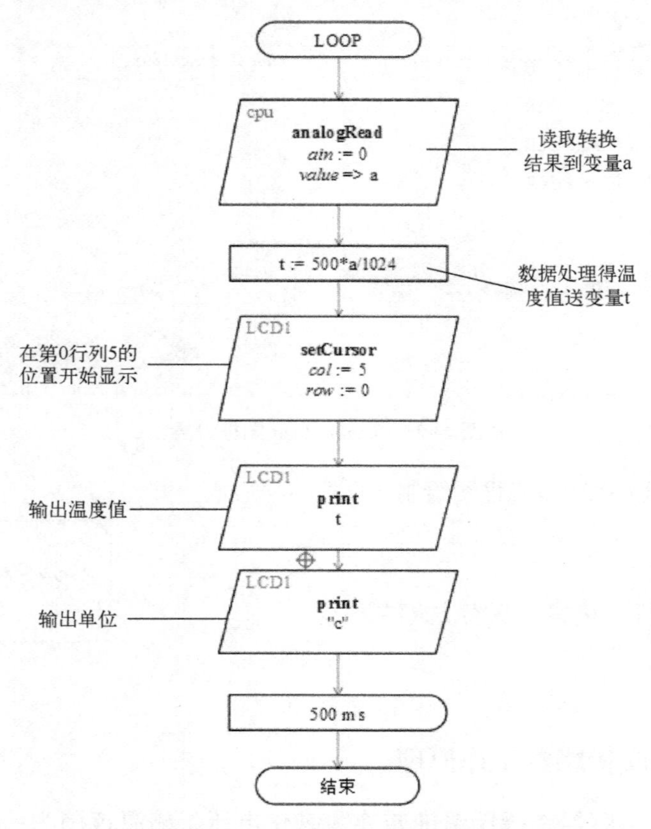

图 4-26　LOOP 结构流程图功能说明

4.2.8 cpu 模块下的图框

通过 cpu 模块下的图框能快速完成 I/O 引脚模式设置、数字 I/O 的输入输出、模拟量引脚读取、PWM 波形输出、外部中断引脚触发使能和关闭等操作，cpu 模块下的图框如图 4-24 所示。

（1）pinMode 图框

完成数字 I/O 引脚输出或输入模式设置。

（2）analogReference 图框

设定模拟量转换参考电压，拖动图框到流程图，双击弹出“编辑 I/O 块”对话框，如图 4-27 所示，在“Mode”下拉列表中可选“DEFAULT”（默认）、“INTERNAL”（内部）

和“EXTERNAL”（外部）选项，一般取默认选项。

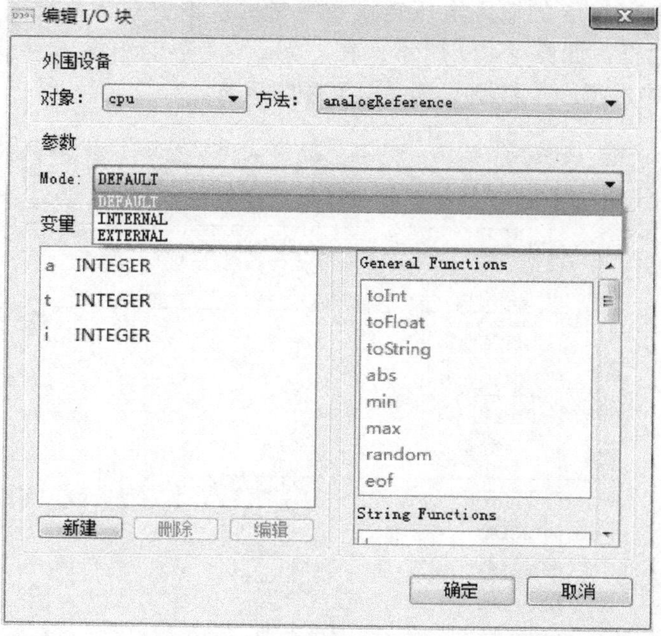

图 4-27　analogReference 图框设置

（3）analogWrite 图框

该图框用于对单片机的 PWM 引脚输出 PWM 波形占空比设置，双击流程图中的该图框，弹出“编辑 I/O 块”对话框，如图 4-28 所示，在“Pin”文本框中输入引脚号（3、5、6、9、10、11），在“Value”文本框中输入 0~255 的一个数。

图 4-28　analogWrite 图框设置

（4） analogRead 图框

模拟量通道 AD0~AD5 的输入电压转换数字量的读取，双击流程图中的该图框，弹出“编辑 I/O 块”对话框，如图 4-29 所示，在“Ain”文本框中输入管通道号（0~5），在“Value”下拉列表中选择一个整型变量，用于存放结果。

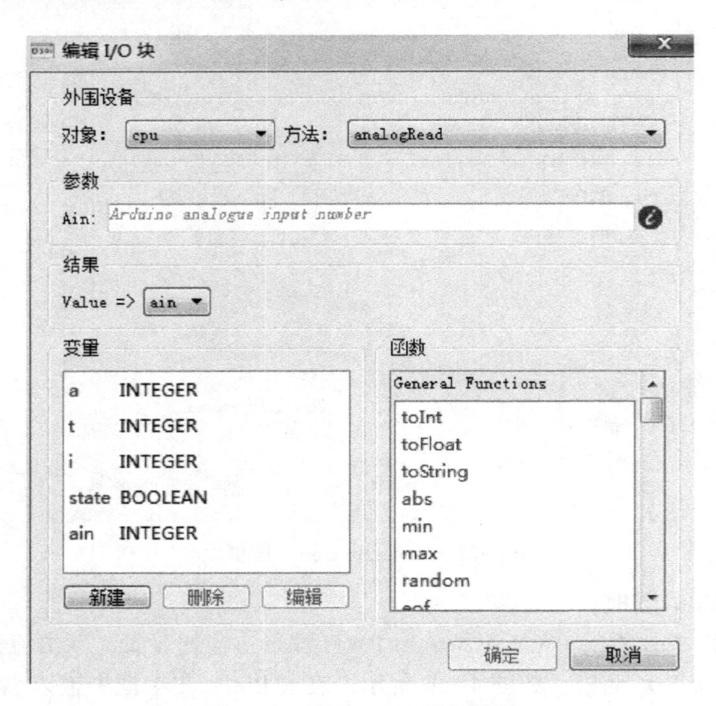

图 4-29　analogRead 图框设置

（5） digitalWrite 和 digitalRead 图框

用于数字 I/O 引脚的数字量输出和输入操作。

（6） pulseIn 图框

读取 I/O 引脚脉冲的长度，双击流程图中的该图框，弹出“编辑 I/O 块”对话框，如图 4-30 所示，在“Pin”文本框中输入引脚号（0~19），在“Type”下拉列表中选择 HIGH 或 LOW（引脚常规状态），在“Timeout”中任选，“Duration”用于存放脉冲的时间，单位是毫秒。

（7） millis 图框

cpu 当前运行程序的时间，单位为微秒。

（8） enableInterrupt 图框

外部中断使能，设置外部中断的触发方式。有两个外部中断源 INT0 和 INT1，常用的外部中断触发方式为上升沿或下降沿触发。

（9） disableInterrupt 图框

禁止外部中断 0 或外部中断 1。

（10） debug 图框

在仿真时输出一个数据或字符串到仿真日记。

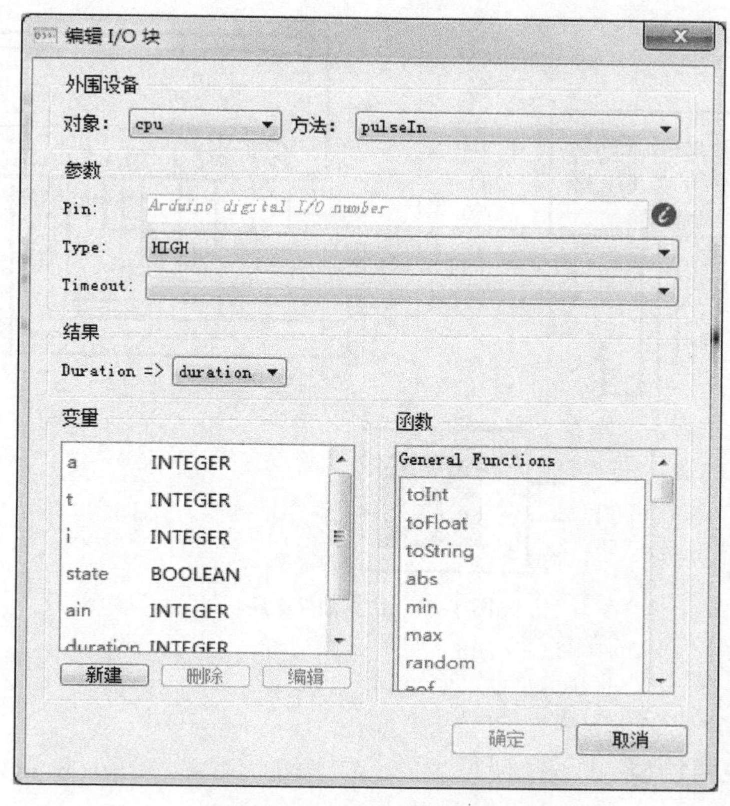

图 4-30　pulseIn 图框设置

任务拓展

修改程序使温度显示值精确到小数，并在显示器的第 2 行第 6 列开始显示温度值。

任务 4.3　超声波传感器测距

任务目标

使用超声波传感器测量障碍物的距离并在 LCD1602 液晶显示器上显示距离，单位为厘米。仿真硬件电路如图 4-31 所示。

[任务重点]

- 超声波传感器的工作原理
- 使用液晶显示器精确显示测量距离
- 使用虚拟示波器
- 绘制结构流程图
- 程序编译并运行、观察仿真结果

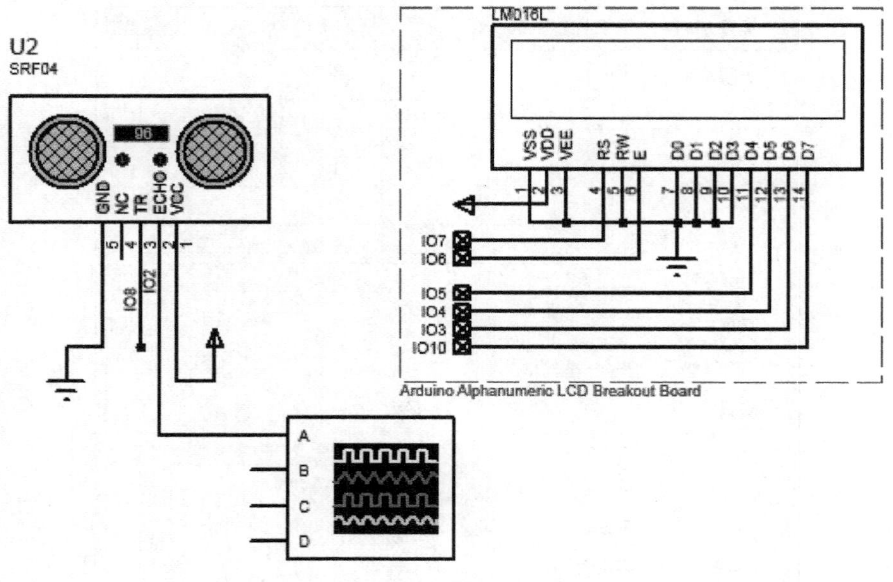

图 4-31　仿真硬件电路

任务实施

4.3.1　硬件电路绘制

（1）SRF04（超声波传感器）元器件选取

在原理图设计窗口单击“P”按钮，弹出“选取元器件”对话框。在“关键字”文本框中输入“SRF04”，在“显示本地结果”列表中选择“SRF04”选项，单击“确定”按钮，完成SRF04元器件选取，如图4-32所示。

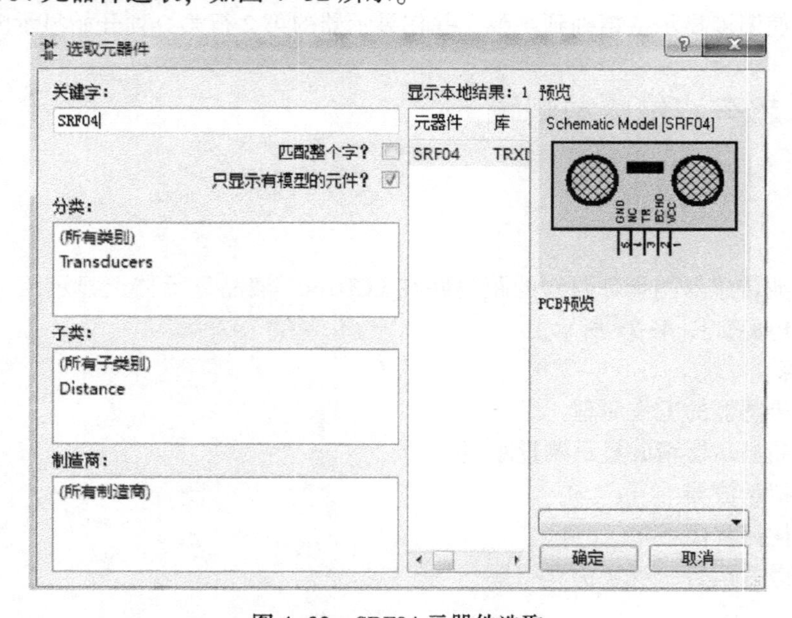

图 4-32　SRF04 元器件选取

（2）添加 LM016L（LCD1602）显示模块

按照任务 4.2 的方法添加 LM016L。

（3）放置示波器

单击"原理图设计"标签，打开"原理图设计"界面，如图 4-33 所示，在左边的"模式工具条"中单击"虚拟仪器"按钮，在"INSTRUMENTS"列表中选择"OSCILLOSCOPE"（示波器）选项，在图纸上放置示波器。

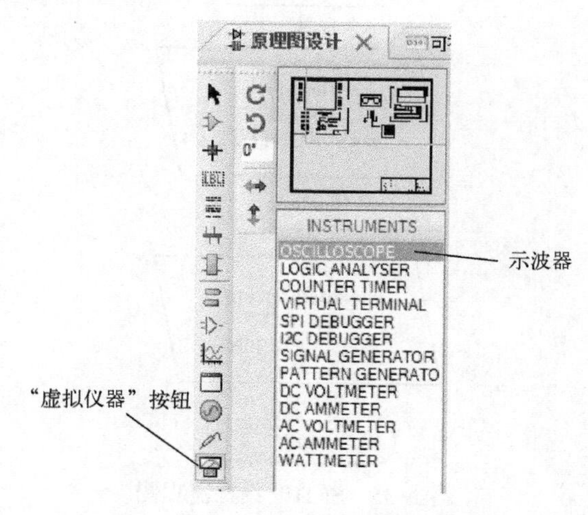

图 4-33　放置示波器

（4）放置器件、连线、添加网络标号

1）按照图 4-31 所示，先放置器件、示波器、电源和地，然后连线。

2）在连线上增加网络标号。

在"原理图设计"界面左边的"模式工具条"中单击"连线标号"按钮，在需要增加网络标号的连线上单击，弹出"编辑连线标号"对话框，如图 4-34 所示。选择"标签"选项卡，在"字符串"下拉列表中选择 IO2 或输入 IO2，单击"确定"按钮完成网络标号。

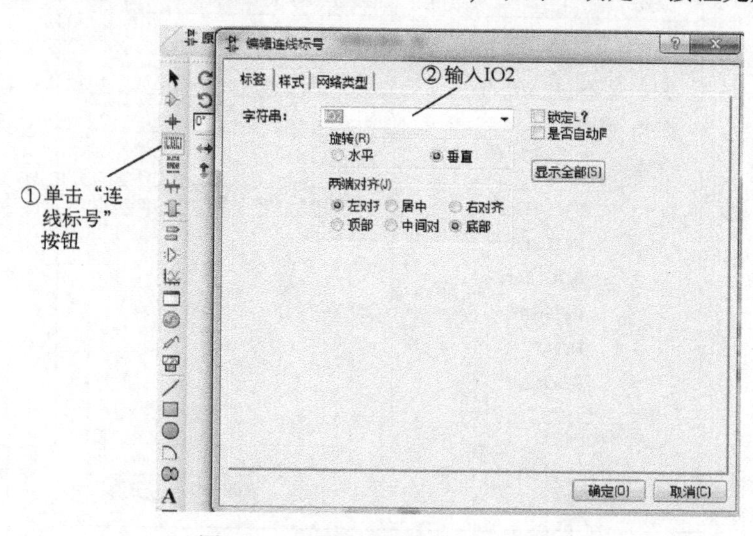

图 4-34　"编辑连线标号"对话框

3）双击 LM016L 模块中端口“IO2”，改为“IO10”。

4.3.2 SETUP 结构流程图绘制

SETUP 结构流程图完成 IO8 数字引脚输出模式的设置和外部中断 0 的初始化，绘制的 SETUP 结构流程图如图 4-35 所示。

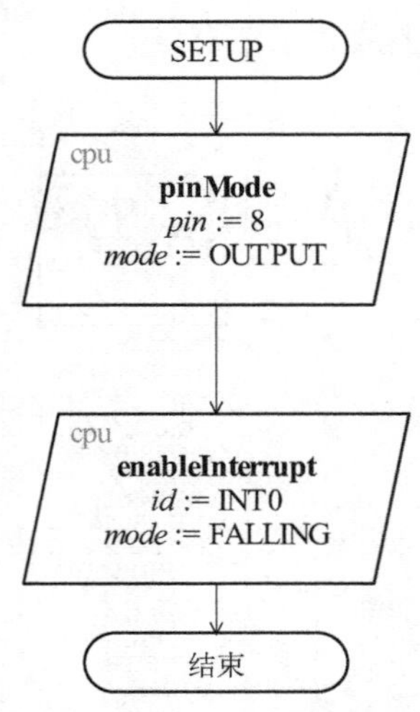

图 4-35 SETUP 结构流程图

1）拖动“I/O 操作”图框到 SETUP 结构流程图中，双击弹出“编辑 I/O 块”对话框，如图 4-36 所示。在“对象”下拉列表中选择“cpu”选项，在“方法”下拉列表中选择“enableInterrupt”选项，在“Id”下拉列表中选择“INT0”选项，在“Mode”下拉列表中选择“FALLING”选项。

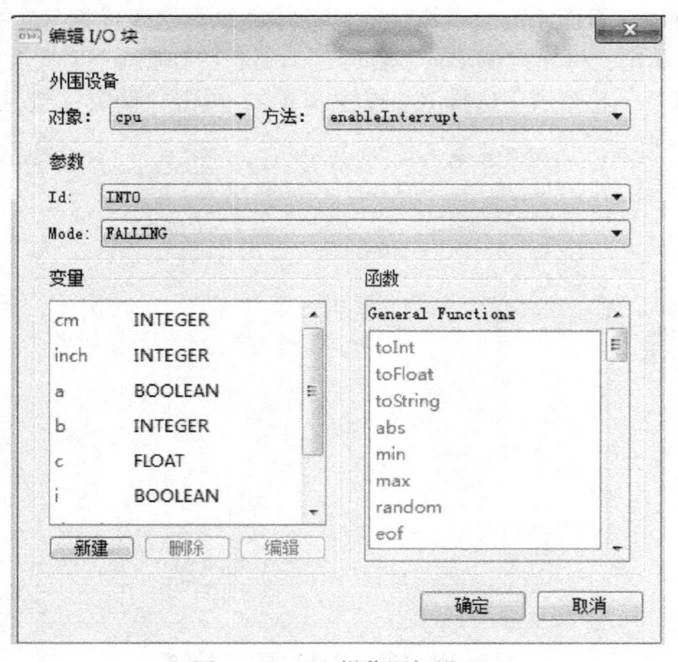

图 4-36 I/O 操作图框设置

2）单击“确定”按钮，继续完成 SETUP 结构流程图绘制。

4.3.3 LOOP 结构流程图绘制

LOOP 结构流程图完成对液晶清屏，超声波传感器模块的测试触发，单片机对超声波传感器模块 ECHO 引脚发出的高电平测试宽度，计算测得的障碍物距离并在显示器上显示。绘制的 LOOP 结构流程图如图 4-37 所示，a 变量为 BOOLEAN（布尔）变量，b 为 INTEGER（整型）变量，c 为 FLOAT（浮点）变量。

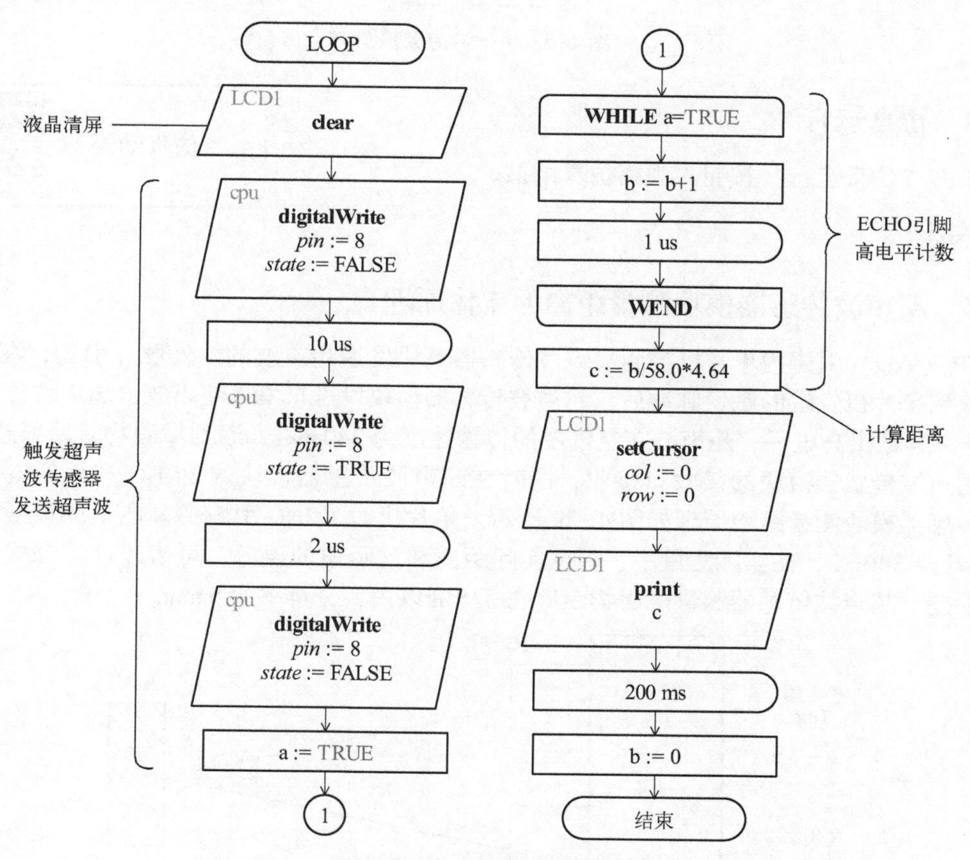

图 4-37 LOOP 结构流程图

在显示值和实际测试距离有偏差时，可修改 LOOP 结构流程图中 c 变量的计算公式，增加或减少误差。

4.3.4 int 结构流程图绘制

为准确测试超声波传感器模块 ECHO 引脚发出的高电平宽度，当 ECHO 引脚出现低电平时，CPU 响应中断，在 int（外部中断 0）结构流程图中使变量 a 为 FALSE，停止测量高电平宽度（b 变量停止加 1），根据 ECHO 引脚高电平宽度内变量 b 的计数值计算距离。绘制 int 结构流程图，如图 4-38 所示。

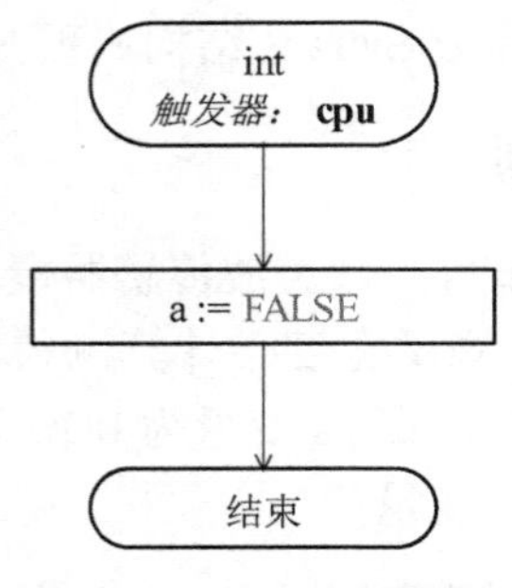

图 4-38　int 结构流程图

4.3.5　仿真运行

单击“仿真运行”按钮，观察仿真结果。

相关知识

4.3.6　超声波传感器模块测量距离的工作原理

TR（Trig）引脚为单片机控制超声波传感器模块发送超声波的触发脉冲引脚，在 TR 引脚接收到单片机发送的触发脉冲后，超声波传感器模块发送口发送超声波，超声波传感器的 ECHO 引脚输出高电平，超声波在空气中的传输速度为 340 m/s，遇到障碍物时反射超声波，通过超声波传感器模块的接收口接收，同时在超声波传感器模块的 ECHO 产生低电平，超声波传感器模块测量距离原理如图 4-39 所示。单片机对 ECHO 引脚的高电平测量得到时间 t，距离 $s=340t/2$，在实际测量中，根据实际距离和显示值的误差，可修改计算公式，减少测量误差。超声波传感器测量障碍物距离在 3.5 m 以内，分辨率为 5 mm。

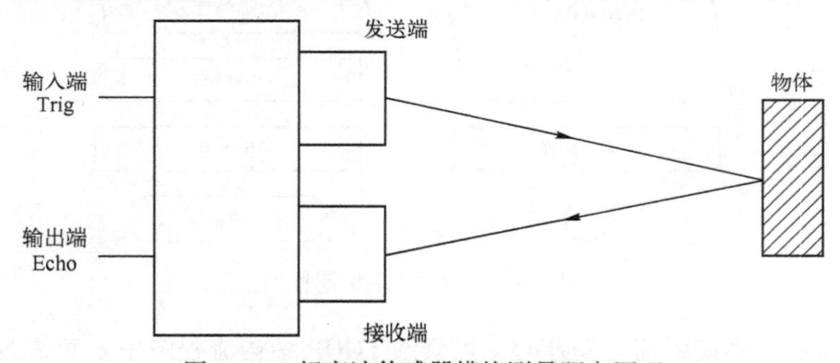

图 4-39　超声波传感器模块测量距离原理

4.3.7　外部中断的应用

Arduino 单片机应用系统中可用的外部中断源有两个（外部中断 0 和外部中断 1），外部中断信号输入引脚为 IO2 和 IO3 引脚，如果应用系统要用到外部中断，除了在硬件上要将外部设备发出的中断信号连接到 IO2 或 IO3 引脚上以外，还要在 SETUP 结构流程图中对外部中断初始化进行设置和绘制外部中断结构流程图（具体的外部中断处理子程序）。

（1）外部中断 0 初始化

本任务中，应用的是外部中断 0，在 SETUP 结构图中对外部中断 0 设置为下降沿触发。双击“I/O 操作”图框，弹出“编辑 I/O 块”对话框。“方法”下拉列表选项选择如图 4-40 所示，“Id”下拉列表选项选择如图 4-41 所示，“Mode”下拉列表选项选择如图 4-42 所示。

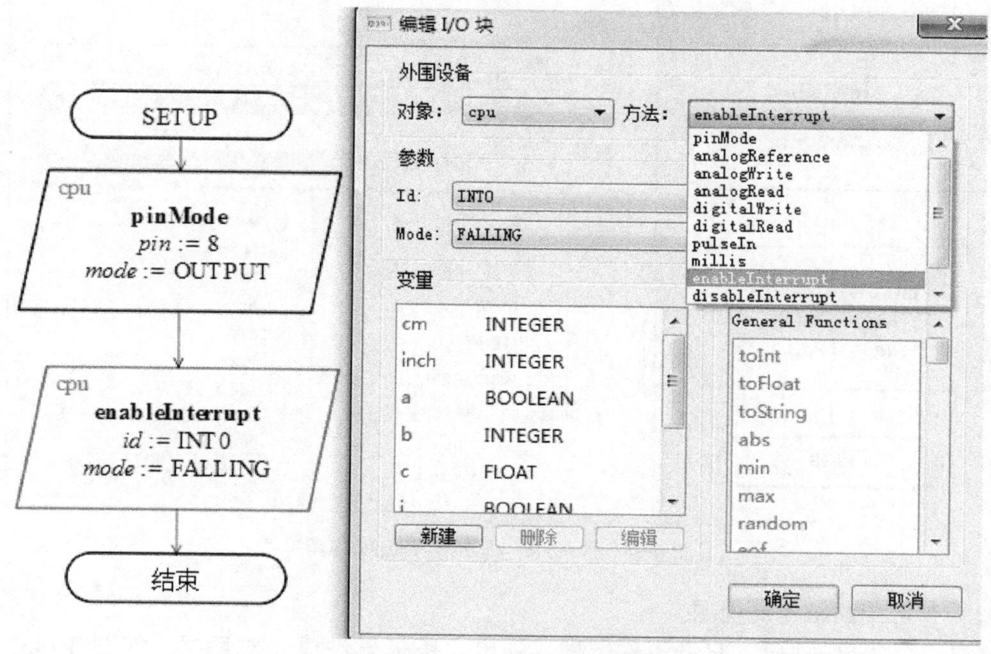

图 4-40 “方法”下拉列表选项选择

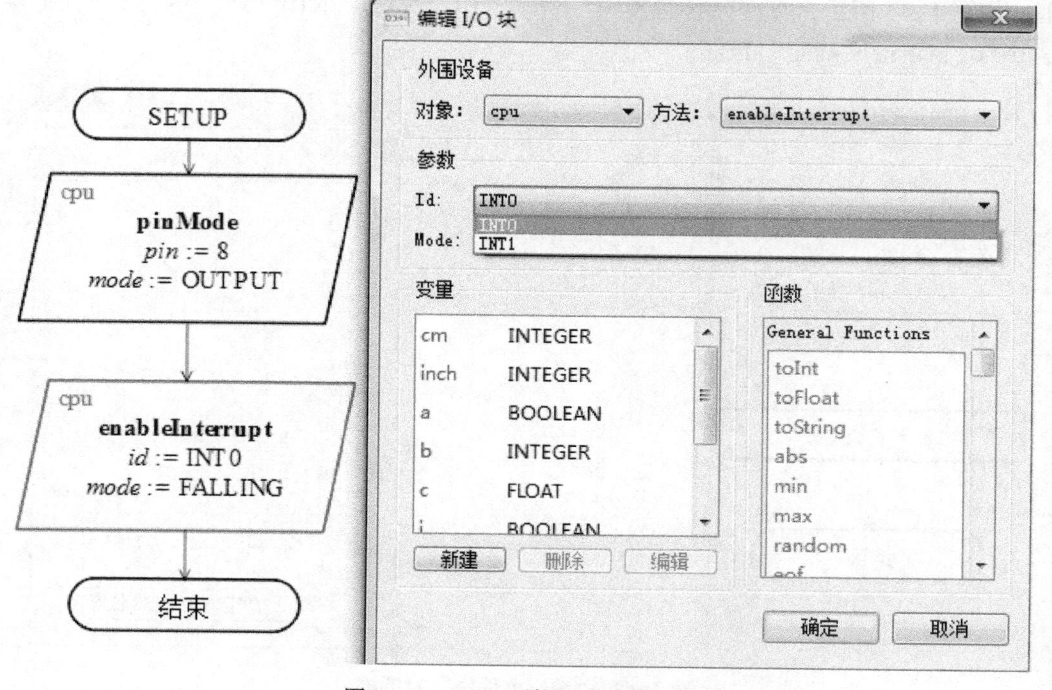

图 4-41 “Id”下拉列表选项选择

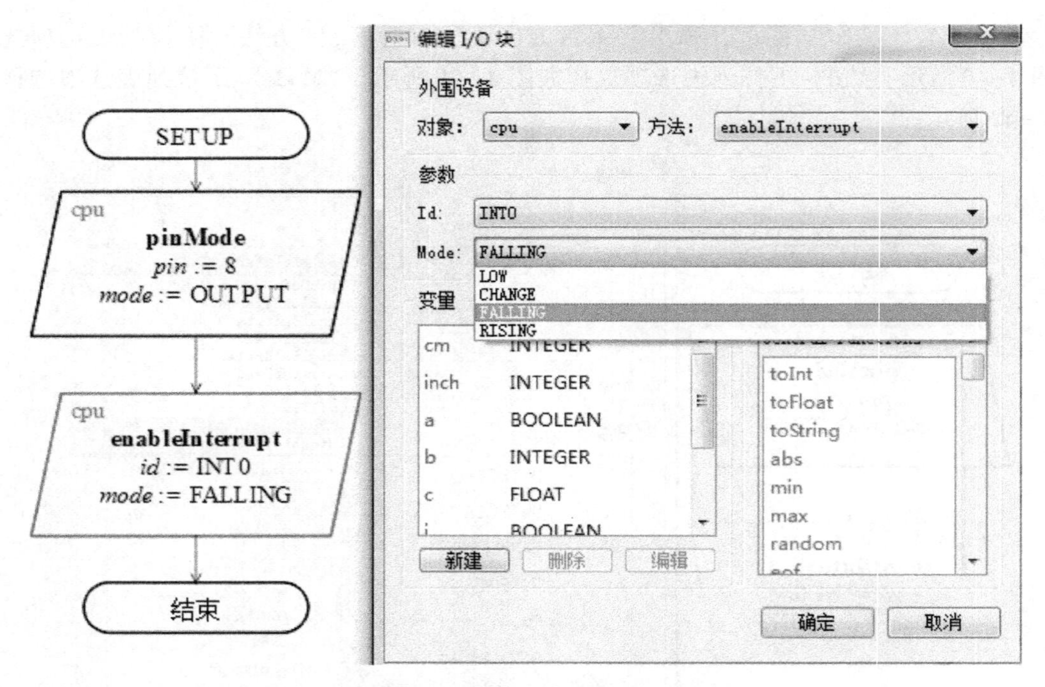

图 4-42 “Mode”下拉列表选项选择

（2）外部中断结构流程图

放置一个“事件块”，双击事件图框，弹出“编辑事件块”对话框，如图 4-43 所示，在“名称”文本框中输入中断结构流程图名。单击“添加”按钮，弹出“选择触发器”对话框，如图 4-44 所示，在“硬件触发器”选项卡中，选择“INT0”或“INT1”（任务中用的是 INT0），单击“确定”按钮。

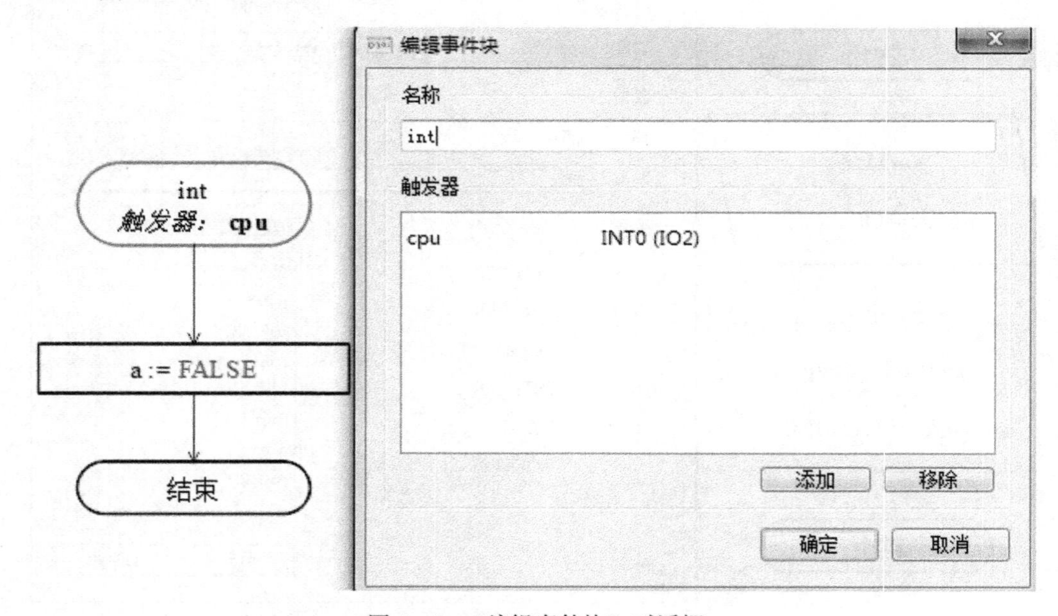

图 4-43 “编辑事件块”对话框

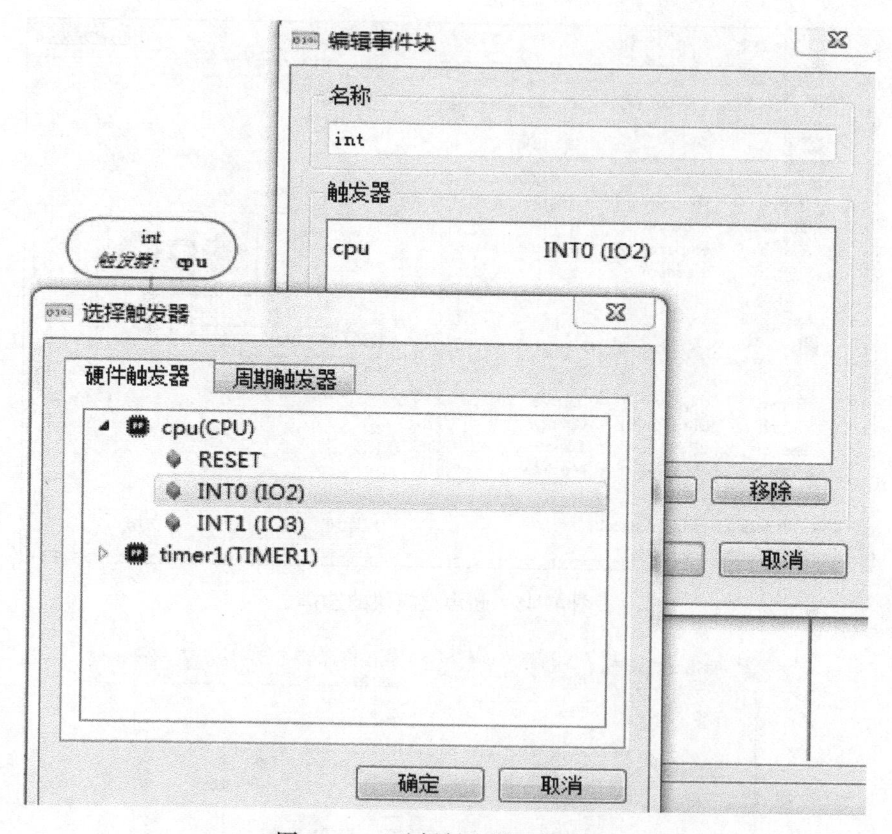

图 4-44 “选择触发器”对话框

4.3.8 液晶模块 I/O 引脚编辑

当硬件模块之间使用的单片机 I/O 引脚相同（发生冲突）时，可以修改硬件模块的 I/O 引脚号，任务中本来液晶模块用的是 IO2～IO7 引脚，但 IO2 被超声波传感器占用，用于外部中断输入，所以将液晶模块中 IO2 改成了 IO10，其他 I/O 引脚也可根据需要任意修改。

4.3.9 基于超声波模块及图框的硬件设计和流程图绘制

（1）利用系统自带的 LCD1602 液晶模块和超声波模块进行硬件电路设计

1）选择 GROVE 模块下的“Grove Ultrasonic Ranger Module”（超声波模块），超声波模块的选择如图 4-45 所示。

2）添加 LCD1602 液晶模块。

3）更改 LCD1602 液晶模块中的 IO7 为 IO8。

因为超声波模块使用的是 D7，该模块使用的是 IO7 引脚，与 LCD1602 液晶模块中的 IO7 冲突。双击“IO7”，弹出“编辑终端标签”对话框，如图 4-46 所示，取消“锁定 L”复选框的选择，在“字符串”下拉列表中选择“IO8”，单击“确定”按钮，完成更改。仿真硬件电路如图 4-47 所示。

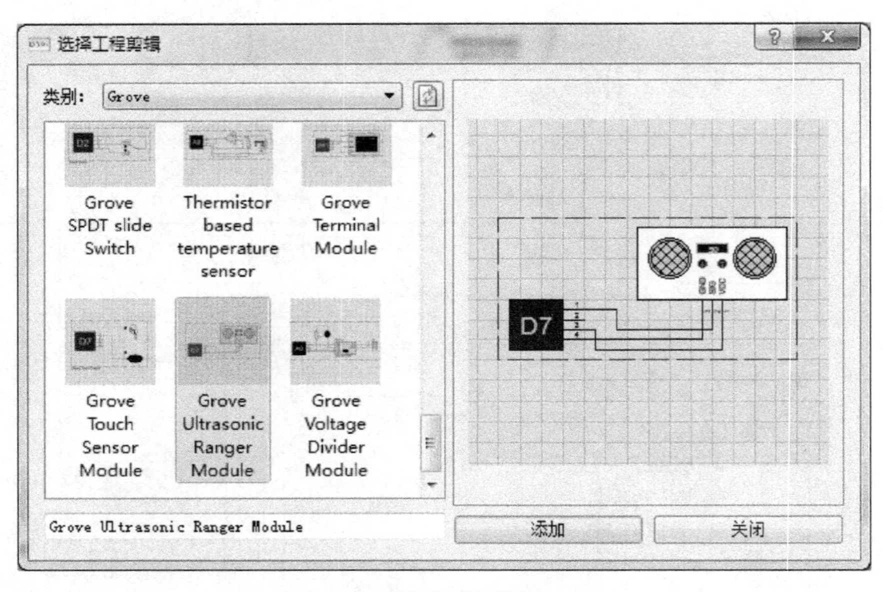

图 4-45　超声波模块的选择

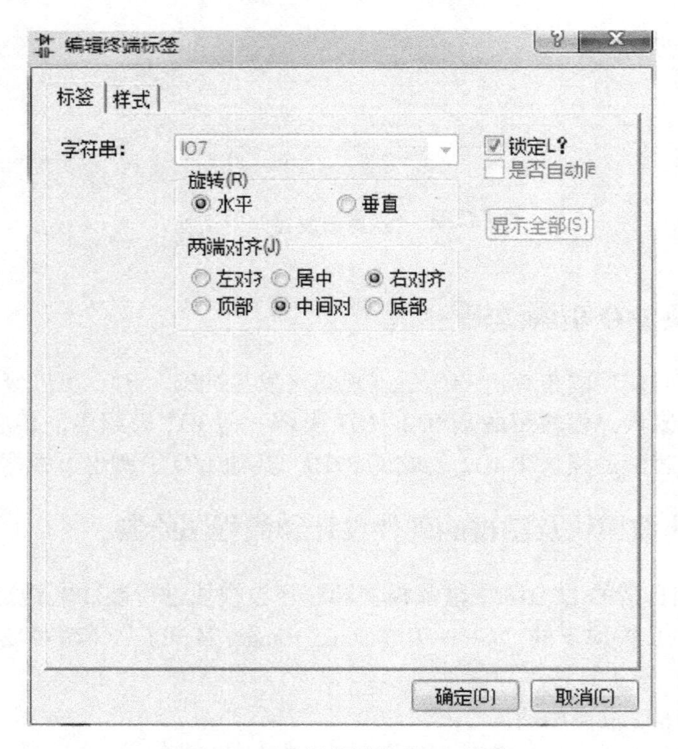

图 4-46　“编辑终端标签”对话框

（2）LOOP 结构流程图绘制

直接利用超声波传感器提供的 readCentimeters 图框完成距离的测试与读取，将读取的数据赋值给变量 cm（该变量由模块自动定义），通过液晶显示器将变量的值显示，利用硬件模块自带的图框完成的流程图绘制。LOOP 结构流程图如图 4-48 所示。

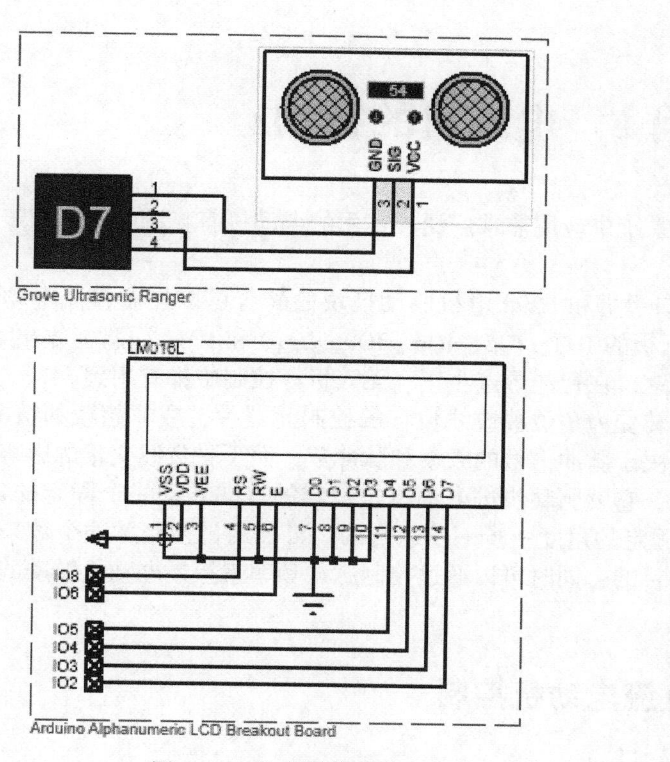

图 4-47　仿真硬件电路

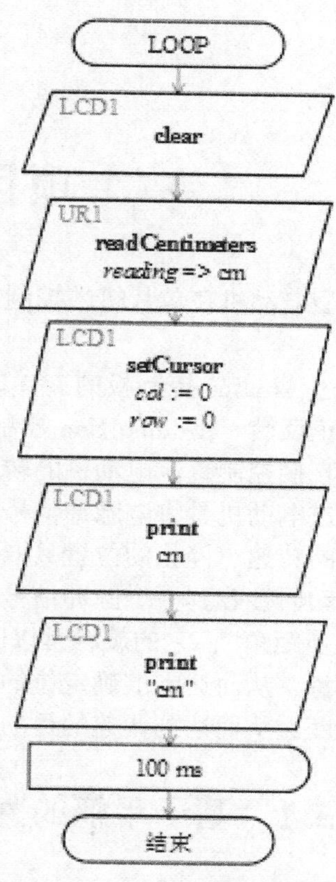

图 4-48　LOOP 结构流程图

任务拓展

利用外部中断 1 完成该任务，修改硬件和流程图，观察仿真结果。

项目 5　电动机的控制

小型电动机在单片机的控制系统中应用非常广泛，常用的电动机有直流电动机和步进电动机。

通过 Arduino 控制板的 I/O 口引脚和 L298 电机驱动模块的配合可以控制直流电动机的启停和正反转，Arduino Uno 控制板的 IO3、IO5、IO6、IO9、IO10 和 IO11 引脚能输出 PWM 波形，直接控制直流电动机的转速，在智能寻迹小车、无人机等控制中都有用到。

步进电动机是将电脉冲信号转变为角位移或线位移的控制元器件，在非超载的情况下，电动机的转速、停止的位置只取决于脉冲信号的频率和脉冲数，而不受负载变化的影响，当步进驱动器接收到一个脉冲信号，它就驱动步进电动机按设定的方向转动一个固定的角度，称为“步距角”，它的旋转是以固定的角度一步一步运行的。可以通过控制脉冲个数来控制角位移量，从而达到准确定位的目的；同时可以通过控制脉冲频率来控制电动机转动的速度和加速度，从而达到调速的目的。

任务 5.1　基于手柄的直流电动机控制

任务目标

使用 L298 控制直流电动机的正反转、停止和转速，电动机速度由手柄手动控制（仿真电路中 RV2 模拟手柄），单片机通过对手柄控制的输入电压量采样，根据采样量大小输出 PWM 脉冲到 L298，由 L298 控制电动机转速。仿真硬件电路如图 5-1 所示。

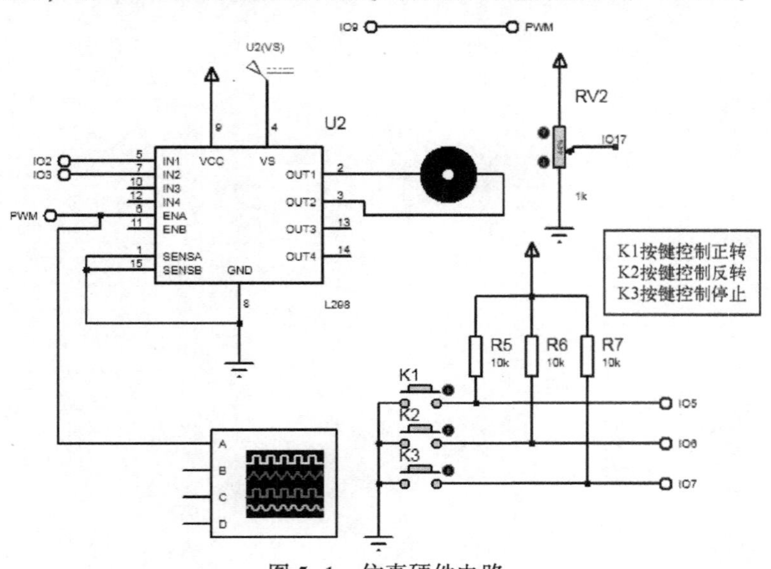

图 5-1　仿真硬件电路

[任务重点]
- 单片机内部 A-D 转换器的功能及原理
- 单片机 PWM 波形输出和引脚应用
- 通过 L298 驱动模块控制直流电动机转速和正反转
- 程序编译并运行、观察仿真结果

任务实施

5.1.1 硬件电路绘制

(1) 元器件的选取

电路中用到的器件在系统自带的元器件库里，通过元器件库中的参考名从元器件库选取器件，选取的元器件参考名见表 5-1。

表 5-1 元器件参考名

元器件编号	元器件参考名	元器件参数值
U2	L298	—
RV2	POT-HG	1k
R5，R6，R7	RES	10k
直流电动机	motor	—
K1，K2，K3	BUTTON	—

以元器件 POT-HG（电位器）、motor（直流电动机）为例讲述元器件的选取。

1）POT-HG（电位器）选取：在原理图设计界面的“管理”面板，单击“P”按钮，弹出“选取元器件”对话框。在“关键字”文本框中输入“POT-HG”，在“显示本地结果”中选择“POT-HG”选项，单击“确定”按钮完成，如图 5-2 所示。

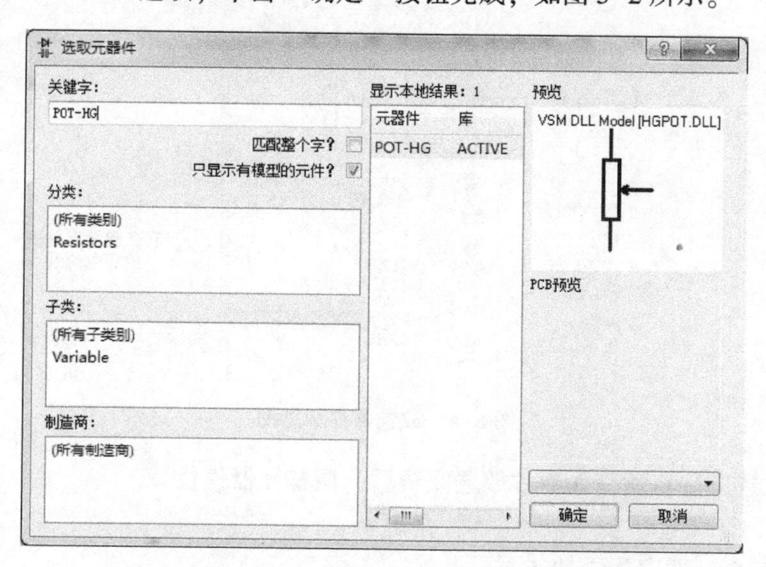

图 5-2 POT-HG 选取

2）元器件 motor（直流电动机）选取：在“原理图设计”界面的管理面板，单击“P”按钮，弹出“选取元器件”对话框。在“关键字”文本框中输入“motor”，在“显示本地结果”中选择“MOTOR ACTIVE”选项，单击“确定”按钮完成，如图 5-3 所示。

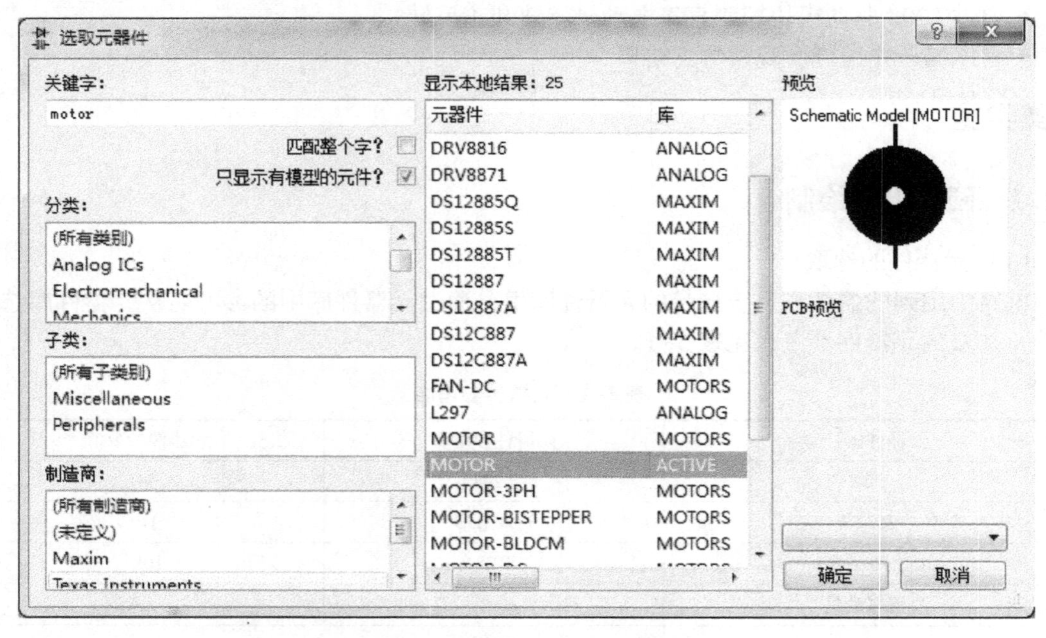

图 5-3　元器件 motor 选取

（2）放置元器件

1）在元器件管理面板将单击相应的元器件，将光标移动到图纸界面再次单击放置一个所选取的元器件，放置元器件示意图如图 5-4 所示。

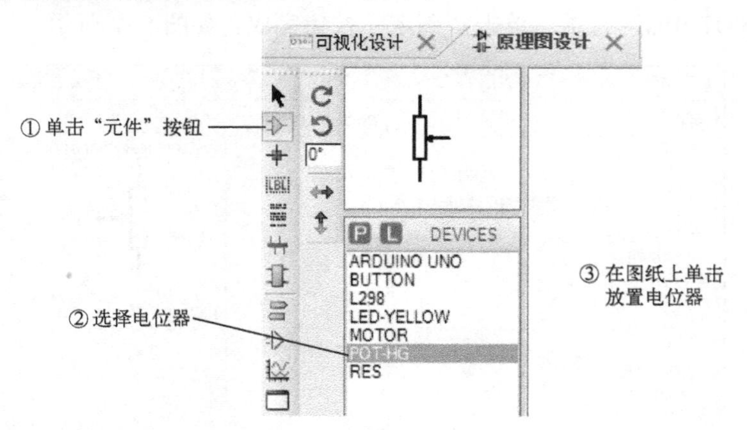

图 5-4　放置器件示意图

2）按照上述方法将所有元器件放置完毕后，调整元器件位置。

（3）连线、放置端口

端口放置示意图如图 5-5 所示。

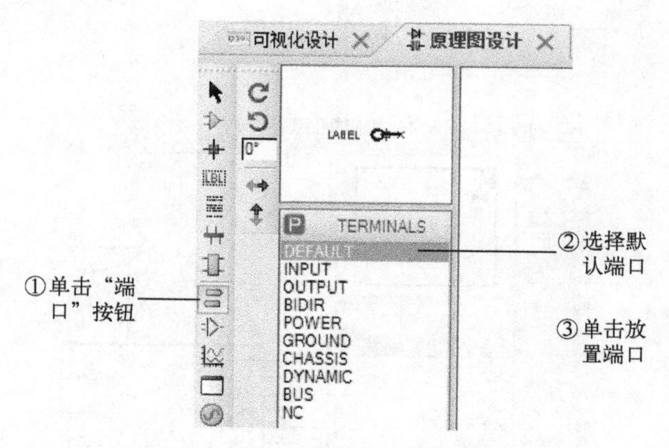

图 5-5　端口放置示意图

（4）编辑端口

双击放置好的端口，弹出“编辑终端标签”对话框，如图 5-6 所示，在“标签”选项卡的“字符串”文本框中输入或选择端口号，单击“确定”按钮。

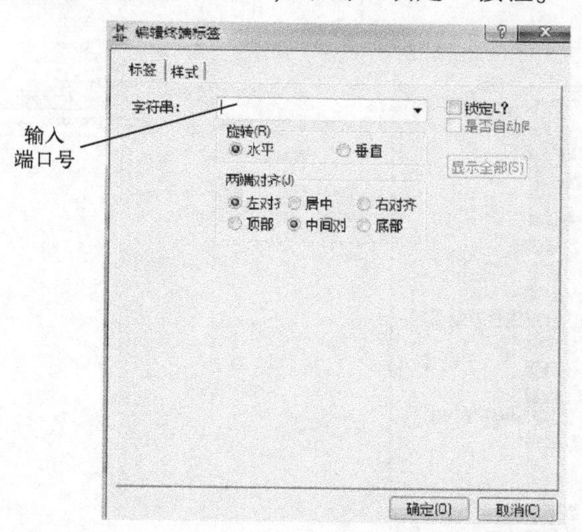

图 5-6　编辑端口

（5）在 L298 芯片的 4 引脚添加驱动电源

L298 芯片除了工作电源（5 V 电源）外，还要通过 4 引脚提供驱动电源。对 4 引脚添加驱动电源过程如图 5-7 所示，在“原理图设计”界面左边，单击模式工具条中的“激励源”按钮，在“GENERATORS”中选择“DC”选项，在 4 引脚的引线上单击以添加 DC 激励源。双击“U2（VS）”，弹出“DC Generator Properties”对话框，如图 5-8 所示，在“Voltage”文本框中输入 12，单击“确定”按钮完成设置。

（6）放置示波器

如前所述，放置虚拟示波器，观察单片机输出的 PWM 波形。放置虚拟示波器操作如图 5-9 所示。将输出信号连接到示波器的 A 通道上，虚拟示波器中可以观察信号波形，测量信号幅值和周期。

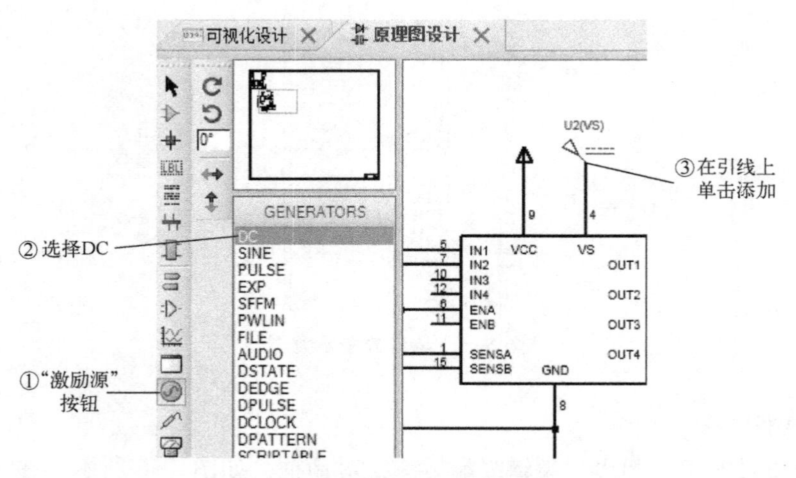

图 5-7　4 引脚添加驱动电源过程

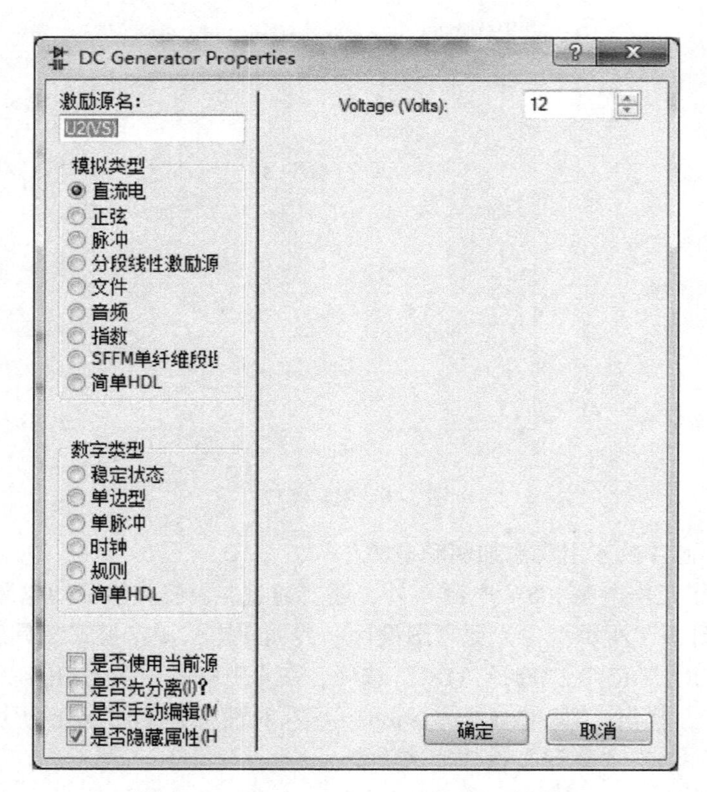

图 5-8　"DC Generator Properties" 对话框

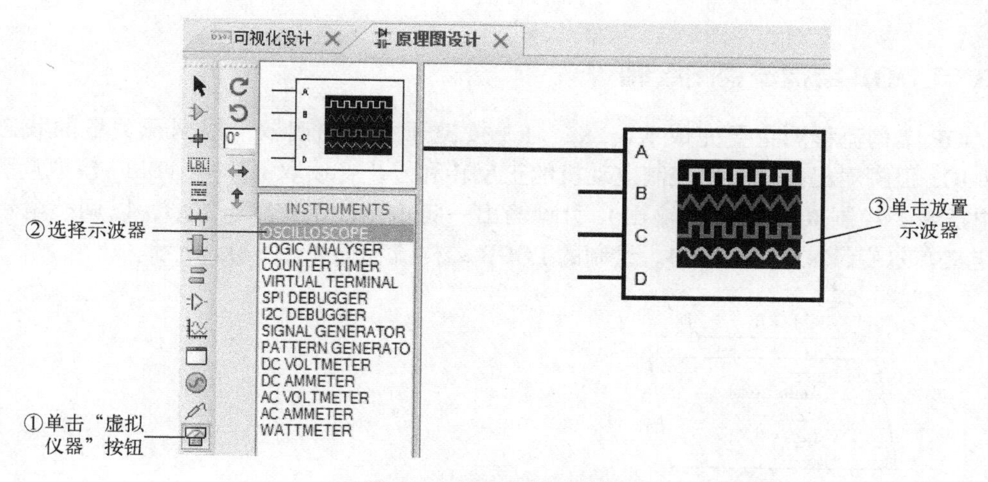

图 5-9　放置虚拟示波器

5.1.2　SETUP 结构流程图绘制

SETUP 结构流程图主要完成 IO2、IO3、IO5～IO7 数字量引脚输入或输出模式的设置，绘制的 SETUP 结构流程图如图 5-10 所示。

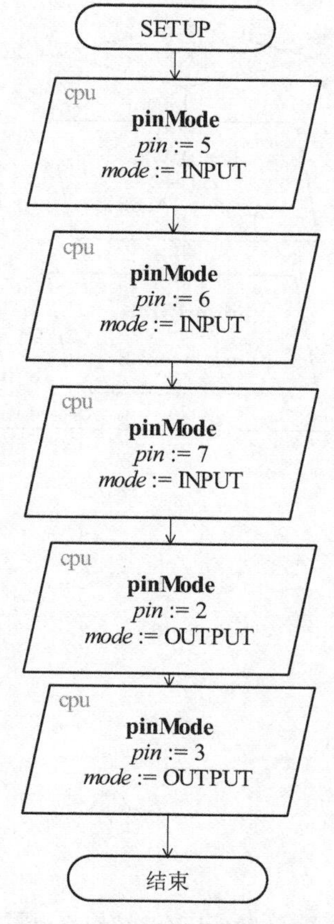

图 5-10　SETUP 结构流程图

5.1.3 LOOP 结构流程图绘制

LOOP 结构流程图主要完成 K1、K2、K3 按键开关量的读取，根据开关量的状态控制 IO2 和 IO3 引脚输出高低电平控制电动机的正反转和停止；读取 IO17（AD3）模拟量引脚的输入电压量，控制 IO9（PWM 输出）引脚输出一定占空比的 PWM 波形，以调整电动机转速；定义布尔变量 K1、K2、K3。绘制的 LOOP 结构流程图如图 5-11 所示。

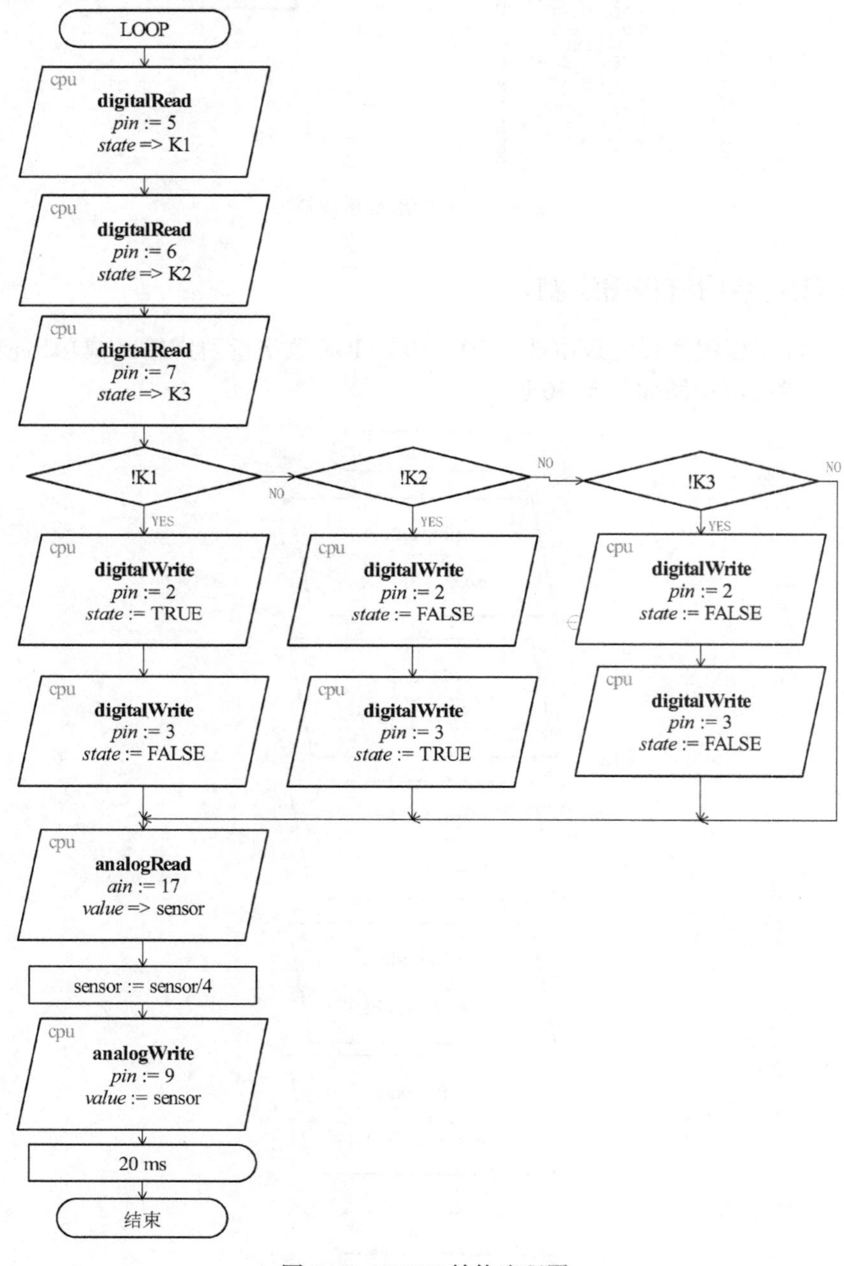

图 5-11 LOOP 结构流程图

1）拖动“I/O 操作”图框到 LOOP 结构流程图中，双击弹出“编辑 I/O 块”对话框，如图 5-12 所示。在“对象”下拉列表中选择“cpu”选项，在“方法”下拉列表中选择“digitalRead”选项，在“Pin”文本框中输入 5，在“State”下拉列表中选择变量“K1”，单击“确定”按钮。

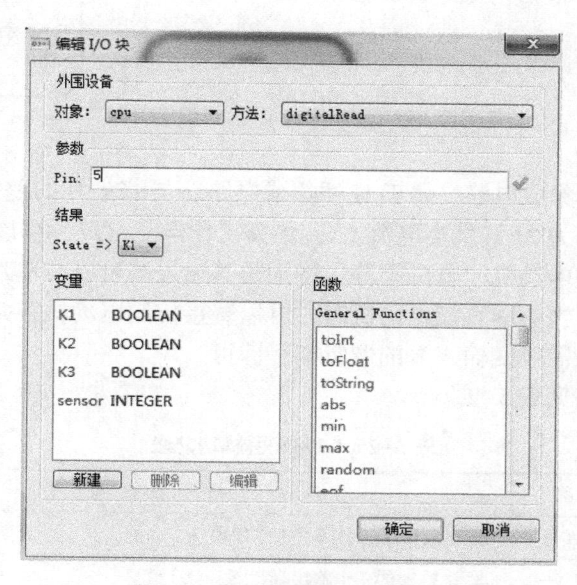

图 5-12　图框设置 digitalRead

2）再次拖动“I/O 操作”图框到 LOOP 结构流程图中，双击弹出“编辑 I/O 块”对话框，如图 5-13 所示。在“对象”下拉列表中选择“cpu”选项，在“方法”下拉列表中选择“analogWrite”选项，在“Pin”文本框中输入 9，在“Value”文本框中输入“sensor”(sensor 为定义的整型变量)，单击“确定”按钮。

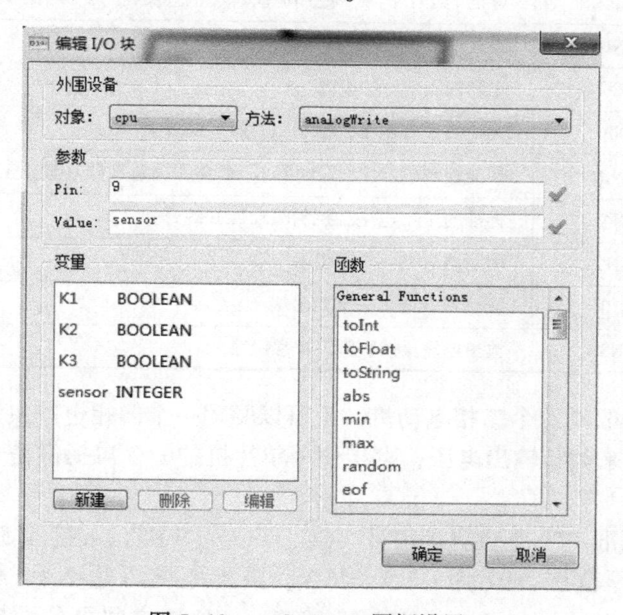

图 5-13　analogWrite 图框设置

3）根据已掌握的知识，继续完成 LOOP 结构流程图的绘制。

5.1.4 仿真运行

单击“仿真运行”按钮，观察仿真结果。

5.1 仿真动画

相关知识

5.1.5 L298N 模块

L298N 是专用驱动集成电路，属于 H 桥集成电路，与 L293D 的差别是其输出电流增大，功率增强。其输出电流为 2A，最高电流 4A，最高工作电压 50V，可以驱动感性负载，如大功率直流电动机、步进电动机、电磁阀等，特别是其输入端可以与单片机直接相连，从而很方便地受单片机控制。当驱动直流电动机时，可以直接控制电动机，并可以实现电动机正转与反转，实现此功能只需改变输入端的逻辑电平即可。

L298N 引脚功能表见表 5-2。

表 5-2　L298N 引脚功能表

引　脚	名　称	功　能
1	SENSA	输出电流反馈引脚，常常接地
2	OUT1	驱动器 A 的一个输出端
3	OUT2	驱动器 A 的另一个输出端
4	VS	电动机驱动电源输入端
5	IN1	标准的 TTL 电平，控制驱动器 A 的开关
6	ENA	使能控制端，控制驱动器 A，低电平时驱动器 A 禁止工作
7	IN2	标准的 TTL 电平，控制驱动器 A 的开关
8	GND	接地端
9	VCC	逻辑控制部分的电源
10	IN3	标准的 TTL 电平，控制驱动器 B 的开关
11	ENB	使能控制端，控制驱动器 B，低电平时驱动器 B 禁止工作
12	IN4	标准的 TTL 电平，控制驱动器 B 的开关
13	OUT3	驱动器 B 的一个输出端
14	OUT4	驱动器 B 的另一个输出端
15	SENSB	输出电流反馈引脚，常常接地

L298N 芯片可以驱动两个二相电动机，也可以驱动一个四相电动机；输出电压最高可达 50 V，直接通过电源来调节输出电压；直接使用单片机的 I/O 口提供信号；且电路简单，使用方便。

L298N 可接收标准 TTL 逻辑电平信号 VCC，VCC（9 脚）可接 4.5~7 V 电压。4 脚 VS 接电源电压，其电压范围 VIH 为+2.5~46 V。输出电流可达 2 A，可驱动电感性负载。L298N 可驱动两台电动机，OUT1、OUT2 和 OUT3、OUT4 之间可分别接电动机，任务中选用 OUT1、OUT2 驱动一台电动机。5、7、10、12 脚接输入控制电平，控制电动机的正反转。ENA、ENB 为控制使能端，分别控制两台电动机的停转。

L298N 的 IN1、IN2 逻辑功能表见表 5-3。

表 5-3　IN1、IN2 逻辑功能表

IN1	IN2	ENA	电动机状态
×	×	0	停止
1	0	1	正转
0	1	1	反转
0	0	1	停止

IN3、IN4 的逻辑图与表 5-3 相同。由表 5-3 可知 ENA 为低电平时，IN1、IN2 输入电平对电动机控制不起作用；当 ENA 为高电平时，IN1、IN2 输入电平为一高一低，电动机正或反转；同为低电平则电动机停止。单片机可通过控制 ENA 的高电平时间，来控制直流电动机正转或反转的速度。

L298N 驱动模块性能特点：

- 可实现电动机正反转及调速。
- 启动性能好，启动转矩大。
- 工作电压可达到 36 V，电流达 4 A。
- 可同时驱动两台直流电动机。
- 适合应用于机器人设计及智能小车的设计。

5.1.6　PWM 波形输出结构流程图

Arduino Uno 控制板的 IO3、IO5、IO6、IO9、IO10、IO11 为 PWM 波输出引脚，输出波形的高电平占空比为 Data/255，Data 值为 0~255。

LOOP 结构流程图中根据电位器（手柄）在 IO17（即 AD3）引脚输入的电压值，通过 A-D 转换得到 0~1023 的数字量，赋值给变量 sensor，然后除以 4，得到 0~255，来控制 IO9 输出（模拟量输出）PWM 波形的高电平宽度，在 IO9 引脚输出占空比为 0~100%脉冲波形（PWM 波形），实现对电动机转速控制。输出可调 PWM 波形的部分流程图如图 5-14 所示。

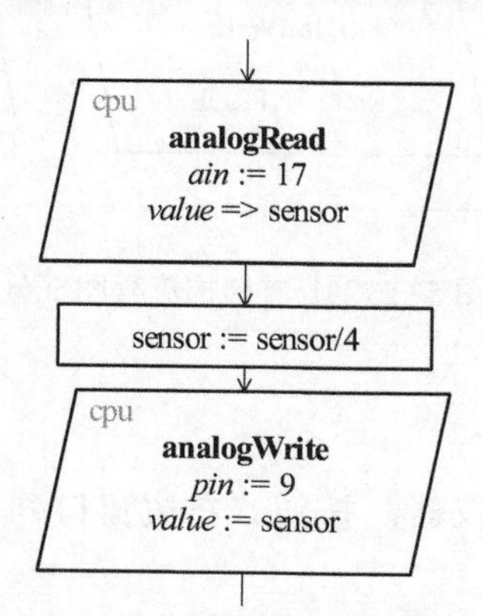

图 5-14　输出可调 PWM 波形的部分流程图

5.1.7 PWM 波形

通过示波器观察得到的 PWM 波形如图 5-15 所示，电位器输入电压为 5 V 的 75%，示波器中观察输出的 PWM 波形的占空比为 75%（高电平占 3 格，低电平占 1 格），与流程图设计的要求一致。

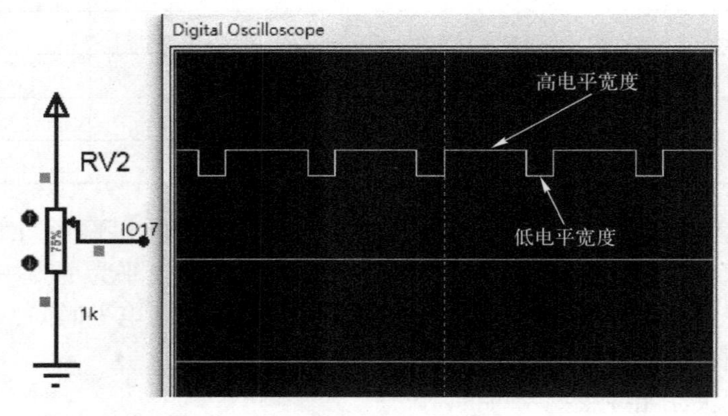

图 5-15 PWM 波形

5.1.8 电动机正反转和停止分支结构

根据 K1、K2、K3 按键状态的判断结果控制电动机的正反转和停止，用分支结构流程图完成逻辑功能，LOOP 结构流程图的分支结构流程图部分如图 5-16 所示。

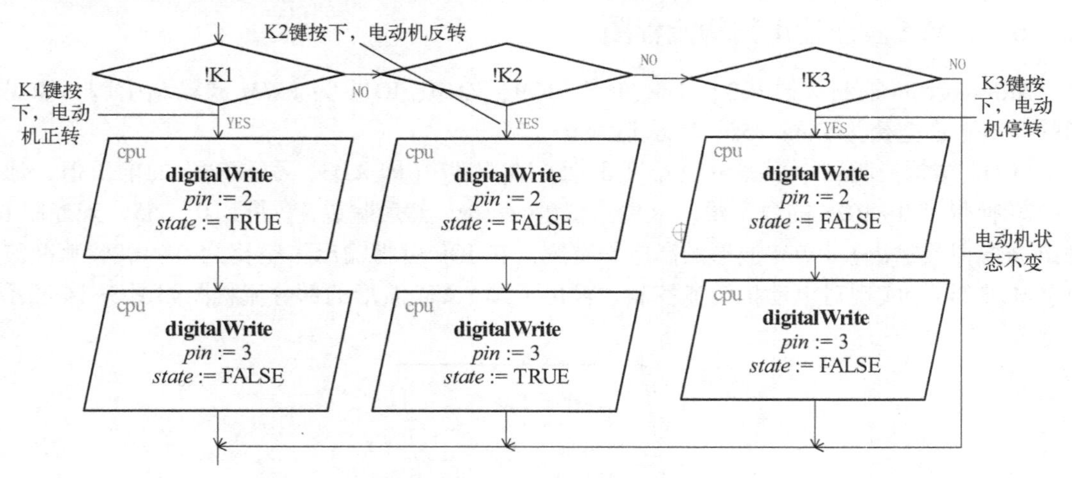

图 5-16 分支结构流程图部分

5.1.9 虚拟仪器

单击模式工具条中的“虚拟仪器”按钮，右边窗口列出所有虚拟仪器，虚拟仪器窗口如图 5-17 所示。

1）OSCILLOSCOPE（示波器）：用于观察波形。

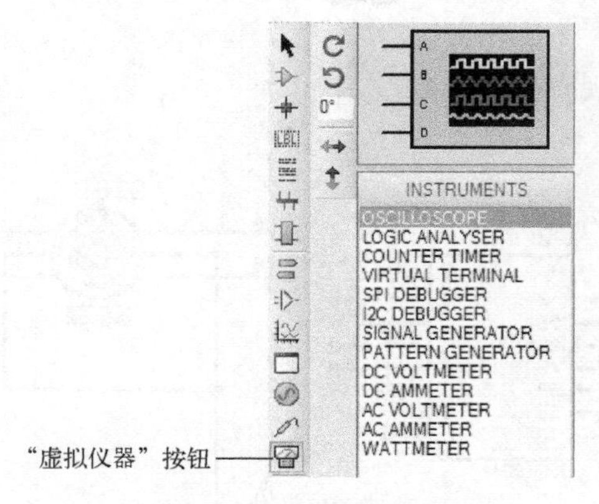

图 5-17　虚拟仪器窗口

2）LOGIC ANALYSER（逻辑分析仪）：它是一种类似于示波器的波形测试设备，可以监测硬件电路工作时的逻辑电平（高或低），并加以存储，用图形的方式直观地表达出来，便于用户检测和分析电路设计（硬件设计和软件设计）中的错误。逻辑分析仪是设计中不可缺少的设备。

3）COUTNER TIMER（计数器）：对外部信号计数。

4）VIRTUAL TERMINAL（虚拟终端）：用于串口调试，显示收发的字符串。

5）SPI DEBUGGER（SPI 总线调试器）：同步串口总线调试器。

6）I2C DEBUGGER（I2C 总线调试器）：I2C 总线调试器，用于显示接收到的数码或字符串。

7）SIGNAL GENERATOR（信号发生器）：在电路调试中，产生各种信号。

8）DC VOLTMETER（直流电压表）：用于测试直流电压。

9）DC AMMETER（直流电流表）：用于测试直流电流。

10）AC VOLTMETER（交流电压表）：用于测试交流电压。

11）AC AMMETER（交流电流表）：用于测试交流电流。

12）WATTMETER（瓦特表）：测量功率。

任务拓展

任务中的三个按键分别接到 IO4、IO5、IO6 上，电位器的中间输出端与控制板的 AD0 引脚相连，其他电路不变，绘制流程图，仿真观察电动机的正反转和调速的结果。

任务 5.2　步进电动机的控制

任务目标

使用 ULN2003 集成块控制步进电动机的正反转和停止。仿真硬件电路如图 5-18 所示。

[**任务重点**]

- ULN2003 集成块的工作原理
- 单极步进电动机工作原理
- 控制步进电动机正反转、停止的方法

- 绘制结构流程图
- 程序编译并运行、观察仿真结果

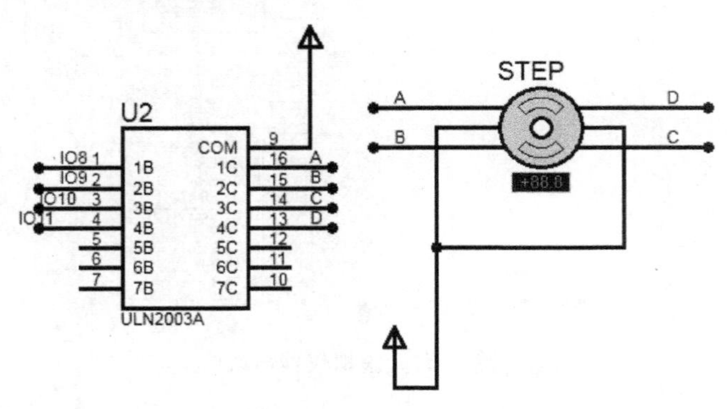

图 5-18　仿真硬件电路

任务实施

5.2.1　硬件电路绘制

（1）元器件的选取

电路中用到的器件在系统自带的元器件库里，通过元器件库参考名从元器件库选取器件，选取的元器件库参考名如表 5-4 所示。

表 5-4　元器件库参考名

元器件编号	元器件参考名	元器件参数值
U2	ULN2003A	—
STEP	MOTER-STEPPER	—

1）ULN2003A 选取：在原理图设计界面的管理面板，单击“P”按钮，弹出“选取元器件”对话框。在“关键字”文本框中输入“ULN2003A”，在“显示本地结果”中选择“ULN2003A”选项，单击“确定”按钮完成，如图 5-19 所示。

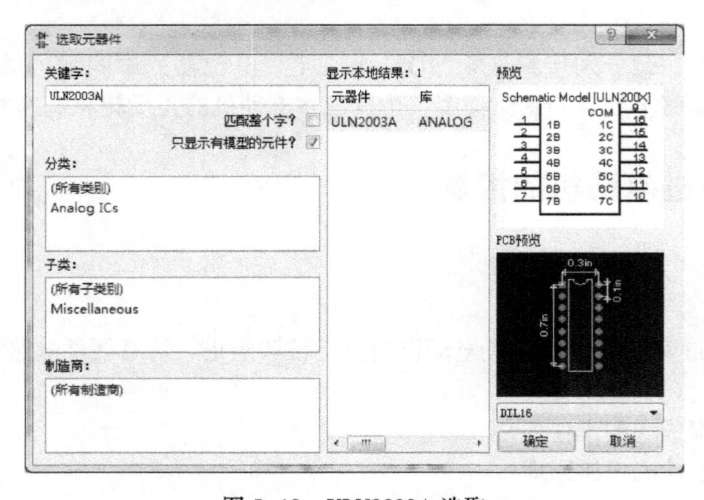

图 5-19　ULN2003A 选取

2）MOTER-STEPPER 选取：在原理图设计界面的管理面板，单击“P”按钮，弹出“选取元器件”对话框。在“关键字”文本框中输入“MOTER-STEPPER”，在“显示本地结果”中选择“MOTER-STEPPER”选项，单击“确定”按钮完成，如图 5-20 所示。

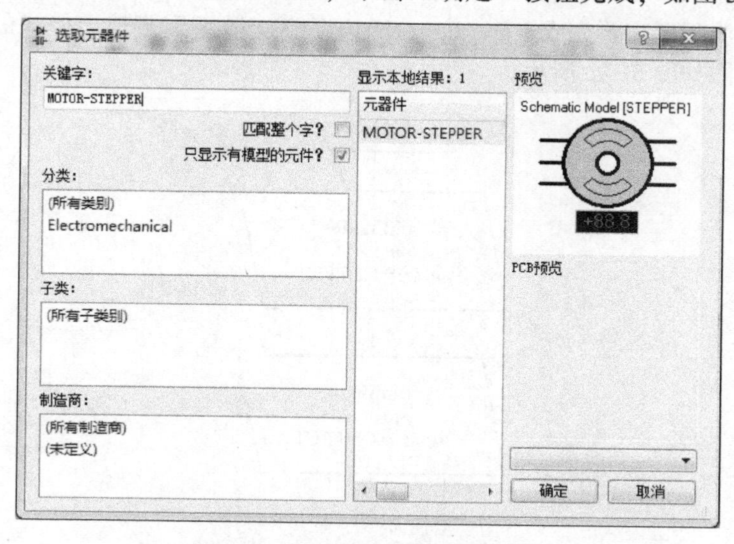

图 5-20　MOTER-STEPPER 选取

（2）放置器件

在元器件管理面板将光标在元器件上单击，光标移动到图纸界面再次单击放置一个所选取的元器件，元器件放置完成后调整器件位置。

（3）连线

（4）添加网络标号

单击“原理图设计”界面左边的模式工具条中的“LBL”按钮，在要添加网络标号的导线上单击，弹出“编辑连线标号”对话框，如图 5-21 所示。选择“标签”选项卡，在“字符串”文本框输入网络标号名称，单击“确定”按钮完成。

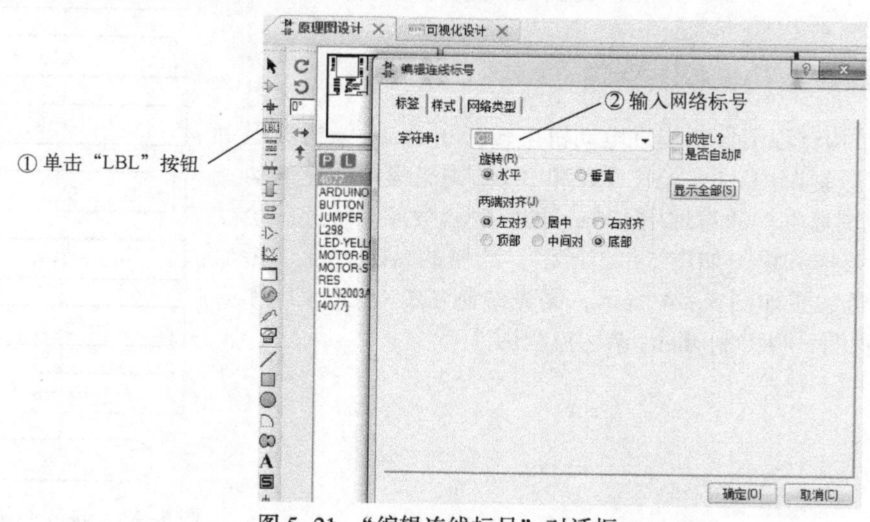

图 5-21　“编辑连线标号”对话框

继续完成所有连线和网络标号，完成仿真硬件电路绘制。

5.2.2 SETUP 结构流程图绘制

SETUP 结构流程图主要完成 IO8、IO9、IO10、IO11 数字引脚输出模式的设置，绘制的 SETUP 结构流程图如图 5-22 所示。

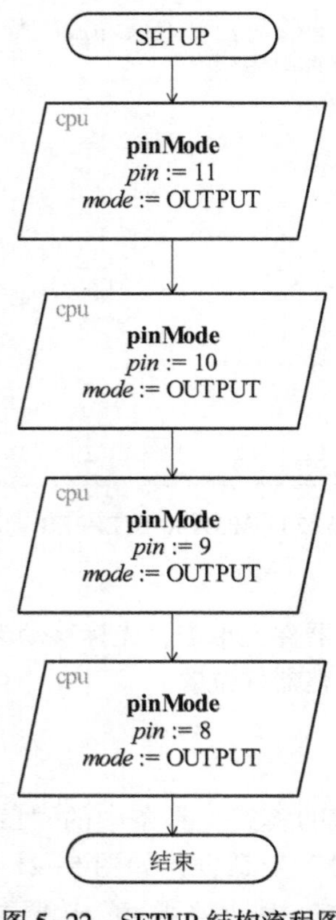

图 5-22 SETUP 结构流程图

5.2.3 zhenz 结构流程图绘制

zhenz 结构流程图实现步进电动机正转，在 zhenz 结构流程图中按顺序分别调用 AB、AD、CD 和 BC 结构流程图，使电动机的两相线圈通电，通过调用 100 ms 的延时函数控制转速。绘制的 zhenz 结构流程图如图 5-23 所示，绘制的 AB、AD、CD 和 BC 结构流程图如图 5-24 所示。需先绘制 AB、AD、CD 和 BC 结构流程图，再绘制 zhenz 结构流程图。

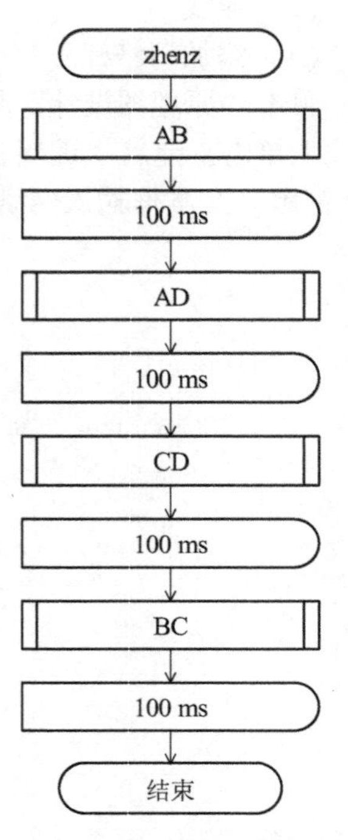

图 5-23 zhenz 结构流程图

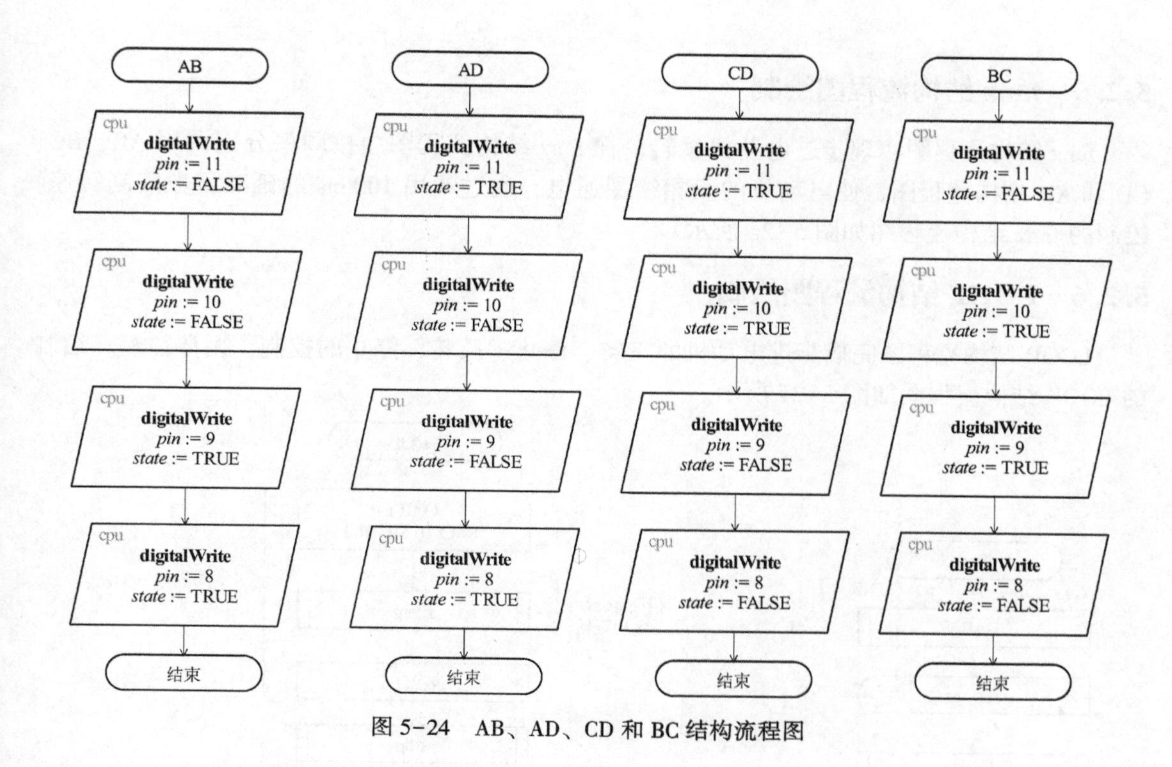

图 5-24　AB、AD、CD 和 BC 结构流程图

5.2.4　stop 结构流程图绘制

stop 结构流程图实现步进电动机停转，通过控制板端口引脚输出为低电平使电动机 A、B、C 和 D 线圈停电实现电动机停止转动。绘制的 stop 结构流程图如图 5-25 所示。

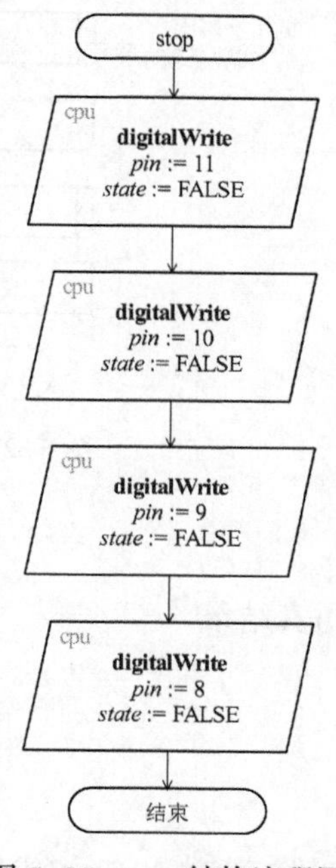

图 5-25　stop 结构流程图

5.2.5 fanz 结构流程图绘制

fanz 结构流程图实现步进电动机反转，在 fanz 结构流程图中按顺序分别调用 AB、BC、CD 和 AD 结构流程图，使电动机的两相线圈通电，通过调用 100 ms 的延时函数控制转速。绘制的 fanz 结构流程图如图 5-26 所示。

5.2.6 LOOP 结构流程图绘制

LOOP 结构流程图完成步进电动机的正转、停止、反转、停止的控制，循环往复。绘制的 LOOP 结构流程图如图 5-27 所示。

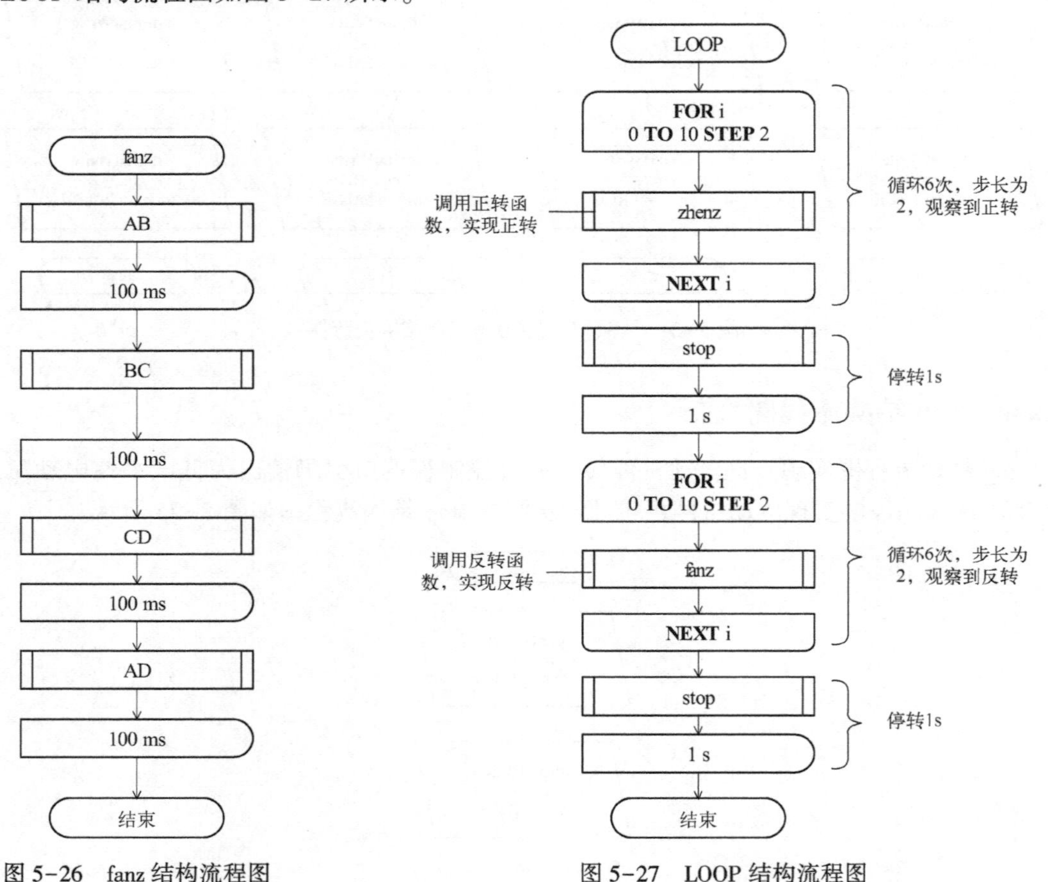

图 5-26 fanz 结构流程图

图 5-27 LOOP 结构流程图

5.2.7 仿真运行

单击“仿真运行”按钮，观察仿真结果。

5.2 仿真动画

相关知识

5.2.8 ULN2003A 芯片介绍

ULN2003A 是由高耐压、大电流的 7 个硅 NPN 构成的达林顿晶体管阵列组成。

该电路的特点如下。

ULN2003A 的每一对达林顿晶体管都串联一个 2.7 kΩ 的基极电阻，在 5 V 的工作电压下它能与 TTL 和 CMOS 电路直接相连，可以直接处理原先需要标准逻辑缓冲器来处理的数据。ULN2003A 工作电压高，工作电流大，灌电流可达 500 mA，并且能够在关闭状态时承受 50 V 的电压，输出还可以在高负载电流并行运行。ULN2003A 采用 DIP-16 或 SOP-16 塑料封装。ULN2003A 引脚图如图 5-28 所示。在图中，IN1～IN7 为输入端，接 CPU 的 I/O 引脚；OUT1～OUT7 为对应的反相输出引脚，灌电流驱动步进电动机的线圈通电，CPU 的 I/O 引脚输出高电平，则对应的 ULN2003A 的输出引脚输出为低电平，控制的步进电动机线圈有电流导通；GND 为电源地；COMMON 为公共端，常常接 12 V 或 5 V。ULN2003A 可直接驱动感性负载，以灌电流为好，如果以拉电流输出，输出端上要上拉电阻，因为是集电极开路输出的。

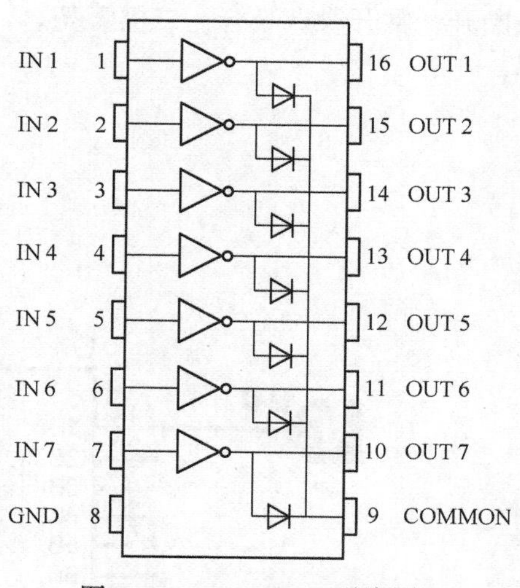

图 5-28 ULN2003A 引脚图

5.2.9 ULN2003A 应用举例

1. 用 ULN2003A 驱动 12 V 的继电器

继电器是典型的感性负载，要将 ULN2003A 的 COMMON 端和继电器线圈相连，接 12 V 电源。

1）输入为低电平时，继电器线圈不通电，硬件仿真电路如图 5-29 所示，继电器常开触点断开，二极管不亮。

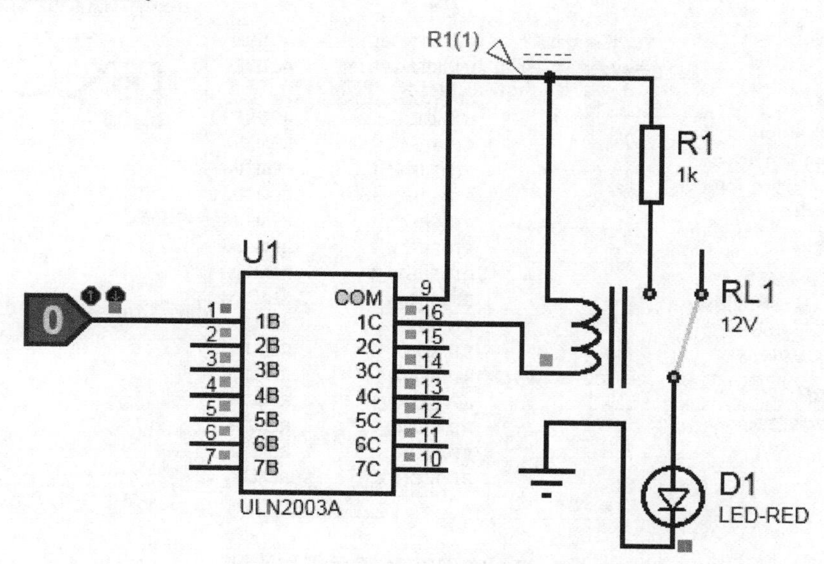

图 5-29 硬件仿真电路（输入为低电平）

2）输入为高电平时，继电器线圈通电，硬件仿真电路如图 5-30 所示，继电器常闭触点断开，常开触点吸合，二极管亮。

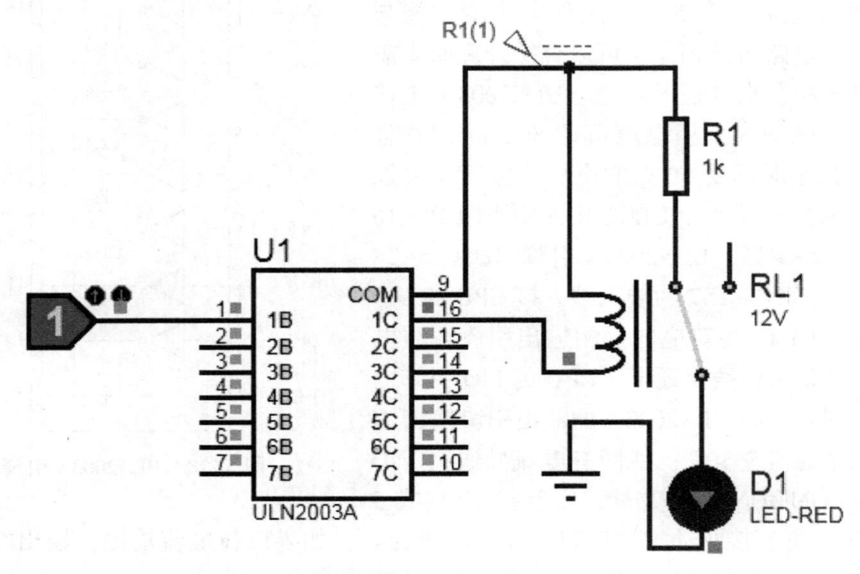

图 5-30　硬件仿真电路（输入为高电平）

3）LOGICSTATE 元器件的选取。可采用选取 ULN2003A 元器件类似的方法，也可直接在“分类”中选择“Debugging Tools”选项，在“显示本地结果”列表框中选择 LOGICSTATE 元器件，“选取元器件”对话框如图 5-31 所示。

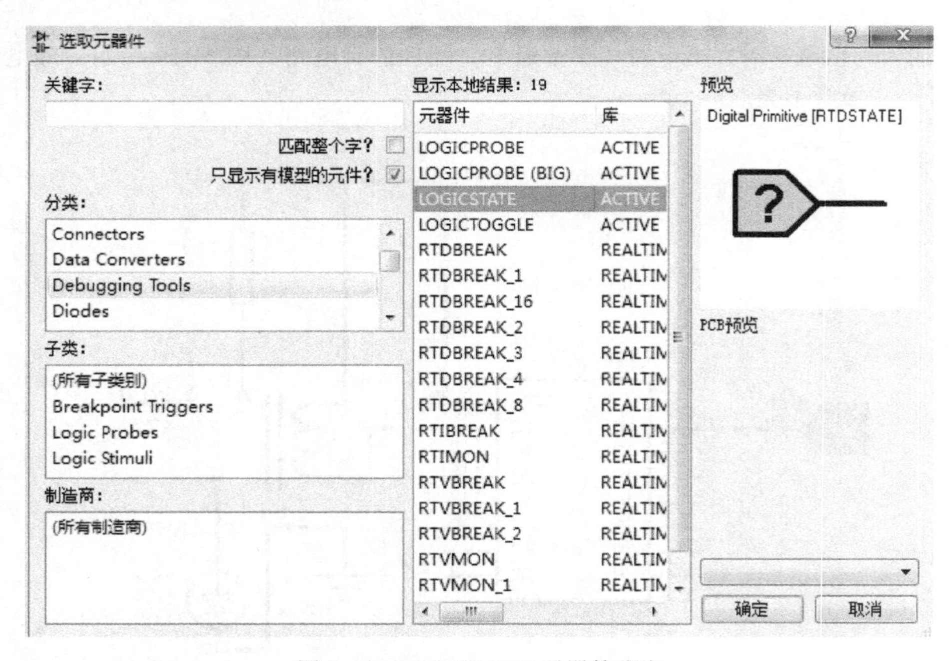

图 5-31　LOGICSTATE 元器件选取

4）RELAY 继电器元器件的选取。可直接在“分类”中选择“Switchs& Relays”选项，在“显示本地结果”列表框中选择 RELAY 元器件，“选取元器件”对话框如图 5-32 所示。

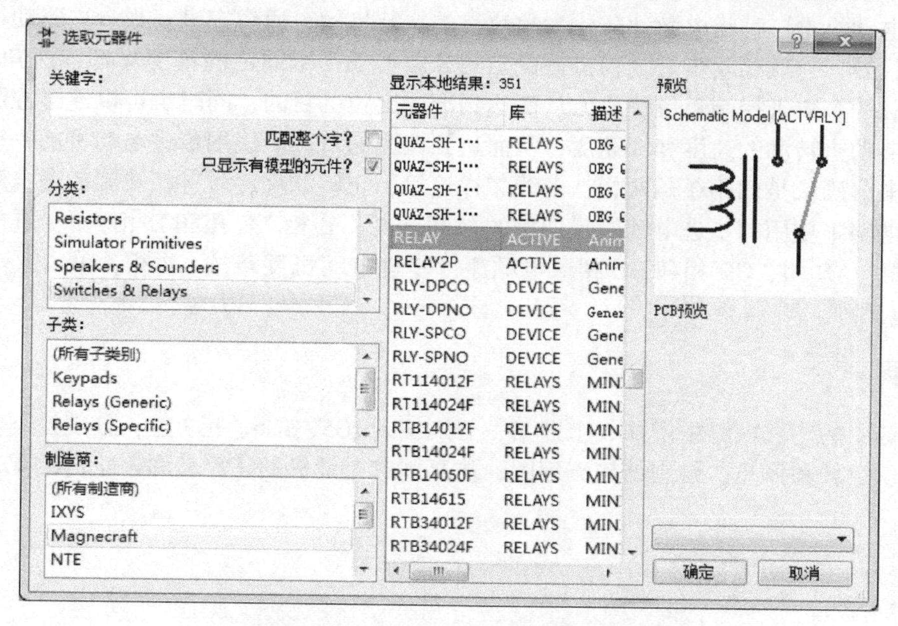

图 5-32　RELAY 继电器元器件选取

5）添加 12 V 电源，继续完善电路绘制，单击“仿真运行”按钮开始仿真（Proteus 具有直接仿真模拟和数字电路的功能），然后单击 LOGICSTATE 上的上、下箭头设置输入为高电平或低电平。

2. 使用 ULN2003A 驱动 TTL 负载

使用 ULN2003A 驱动 LED 发光二极管，仿真电路如图 5-33 所示，ULN2003A 的 9 号引脚可悬空，灌电流驱动 LED 发光二极管发光。

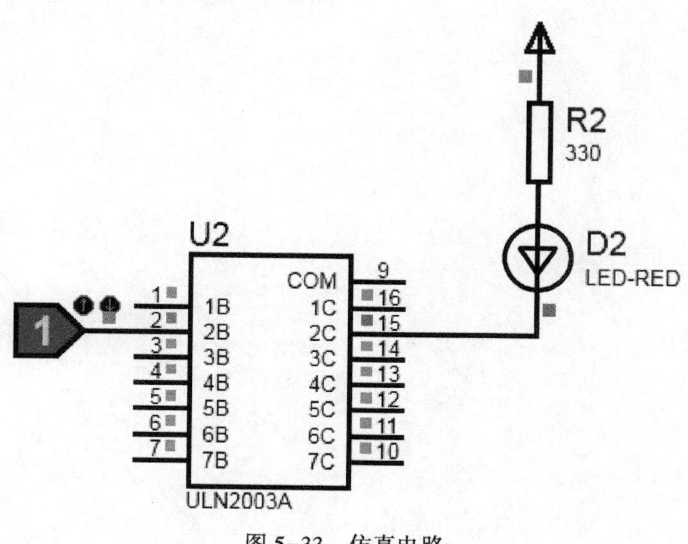

图 5-33　仿真电路

5.2.10 步进电动机介绍

步进电动机是一种将电脉冲转化为角位移的执行机构。通俗来讲：当步进驱动器接收到一个脉冲信号，它就驱动步进电动机按设定的方向转动一个固定的角度（即步进角）。可以通过控制脉冲个数来控制角位移量，从而达到准确定位的目的；同时也可以通过控制脉冲频率来控制电动机转动的速度和加速度，从而达到调速的目的。使用步进电动机前一定要仔细查看说明书，确认是四相还是两相，各线怎样连接，正转和反转时各相线圈的通电顺序是什么。仿真电路中使用的步进电动机是四相的（即 A 相、B 相、C 相和 D 相），步进电动机正转按 AB 相、AD 相、CD 相和 BC 相通电顺序，步进电动机反转按 AB 相、BC 相、CD 相和 AD 相通电顺序。

任务拓展

在任务中的仿真电路中增加 3 个开关，分别接到 IO5、IO6、IO7 上，分别控制步进电动机的正转、反转和停止，绘制结构流程图，仿真观察电动机的正反转和停止的结果。

设 计 篇

通过对入门篇的学习，已经掌握了利用 Proteus 软件绘制硬件电路的方法、步骤和相关命令，掌握了基于 Arduino 的可视化图框绘制结构流程图的方法，对单片机中的 I/O 引脚、定时器及中断、外部中断、模拟量输入、PWM 输出以及常用的硬件模块和元器件应用有了一定的基础。

本篇以综合利用为主，通过智能交通灯、多量程的电阻测量仪、智能数字钟、Smart-Turtle 机器人智能循迹与超声波避障 4 个项目的设计，学习基于单片机的项目设计流程和方法，进一步掌握数字控制系统、模拟测控系统、智能机器人等应用设计中的传感器应用、执行电动机的控制、显示器应用、模拟量的数据处理电路设计等，以培养学生的硬件和流程图的综合设计能力。

项目6　智能交通灯设计

十字路口东西、南北双向设置红、绿、黄指示灯和数码管显示器显示通行时间，保证各方向的有序通行。Arduino Uno 通过内部定时器中断方式完成计时变量值的修改，控制板根据各方向通行设定的时间要求，用计时变量的值来控制各方向红、绿、黄指示灯的显示或闪烁。数码管用于显示各方向的通行时间或禁止通行时间。利用系统提供的4位数码管模块和 traffic lights 模块完成系统的硬件电路设计，通过系统提供的流程图图框和模块提供的图框绘制结构流程图。

6.1　项目设计要求

本项目要求设计具有如下功能的智能交通灯。

项目6仿真动画

- 东西路口红灯亮，南北路口绿灯亮，同时开始25 s倒计时，以七段数码管显示器显示时间。
- 计时到最后5 s时，南北路口的绿灯闪烁，计时到最后2 s时，南北路口黄灯亮。
- 25 s结束后，南北路口红灯亮，东西路口绿灯亮，并重新25 s倒计时，依此循环。

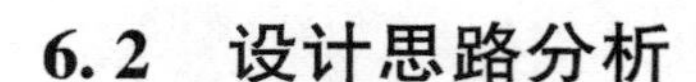

6.2　设计思路分析

1. 倒计时方案

通过 Arduino Uno 内部定时器产生1 s定时，并由设定的计数器变量计数，每到1 s，计数器变量减1。

2. 路口 LED 数码管显示器显示倒计时方案

南北或东西各设两位数码管，倒计时25 s显示通行或禁止通行时间。

3. LED 发光二极管显示方案

根据倒计时的计数变量值，控制各通道红灯亮25 s，绿灯亮21 s，绿灯闪烁2 s，黄灯亮2 s。

6.3　硬件电路设计

智能交通灯电路除了控制板以外，主要分为两部分。

- LED 发光二极管显示电路，模拟十字路口交通灯的情况。
- LED 数码管显示器显示电路，将十字路口交通灯的倒计时情况显示出来。

Arduino Uno 处理器电路，根据片内计时驱动数码管显示器显示相应的时间，并且控制红、绿、黄灯的亮灭。

6.3.1 LED 发光二极管显示电路设计

东西、南北方向各自有三路红、绿、黄灯，LED 发光二极管灯是名为 traffic lights 的元器件，便于 Arduino Uno 控制每一路的导通。每一路相同的灯连接到 Arduino Uno 的同一端口，其中，南北方向红、黄、绿灯分别由 IO5、IO6、IO7 控制，东西方向红、黄、绿灯分别由 IO10、IO11、IO12 控制。在相应的时刻单片机给相应的 I/O 口输出相应的高电平，即可点亮相应颜色的 LED 发光二极管。

1）traffic lights 元器件选取。

根据前面掌握的知识，“选取元器件”对话框如图 6-1 所示，在“关键字”文本框中输入“traffic lights”，单击“确定”按钮完成 traffic lights 元器件选取。

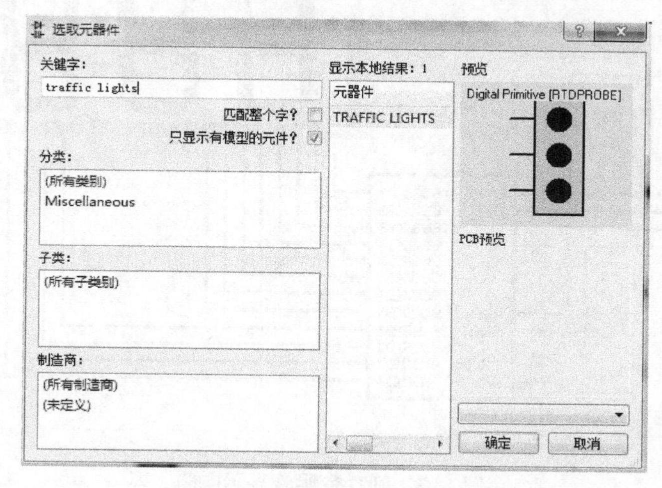

图 6-1　traffic lights 元器件选取

2）放置 4 个 traffic lights 元器件、调整位置、连线、放置端口，编辑端口属性，完成 LED 发光二极管显示电路如图 6-2 所示。

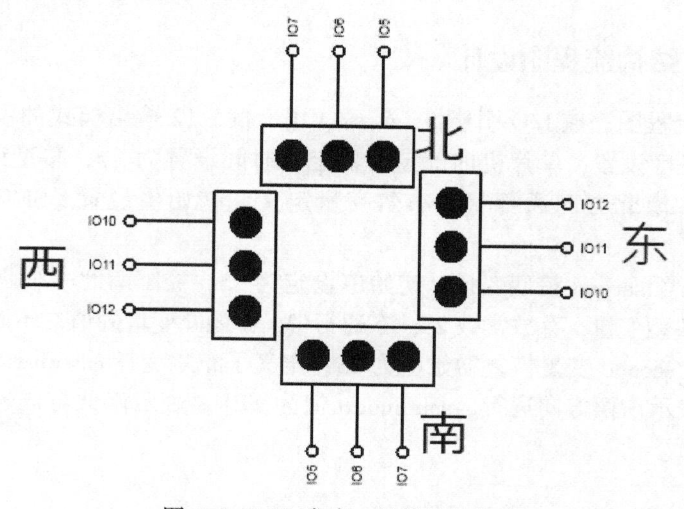

图 6-2　LED 发光二极管显示电路

6.3.2 LED 数码管显示电路设计

利用系统自带的 grove 模块中的“Grove 4-Digit Display Module”（由 1 片 TM1637 和 4 位一体数码管组成）模块完成时间显示，其中左边两位数码管显示器显示东西通行时间，右边两位数码管显示南北方向通行时间。

电路中该模块的 1、2、3、4 引脚分别和控制板的 IO2、IO3、VCC 和 GND 相连。TM1637 是一种带键盘扫描接口的 LED 驱动控制专用电路。LED 数码管显示电路如图 6-3 所示。

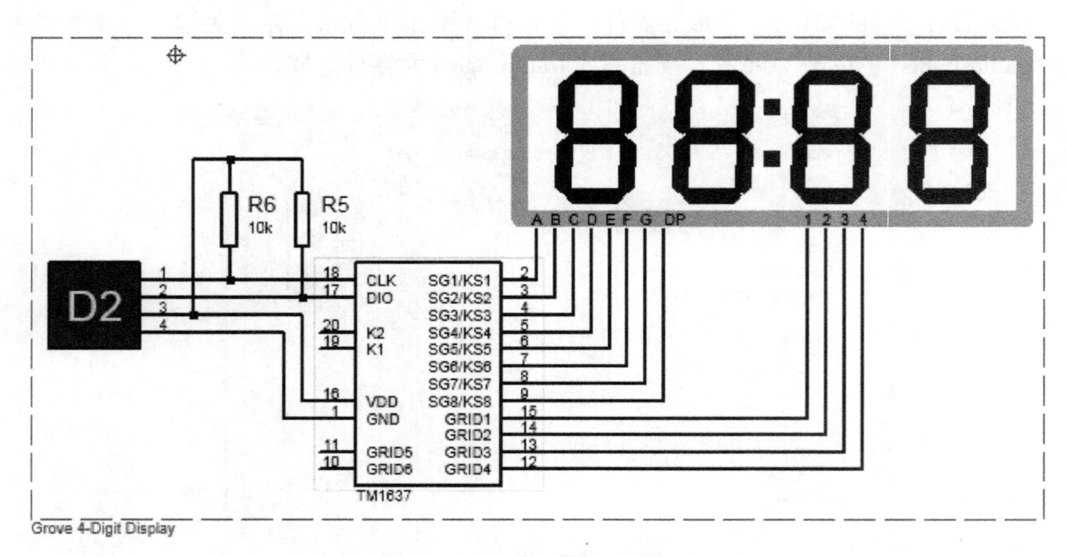

图 6-3　LED 数码管显示电路

6.4 软件设计

6.4.1 SETUP 结构流程图设计

SETUP 结构流程图完成 I/O 引脚 5、6、7、10、11、12 输出模式的设置，LEDM1 模块的初始化设置和亮度设置，单片机内部定时器定时时间设置为 1 s，整型计数变量定义和初始值设置，东西和南北方向通行状态布尔变量定义和初始值设置。SETUP 结构流程图如图 6-4 所示。

流程图中定义了 second 整型变量，初始值设定为 25，控制南北、东西方向的通行时间；定义了 setsecond 整型变量，存放常数 25，在通行中，second 变量的值在不断减 1，当 second = 0 时，专门用于给 second 变量恢复初始值为 25；定义了布尔变量 eastwest 和 southnorth，eastwest 值为 TRUE 表示东西方向通行，southnorth 值为 TRUE 表示南北方向通行，为 FALSE 表示该方向禁止通行。

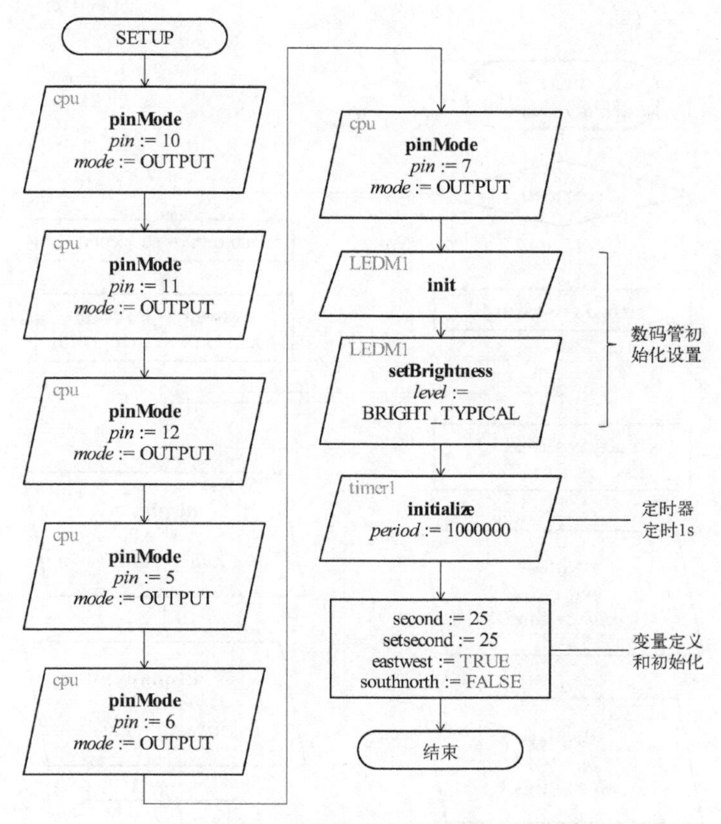

图 6-4　SETUP 结构流程图

6.4.2　timer 结构流程图设计

由于定时器 timer1 的定时时间设置的是 1 s，所以当 1 s 时间到时，CPU 响应定时器中断，执行 timer 结构流程图，判断计数变量 second 值是否大于 0，若是，说明某方向通行时间没到，计数变量 second 减 1，东西和南北方向的数码管显示器显示秒值；否则，计数变量 second 重新设置值为 25，同时描述两个方向通行的布尔变量（eastwest 和 southnorth）取反。左边两位数码管（显示东西方向时间）和右边两位数码管（显示南北方向时间）分别显示计数变量 second 的值。timer 结构流程图如图 6-5 所示。

timer 结构流程图中 time0 和 time1 是整型变量，分别存放秒的十位和个位数字，用于在数码管上显示。

6.4.3　light 结构流程图设计

light 结构流程图实现 LED 发光二极管的显示，根据南北和东西通行布尔变量（southnorth、eastwest）值控制南北和东西方向的红、黄、绿灯的显示。其中，通行时，该方向的绿灯亮 21 s，绿灯闪烁 2 s，黄灯亮 2 s，而另一方向的红灯亮 25 s。light 结构流程图如图 6-6 所示。

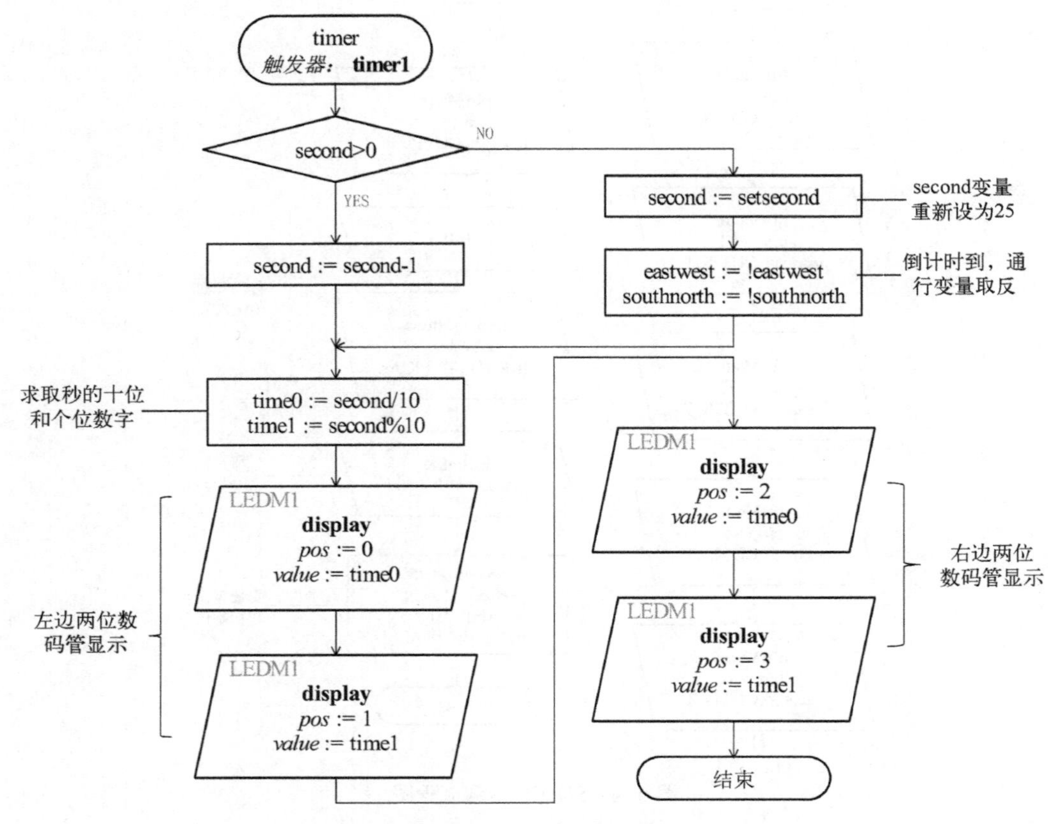

图 6-5　timer 结构流程图

流程图的逻辑功能如下。

1）在图 6-6a 中，当 eastwest = TRUE 时，表示东西向通行时间，南北向红灯点亮、绿灯和黄灯熄灭，东西向红灯熄灭，然后根据 second 的值判断，如果大于或等于 5 东西向绿灯亮，如果在 5 和 3 之间（包含 3）东西向绿灯闪，如果小于 3 东西向黄灯亮；当 eastwest = TRUE 不成立时（NO 分支），流程图往下执行。

2）在图 6-6b 中，当 southnorth = TRUE 时，表示南北向通行时间，东西向红灯点亮、绿灯和黄灯熄灭，南北向红灯熄灭，然后根据 second 的值判断，如果大于或等于 5 南北向绿灯亮，如果在 5 和 3 之间（包含 3）南北向绿灯闪，如果小于 3 南北向黄灯亮；当 southnorth = TRUE 不成立时（NO 分支），流程图结束。

6.4.4　LOOP 结构流程图设计

LOOP 结构流程图简单，反复调用 light 结构流程图，实时控制 LED 发光二极管显示状态。LOOP 结构流程图如图 6-7 所示。

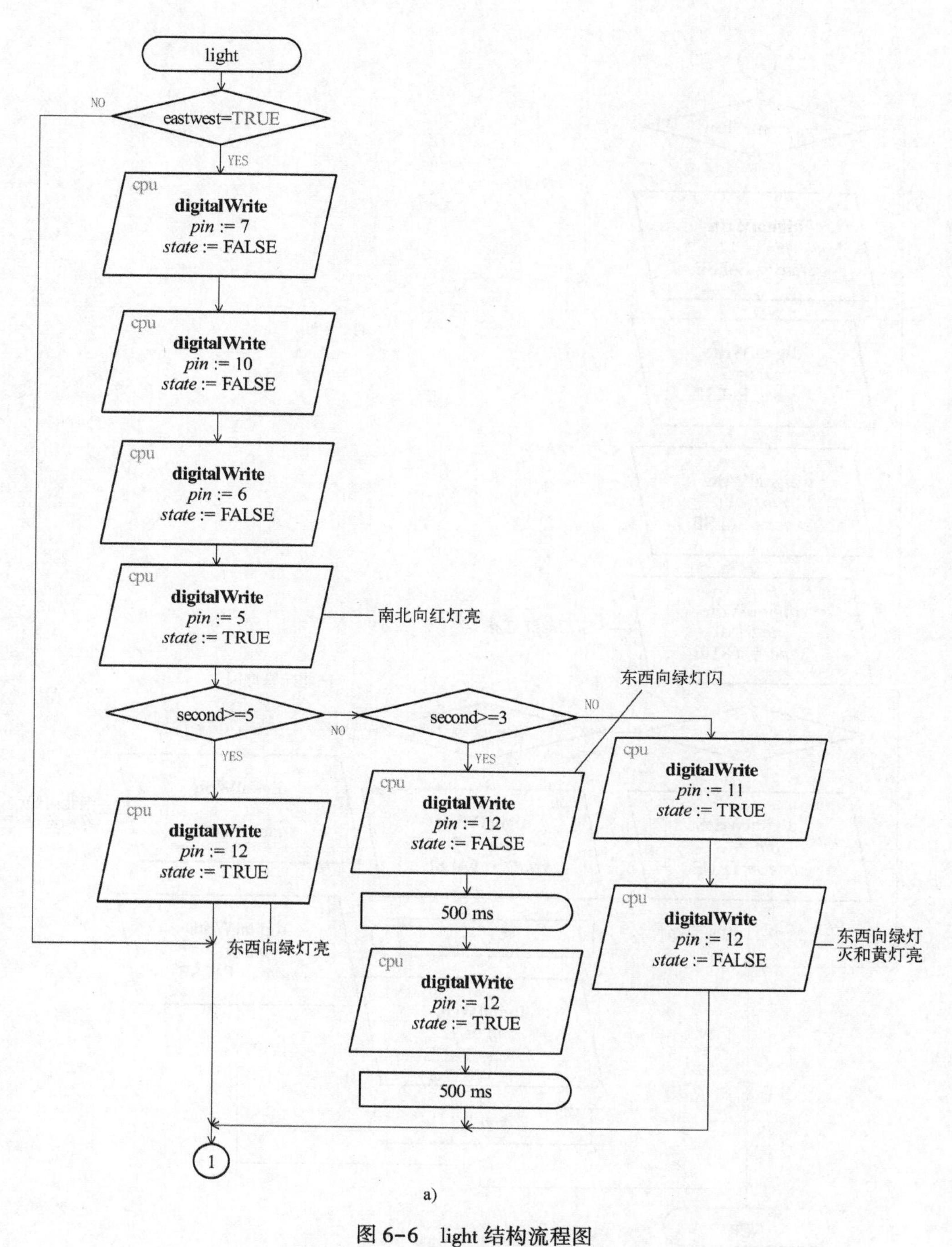

图 6-6 light 结构流程图

a）当 eastwest = TRUE 时

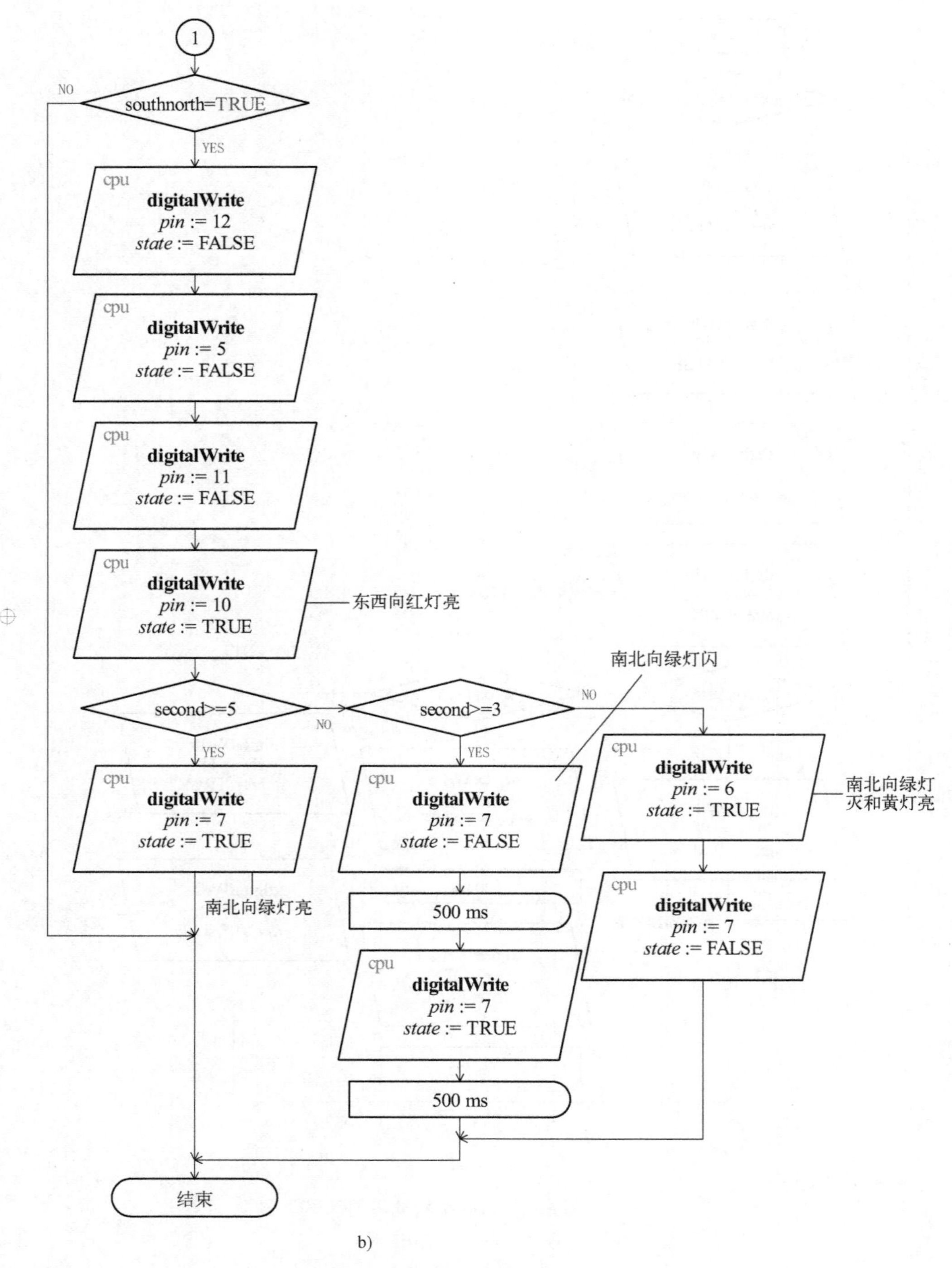

b)

图 6-6 light 结构流程图（续）

b）当 southnorth = TRUE 时

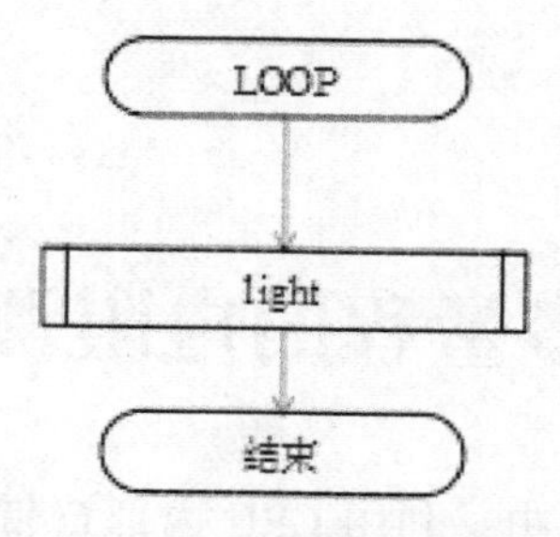

图 6-7　LOOP 结构流程图

6.5　项目总结

本项目中利用 4 位数码管的 grove 模块完成各通道通行或禁止通行时间显示，利用 grove 模块提供的流程图框编写流程图实现时间的显示非常简单，也可利用普通的双联数码管分别显示各通道时间，但程序流程图会变得复杂且占用的 I/O 引脚多；利用定时器完成 1 s 的定时，采用中断方式提高了 CPU 的控制效率，在中断函数中实现秒变量的减 1 修改、数据处理和数码管的显示，数码管的显示也可放在 LOOP 中进行。

项目 7　多量程的电阻测量仪设计

在 Arduino 的模拟量测量系统中，利用 CPU 内部自带的 6 路 10 位 A-D 转换器对外部 AD0~AD5 引脚上输入的模拟电压量进行测量。在非电量的测量系统中，通过传感器将非电量转换电量，然后再通过信号变换和处理电路将电量转换为 0~5 V 的伏级电压量，才能送给 CPU 的模拟电压输入引脚进行 A-D 转换。项目是对电阻值进行测量，需要进行电阻-电压变换和电压放大处理。由于实现一个量程内的自动切换转换通道，每个量程通道的数据转换和处理不一样，需要设计每个通道的电压处理电路。

7.1　项目设计要求

项目 7 仿真动画

本项目要求设计具有如下功能的电阻测量仪。

- 电阻的多量程测量，可测量的量程范围为 0~1000 Ω、1~100 kΩ 和 100 kΩ~10 MΩ。
- 0~1000 Ω 电阻测量范围内自动测量，当电阻值为 0~100 Ω 时，显示值为 00.0~99.9；当电阻值为 100~1000 Ω 时，显示值为 100~999。

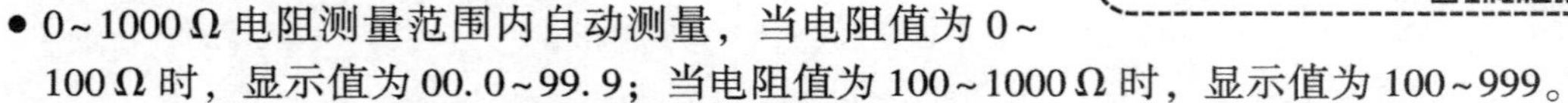

- 1~100 kΩ 电阻测量范围内自动测量，当电阻值为 1~10 kΩ 时，显示值为 1.00~9.99；当电阻值为 10~100 kΩ 时，显示值为 10.0~99.9 k。
- 100 kΩ~10 MΩ 电阻测量范围内自动测量，当电阻值为 100~1000 kΩ 时，显示值为 100~999k；当电阻值为 1~10 MΩ 时，显示值为 1.00~9.99M。

在选择某量程测量电阻时，如果被测电阻超过该量程的最大值，显示器显示“1　　M”，同时表示超量程，需要改变量程开关。

7.2　设计思路分析

1. 显示方案

通过液晶 LM016L（LCD1602）显示模块显示电阻值。

2. 电阻测量方案

由于测试电阻值范围大，采用恒压法通过电阻串联分压的原理将被测电阻的大小转换为电压的大小，根据电压的大小来完成电阻的测量。

3. 量程内的自动测量方案

当被测电阻在测量量程最大值的 1/10 内时，转换后的电压较小，通过放大器放大 11 倍后送 A-D 转换器；当被测电阻超过测量量程最大值的 1/10 时，转换后的电压较大，直接送给另外的 A-D 转换器。根据各通道转换后的数字量大小计算电阻值，并按照相应显示模式显示电阻值。

4. A-D 转换器分配方案

ARDUINO UNO 单片机内部的 A-D 转换器是 10 位的 A-D 转换器，共有 6 个 A-D 转换器通道，能够对 6 路模拟量分别进行转换。其中，0 通道（AD0）对 0~1000 Ω 电阻测量范围内的 0~100 Ω 电阻进行测量；1 通道（AD1）对 0~1000 Ω 电阻测量范围内的 100~1000 Ω 电阻进行测量；2 通道（AD2）对 1~100 kΩ 电阻测量范围内的 1~10 kΩ 电阻进行测量；3 通道（AD3）对 1~100 kΩ 电阻测量范围内的 10~100 kΩ 电阻进行测量；4 通道（AD4）对 100 kΩ~10 MΩ 电阻测量范围内的 100~1000 kΩ 电阻进行测量；5 通道（AD5）对 100 kΩ~10 MΩ 电阻测量范围内的 1~10 MΩ 电阻进行测量。

7.3 硬件电路设计

多量程的电阻测量仪电路主要分为 3 部分。

1）液晶显示电路，按照一定的显示模式显示某一量程范围内的电阻值。

2）被测电阻转换为电压的模拟电路，用 TI 公司的 LMC6484 运算放大器实现跟随器和电压放大。

3）互锁按键电路，实现 3 个量程范围的手动切换。

7.3.1 电阻转换为电压的模拟电路设计

每一个量程通道分别用两级 LMC6484 运算放大器，第一级运放是跟随器，改善输入通道的输入阻抗，其输出值直接送 A-D 转换；第二级运放是同相输入，实现电压放大 11 倍，对该量程范围内被测电阻在测量量程最大值的 1/10 内时转换的电压进行放大。

1. AD0 和 AD1 通道电路设计

（1）LMC6484 芯片（运算放大器）选取

单击“原理图设计”界面的模式工具条中的“元器件”按钮，单击“P”按钮，弹出“选取元器件”对话框，在“关键字”文本框中输入“LMC6484”，在“元器件”列表中选择“LMC6484A”选项，单击“确定”按钮，如图 7-1 所示。

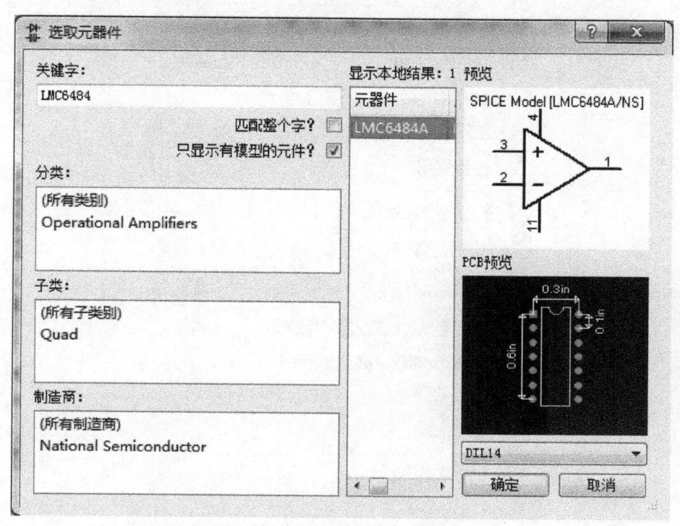

图 7-1　LMC6484 芯片选取

（2）放置元器件及连线

放置 LMC6484A 芯片、电阻元件、电压表，调整元器件的位置，连线。AD0 和 AD1 通道电路如图 7-2 所示。

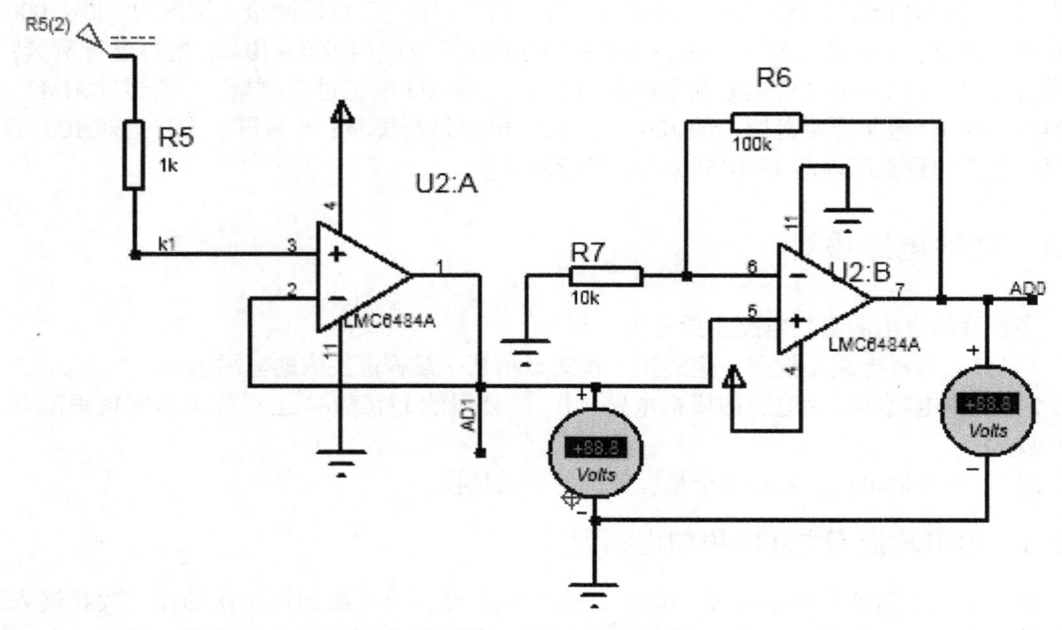

图 7-2　AD0 和 AD1 通道电路

小提示：调整 U2:B 时，需要镜像操作。在放好的 LMC6484A 芯片上右击，弹出快捷菜单，如图 7-3 所示，选择“垂直镜像”命令，完成芯片垂直镜像。

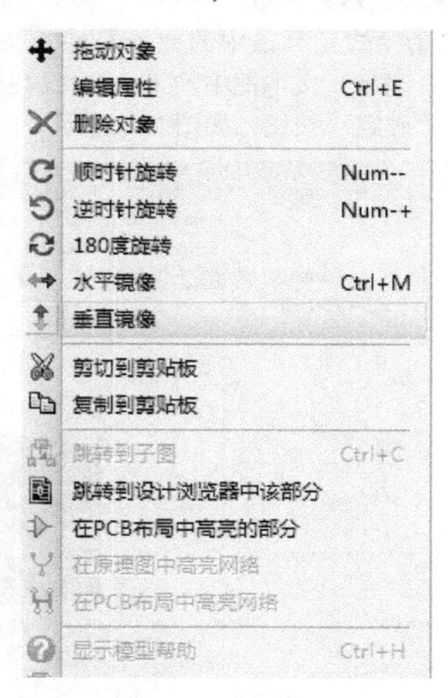

图 7-3　快捷菜单

（3）放置直流电源（直流信号源）

单击模式工具条中的“激励源”按钮，选择“DC”，在R5上端连线上单击，弹出“DC Generator Properties”对话框，如图7-4所示，在“Voltage”文本框中输入2.5，单击“确定”按钮。

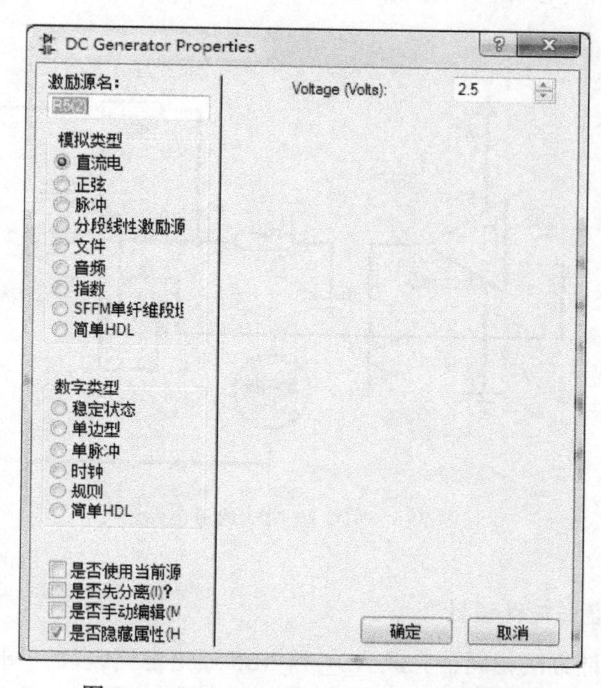

图7-4 “DC Generator Properties”对话框

（4）编辑电阻

双击电路图中的电阻，弹出“编辑元件”对话框，如图7-5所示，在“Resistance”文本框中输入电阻值，单击“确定”按钮。

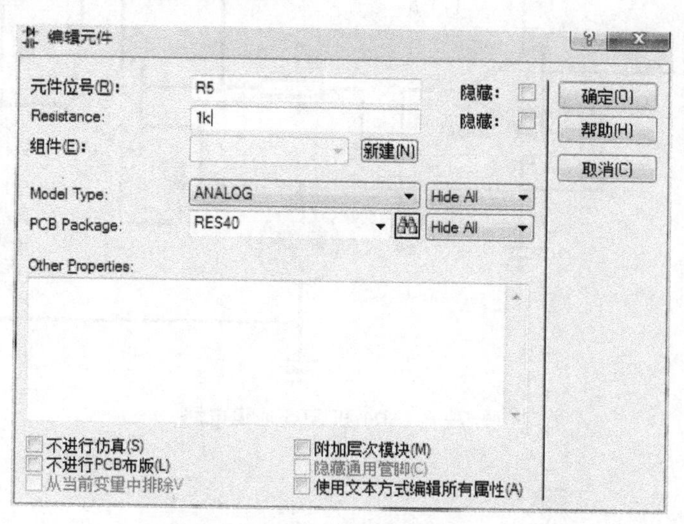

图7-5 编辑电阻

（5）放置电源、网络标号

放置电源和网络标号，完成图 7-2 电路设计。

2. AD2 和 AD3 通道电路设计

与图 7-2 电路设计方法相同，完成 AD2 和 AD3 通道电路设计，如图 7-6 所示。

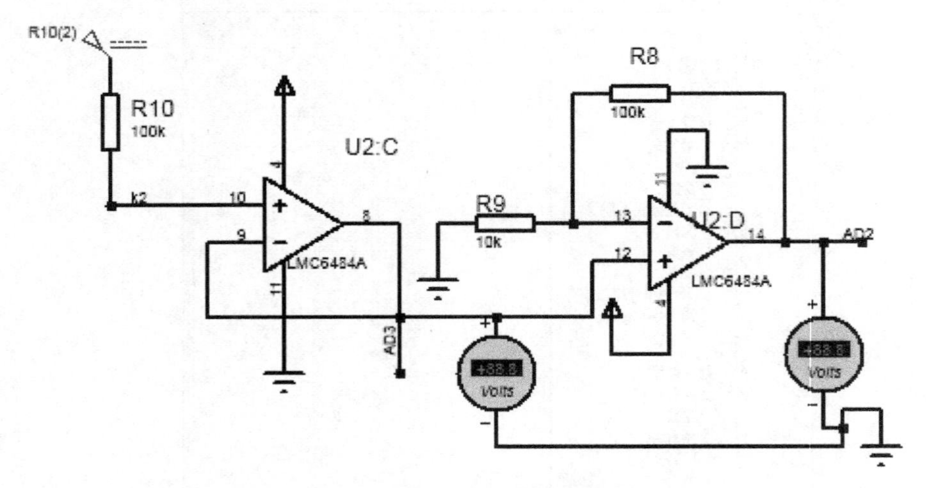

图 7-6　AD2 和 AD3 通道电路

3. AD4 和 AD5 通道电路设计

与图 7-2 电路设计方法相同，完成 AD4 和 AD5 通道电路设计，图 7-7 所示。

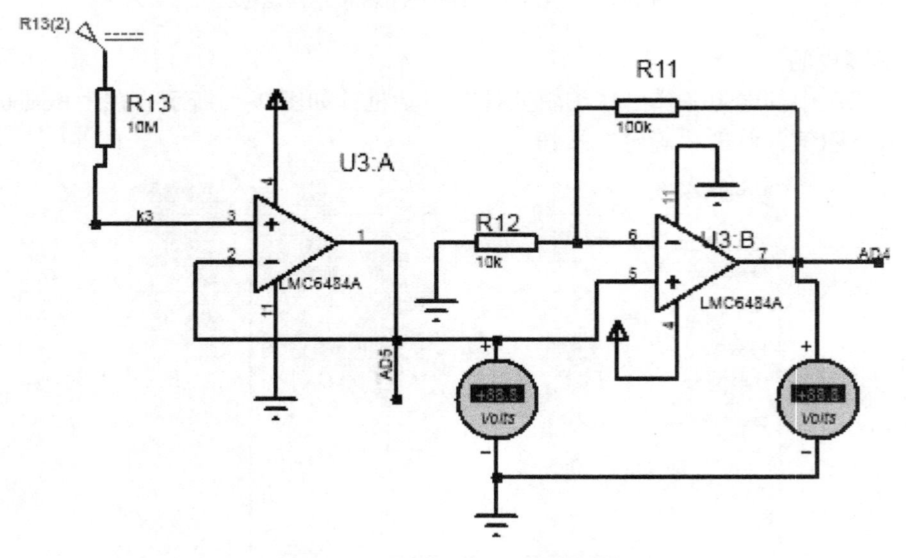

图 7-7　AD4 和 AD5 通道电路

7.3.2 互锁按键电路设计

通过互锁按键将被测电阻引入到第一级运算放大器的同相输入端。互锁按键电路如图 7-8 所示。

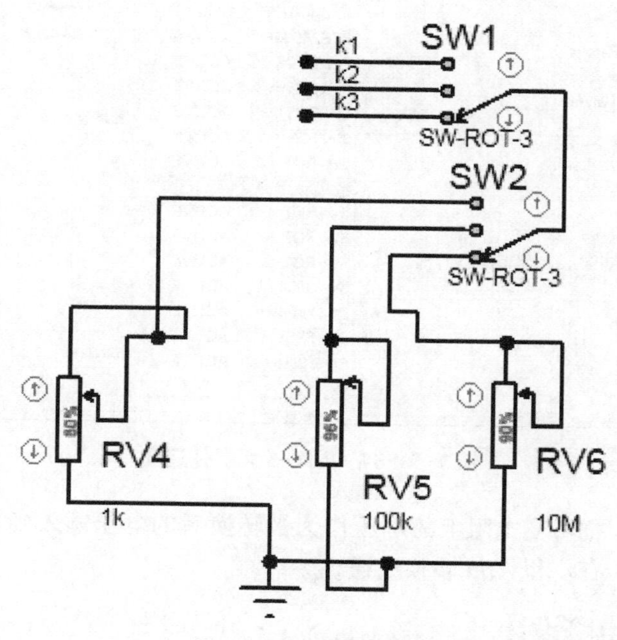

图 7-8 互锁按键电路

1）3 选 1 多路开关的选取。

单击“原理图设计”界面的模式工具条中的“元器件”按钮，单击“P”按钮，弹出“选取元器件”对话框，如图 7-9 所示，在“分类”列表框中选择“Switch & Relays”选项，在“元器件”列表框中选择“SW-ROT-3”选项，单击“确定”按钮。

2）POT-HG 元器件选取。

3）放置器件、连线、增加网络标号。

4）设置 POT-HG 元器件的电阻值。

由于仿真电路中没有互锁按键，采用了两个 3 选 1 的多路开关（图中 SW1、SW2 元器件）实现每一个量程通道的被测电阻的接入，在仿真设置开关的位置时，两个开关打到相同位置，从上往下分别对应 0~1000 Ω、1~100 kΩ 和 100 kΩ~10 MΩ 量程通道位置。

在 0~1000 Ω 量程通道中，用 1 kΩ 固定电阻和被测的可变电阻 RV4 串联，外加 2.5 V 电压实现分压，把可变电阻上的电压作为被转换后的电压输入到放大电路，放大器的输出分别接单片机的 AD0 和 AD1 转换通道。

在 1~100 kΩ 量程通道中，用 100 KΩ 固定电阻和被测的可变电阻 RV5 串联，外加 2.5 V 电压实现分压，把可变电阻上的电压作为被转换后的电压输入到放大电路，放大器的输出分别接单片机的 AD2 和 AD3 转换通道。

在 100 kΩ~10 MΩ 量程通道中，用 10 MΩ 固定电阻和被测的可变电阻 RV6 串联，外加

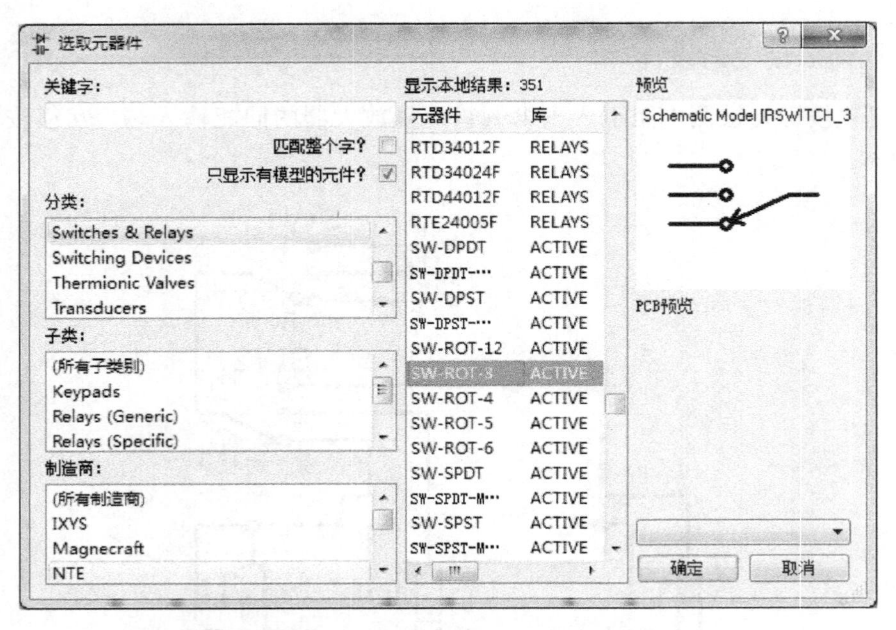

图 7-9　SW-ROT-3 元器件选取

2.5V 电压实现分压，把可变电阻上的电压作为被转换后的电压输入到放大电路，放大器的输出分别接单片机的 AD4 和 AD5 转换通道。

7.3.3　液晶显示电路设计

与前面用到的液晶显示器相同，这里利用 LCD1602 液晶显示器，用来显示测量的电阻值。液晶显示电路如图 7-10 所示。

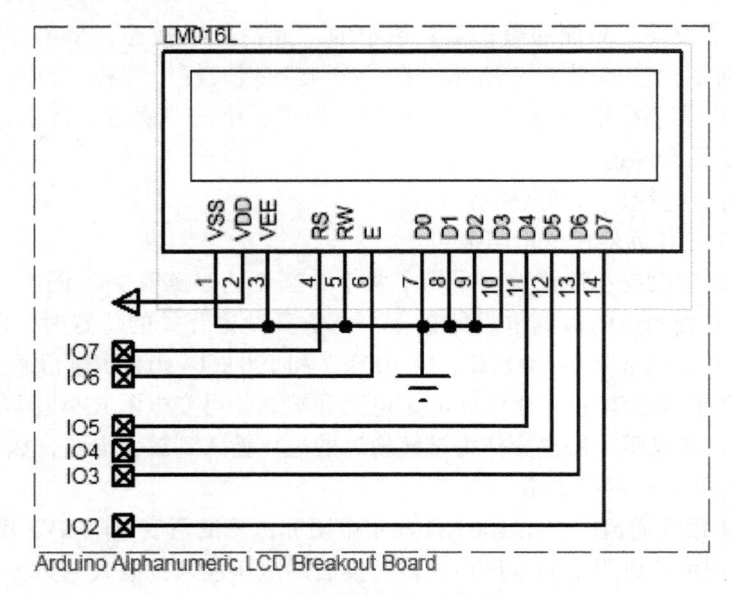

图 7-10　液晶显示电路

7.4 软件设计

Arduino Uno 工作时，依次对 AD0～AD5 通道的模拟量采样，在接入 10 MΩ 以下的电阻时，单片机根据当前的开关选择通道对电阻进行测量（开关设置按从小量程通道到大量程通道切换），当电阻值超出该通道测量的上限值时，显示器显示“1　　M”大的电阻，这时需要改变开关位置选择量程值更大的通道进行测量。

7.4.1 SETUP 结构流程图设计

SETUP 结构流程图完成 IO2～IO7 引脚输出模式的设置，用“下一个循环构建”（for 循环）流程图完成。SETUP 结构流程图如图 7-11 所示。

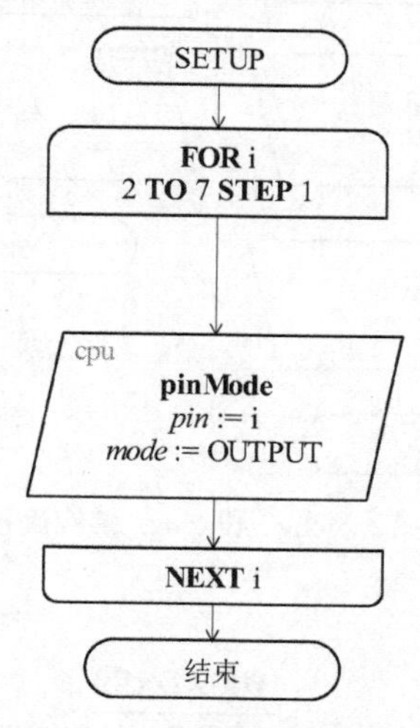

图 7-11　SETUP 结构流程图

7.4.2 通道电阻值计算和显示结构流程图设计

由于每个通道将电阻转换为电压的线性方程和显示要求不同，所以单片机根据 A-D 转换的结果计算电阻值的公式及显示器输出字符也不同，编写了 tong0～tong5 结构流程图分别完成 AD0～AD5 通道计算电阻值和输出显示。

1. tong0 和 tong1 结构流程图设计

tong0 和 tong1 结构流程图如图 7-12 所示。

1）tong0 函数结构图是根据 AD0 通道对 0～100 Ω 范围内被测电阻的测量数据计算并输出结果。根据硬件电路和 A-D 转换原理，得电阻值计算公式为

$$U_{\mathrm{i}}=\frac{R_{\mathrm{i}}}{1000+R_{\mathrm{i}}}\times 2.5\times 11=\frac{D}{1024}\times 5$$

整理得

$$R_{\mathrm{i}}=\frac{1000\times D}{5632-D}$$

考虑到精确到小数点后 1 位，对计算结果放大 10 倍求出整数结果，根据测试误差，微

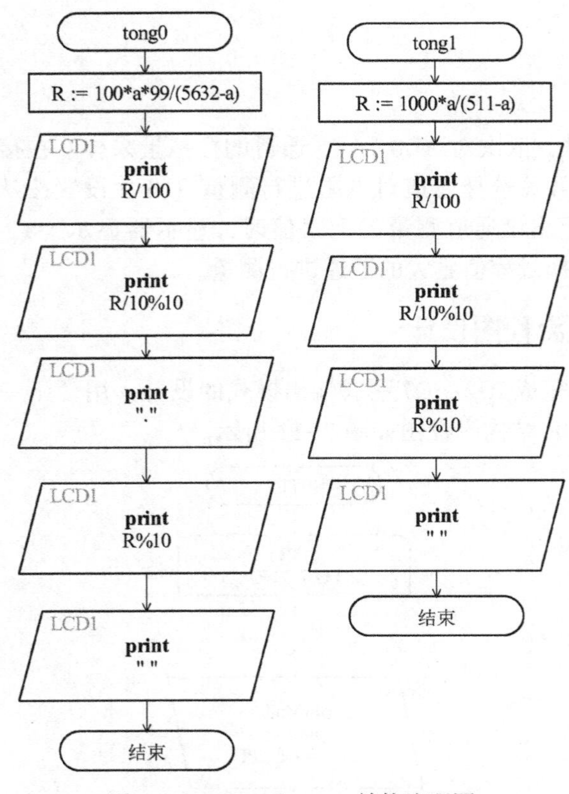

图 7-12　tong0 和 tong1 结构流程图

调计算结果为

$$R_{\mathrm{i}}=\frac{100\times D\times 99}{5632-D}$$

在程序中再分别求出 R_{i} 的百位及十位数字输出显示，输出小数点，求出个位数字输出显示，输出空格。

2）tong1 函数结构图是根据 AD1 通道对 100~1000Ω 范围内被测电阻的测量数据计算并输出结果。根据硬件电路和 A-D 转换原理，得电阻值计算公式为

$$U_{\mathrm{i}}=\frac{R_{\mathrm{i}}}{1000+R_{\mathrm{i}}}\times 2.5=\frac{D}{1024}\times 5$$

整理得

$$R_{\mathrm{i}}=\frac{1000\times D}{512-D}$$

根据测试误差，微调计算结果为

$$R_{\mathrm{i}}=\frac{1000\times D}{511-D}$$

在程序中再分别求出 R_{i} 的百位、十位及个位数字输出显示，输出空格。

2. tong2 和 tong3 结构流程图设计

tong2 和 tong3 结构流程图如图 7-13 所示。

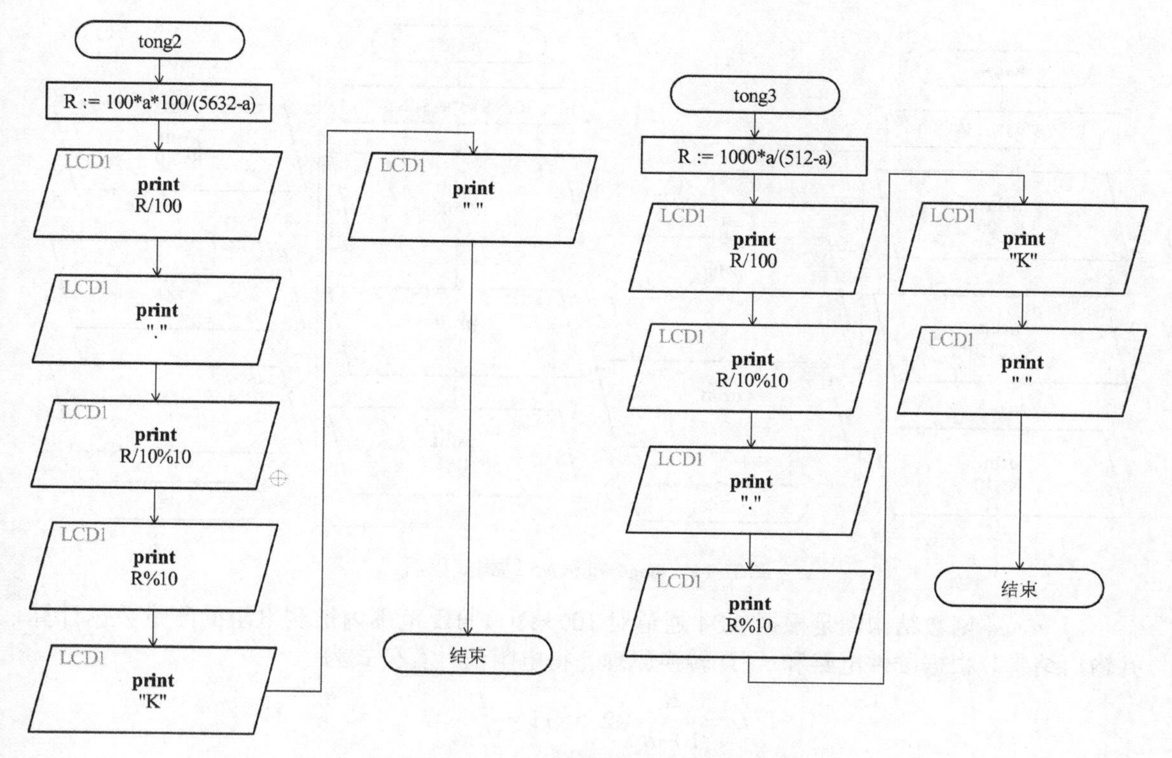

图 7-13　tong2 和 tong3 结构流程图

1）tong2 函数结构图是根据 AD2 通道对 1~10 kΩ 范围内被测电阻的测量数据计算并输出结果。根据硬件电路和 A-D 转换原理，得电阻值计算公式为

$$U_i=\frac{R_i}{100+R_i}\times 2.5\times 11=\frac{D}{1024}\times 5$$

考虑到精确到小数点后 2 位，对计算结果放大 100 倍求出整数结果，整理得

$$R_i=\frac{100\times D\times 100}{5632-D}$$

在程序中再分别求出 R_i 的百位数字输出显示，输出小数点，求出十位及个位数字输出显示，输出 k 字符，输出空格。

2）tong3 函数结构图是根据 AD3 通道对 10~100 kΩ 范围内被测电阻的测量数据计算并输出结果。根据硬件电路和 A-D 转换原理，得电阻值计算公式为

$$U_i=\frac{R_i}{100+R_i}\times 2.5=\frac{D}{1024}\times 5$$

考虑到精确到小数点后 1 位，对计算结果放大 10 倍求出整数结果整理得

$$R_i=\frac{1000\times D}{512-D}$$

在程序中再分别求出 R_i 的百位及十位数字输出显示，输出小数点，求出个位数字输出显示，输出空格。

3. tong4 和 tong5 结构流程图设计

tong4 和 tong5 结构流程图如图 7-14 所示。

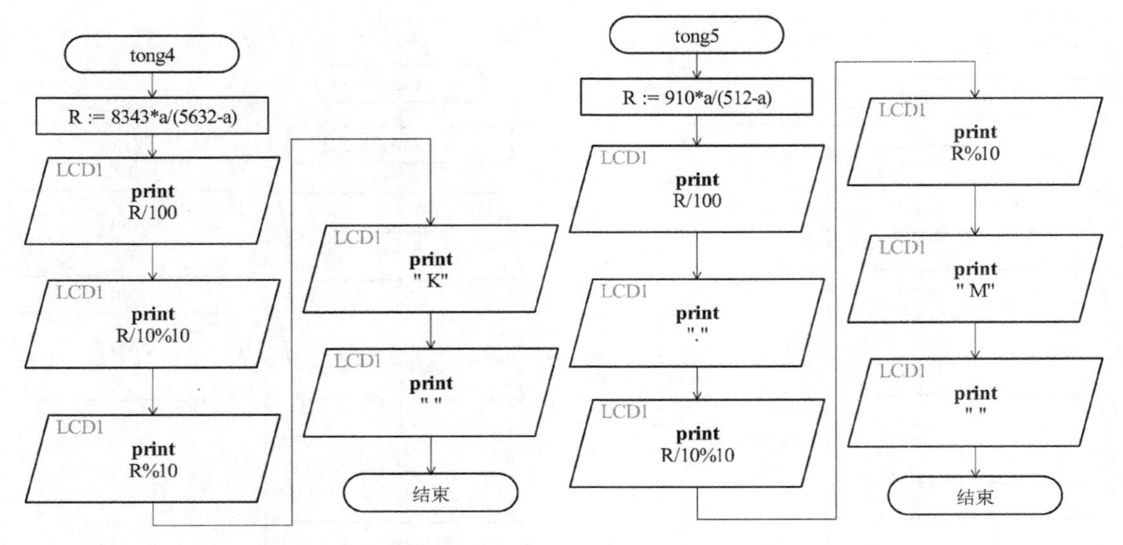

图 7-14　tong4 和 tong5 结构流程图

1）tong4 函数结构图是根据 AD4 通道对 100 kΩ~1 MΩ 范围内被测电阻的测量数据计算并输出结果。根据硬件电路和 A-D 转换原理，得电阻值计算公式为

$$U_{\mathrm{i}}=\frac{R_{\mathrm{i}}}{10+R_{\mathrm{i}}}\times 2.5\times 11=\frac{D}{1024}\times 5$$

计算出的结果是 0.100~0.999 MΩ，以 kΩ 为单位显示结果，对计算结果放大 1000 倍求出整数结果，整理得

$$R_{\mathrm{i}}=\frac{10\times D\times 1000}{5632-D}$$

根据测试误差，微调计算结果为

$$R_{\mathrm{i}}=\frac{8343\times D}{5632-D}$$

在程序中再分别求出 R_{i} 的百位、十位及个位数字输出显示，输出 k 字符，输出空格。

2）tong5 函数结构图是根据 AD5 通道对 1~10 MΩ 范围内被测电阻的测量数据计算并输出结果。根据硬件电路和 A-D 转换原理，得电阻值计算公式为

$$U_{\mathrm{i}}=\frac{R_{\mathrm{i}}}{10+R_{\mathrm{i}}}\times 2.5=\frac{D}{1024}\times 5$$

考虑到精确到小数点后 2 位，对计算结果放大 100 倍求出整数结果整理得

$$R_{\mathrm{i}}=\frac{1000\times D}{512-D}$$

根据测试误差，微调计算结果为

$$R_{\mathrm{i}}=\frac{910\times D}{512-D}$$

在程序中再分别求出 R_{i} 的百位数字输出显示，输出小数点，求出十位及个位数字输出显示，输出 M 字符，输出空格。

7.4.3　LOOP 结构流程图设计

LOOP 结构流程图按照从小到大量程通道即按照 AD0~AD5 通道顺序对所接入的电压

（通道没接入电阻时电压为2.5V或通道接入电阻时为电阻转换的电压）进行测量，根据AD转换的数字量大小确定测量通道并计算结果输出，如果测试的通道上没接电阻或接入的电阻超出测量范围，液晶显示器显示“1　　　M”，则说明要通过互锁按键切换接入到量程更大的通道进行测量，程序中没考虑量程通道从大到小的切换条件，所以测试中一定遵循从小到大选择量程通道进行测量的原则。LOOP结构流程图如图7-15所示。

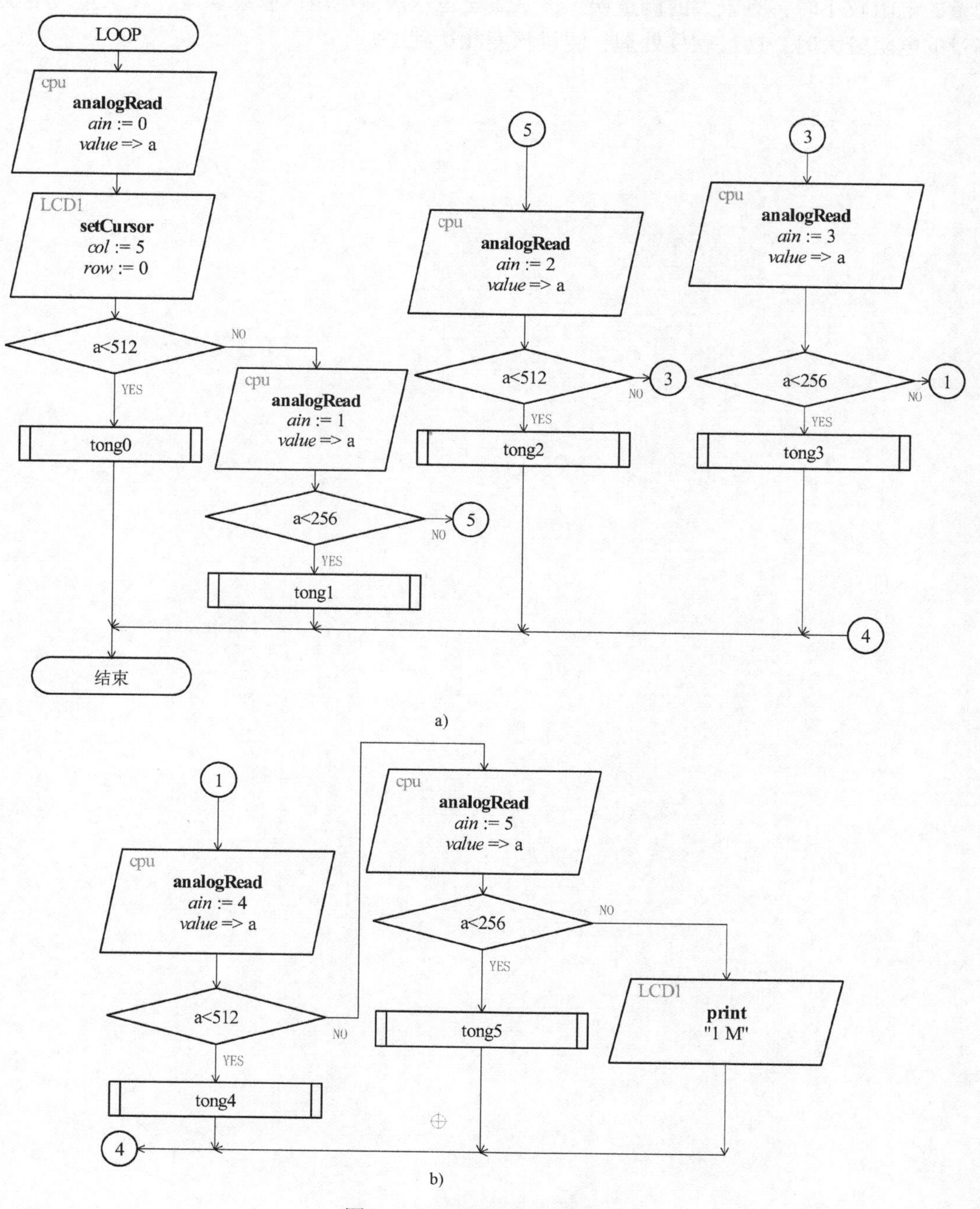

图7-15　LOOP结构流程图

7.5 项目总结

本项目中利用单片机内部 6 路 10 位的 A-D 转换器分别实现对 0~1000 Ω、1~100 kΩ 和 100 kΩ~10 MΩ 范围内电阻自动测量，由于运算放大器本身的零漂电压使得在某量程范围内测量的电阻较小时，有较大的测量误差，这属于恒压法测电阻的系统误差；在某量程范围内测量的电阻较大时，通过软件处理，测量精度能达到 1%。

项目 8　智能数字钟设计

专用时钟芯片或模块常用于基于单片机的万年历和数字钟的设计系统中，具有比较高的时间精度，在备用电池供电下，内部工作在低功耗状态。用系统自带的 4 位数码管模块显示时分数据，简化硬件电路设计和流程图绘制。采用系统自带的 DS1307 模块完成时分秒数据的读写，利用该模块提供的图框完成对 DS1307 芯片读写任务的流程图。通过按键电路和闹铃电路，实现人机对话，完成对时间和闹钟时间的设置、闹铃功能。

8.1　项目设计要求

本项目要求设计具有如下功能的智能数字钟。

- 4 位数码管显示器显示时分时间。
- 利用 DS1307 时钟芯片完成时间走时。
- 具有闹铃和停闹功能。
- 具有当前时间和闹钟时间的设置功能。

项目 8 仿真动画

8.2　设计思路分析

1. 时间显示和闹钟时间显示方案

利用系统自带的 LEDM1（4 位数码管 Grove 模块）显示时分时间并带有秒的闪烁。

2. 时间芯片选择方案

利用系统自带的 Grove RTC 时间模块（基于 DS1307 芯片）完成时间走时，该时钟芯片模块走时精准，并且模块带有电池，当系统掉电时通过电池供电，保证时钟模块继续走时。

3. 时间设置和闹钟时间设置方案

设置两个按键完成时间设置，其中一个为功能键，根据按键次数选择闹钟时分和时间时分设置功能，另外一个按键为数据加 1 键，完成时间修改。

4. 停闹方案

设置一个按键实现停闹功能，当闹钟时间到时，闹铃电路蜂鸣器响，按下该按键停闹。

8.3　硬件电路设计

智能数字钟电路主要分为 4 部分。

1）4 位数码管显示器显示电路，显示时间和闹铃时间。

2）时钟模块电路，完成时、分、秒的走时，单片机可对时钟模块读写时间操作。

3）按键电路，完成对时间修改和停闹。

4）闹铃模块电路，闹钟时间到，蜂鸣器响，受 IO7 引脚控制。仿真硬件电路如图 8-1 所示。

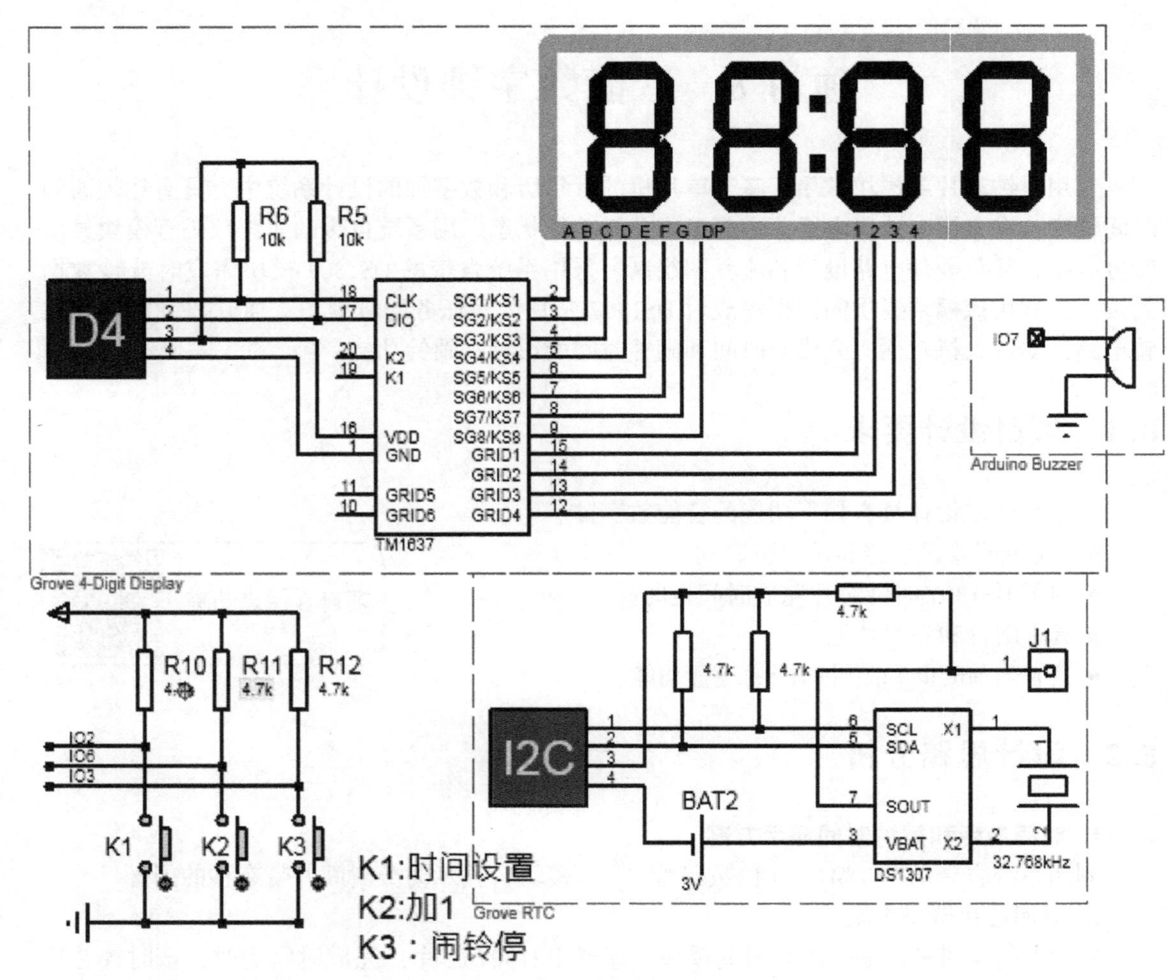

图 8-1　仿真硬件电路

8.3.1　4 位数码管显示器显示电路设计

1）添加系统自带的“Grove 4-Digit Display Module”模块作为 4 位数码管显示器。

① 在“可视化设计”界面左边“项目”管理面板的“Peripherals”上右击，弹出快捷菜单，如图 8-2 所示。

② 选择“增加外围设备”命令，弹出“选择工程剪辑”对话框，如图 8-3 所示。在“类别”下拉列表中选择“Grove”选项，在下面的模块列表中选择“Grove 4-Digit Display Module”选项，单击“添加”按钮。

2）在“原理图设计”界面中双击该模块中的“D2”连接号，弹出“编辑元件”对话框，如图 8-4 所示，在“Connector ID”下拉列表中选择“D4”，单击“确定”按钮，完成 4 位数码管显示器显示电路设计。

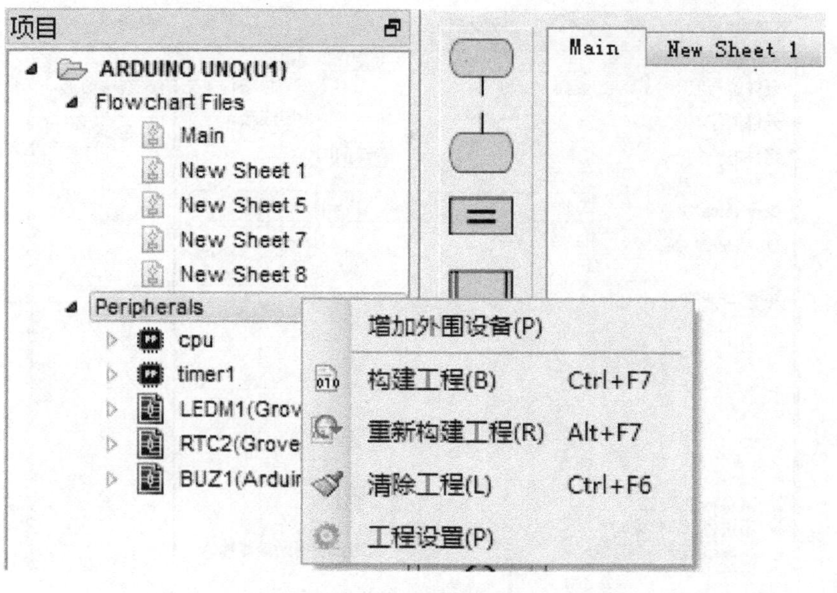

图 8-2　快捷菜单

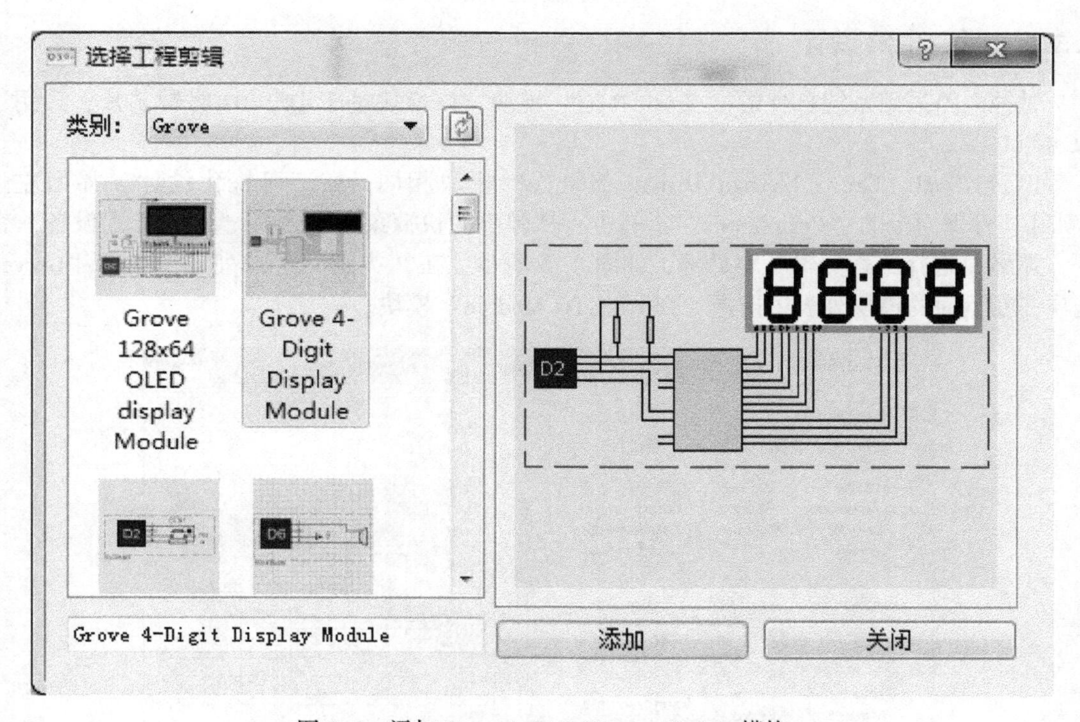

图 8-3　添加 Grove 4-Digit Display Module 模块

小提示：该模块不能使用“D2”“D3”连接号，因为控制板的 IO2、IO3 在系统里作为外部中断信号专用输入端口，接按键接口电路。

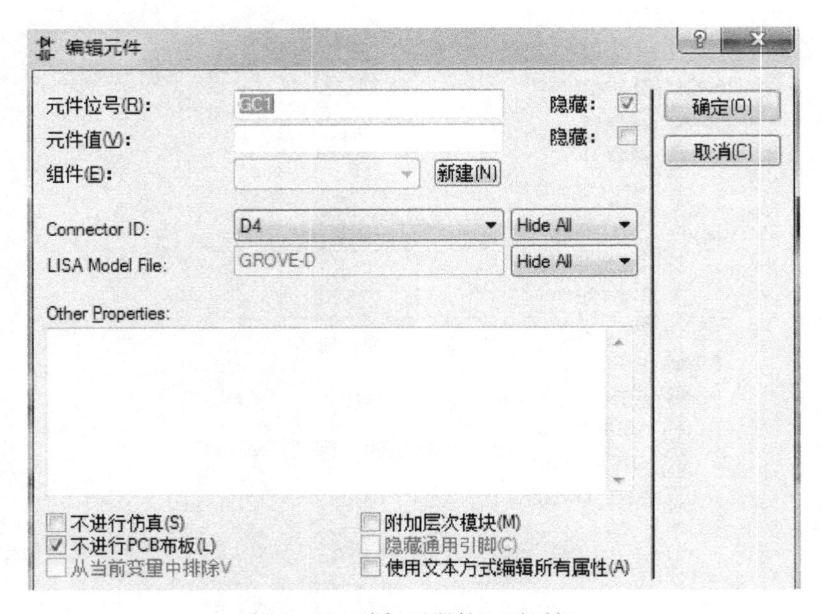

图 8-4 “编辑元器件” 对话框

8.3.2 时钟电路设计

时钟电路采用系统自带的 “Grove RTC” 模块，该模块基于 DS1307 时钟芯片，采用了 I^2C 接口。

1）与添加 “Grove 4-Digit Display Module” 模块相同，在 “可视化设计” 界面左边 “项目” 管理面板的 “Peripherals” 上右击，从弹出的快捷菜单中选择 “增加外围设备” 命令，弹出 “选择工程剪辑” 对话框，如图 8-5 所示，在 “类别” 下拉列表中选择 “Grove” 选项，在下面的模块列表中选择 “Grove RTC Module” 模块。

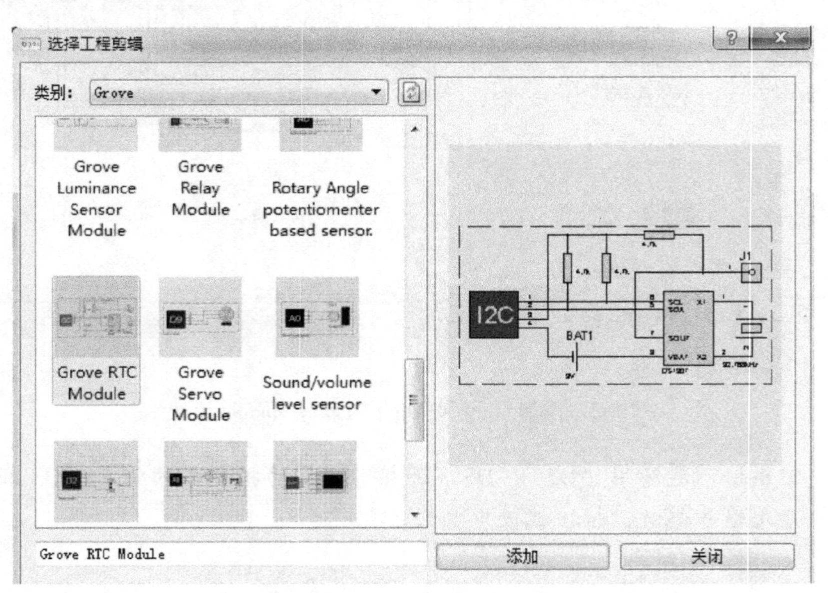

图 8-5 添加 Grove RTC Module 模块

2）单击“添加”按钮，“Grove RTC Module”模块添加到原理图中。

8.3.3 按键电路设计

系统中设计了 3 个按键，K1 键完成当前时间、闹钟时间的时分选择，K2 键完成时间的加 1，K3 停止闹铃响。K1 键、K3 键分别接到了系统的 IO2 引脚（INT0 端口）、IO3 引脚（INT1 端口）上，当按键操作时，CPU 响应外部中断，执行中断任务；K2 接到系统的普通 IO6 引脚上。按键电路如图 8-6 所示。

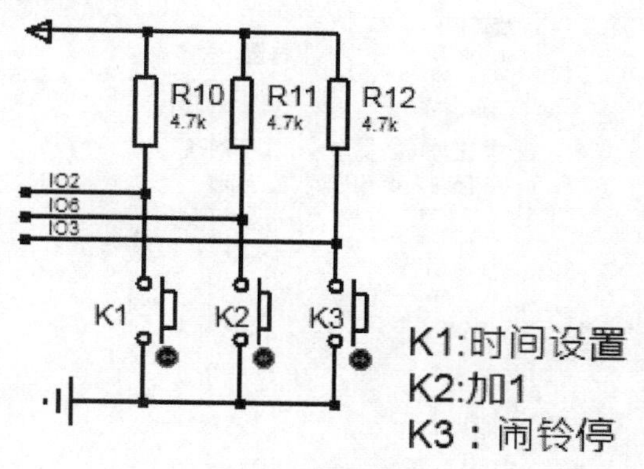

图 8-6　按键电路

8.3.4 闹铃电路设计

1）与添加“Grove RTC Module”模块相同，在“可视化设计”界面左边“项目”管理面板的“Peripherals”上右击，从弹出的快捷菜单中选择“增加外围设备”命令，弹出“选择工程剪辑”对话框，如图 8-7 所示，在“类别”下拉列表中选择“Breakout Peripherals”选项，在下面的模块列表中选择“Arduino Buzzer Breakout Board”模块，单击“确定”按钮完成。

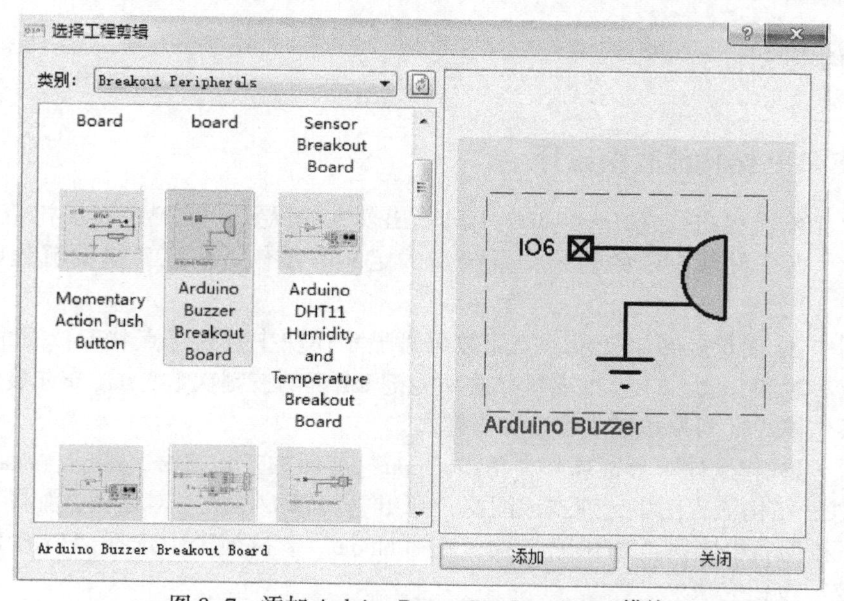

图 8-7　添加 Arduino Buzzer Breakout Board 模块

2）在“原理图设计”界面中双击该模块的“IO6”端口，弹出“编辑终端标签”对话框，如图 8-8 所示，在“标签”选项卡中，取消右面的“锁定 L”复选框前的“√”，在“字符串”下拉列表中选择“IO7”选项，单击“确定”按钮完成闹铃电路设计。

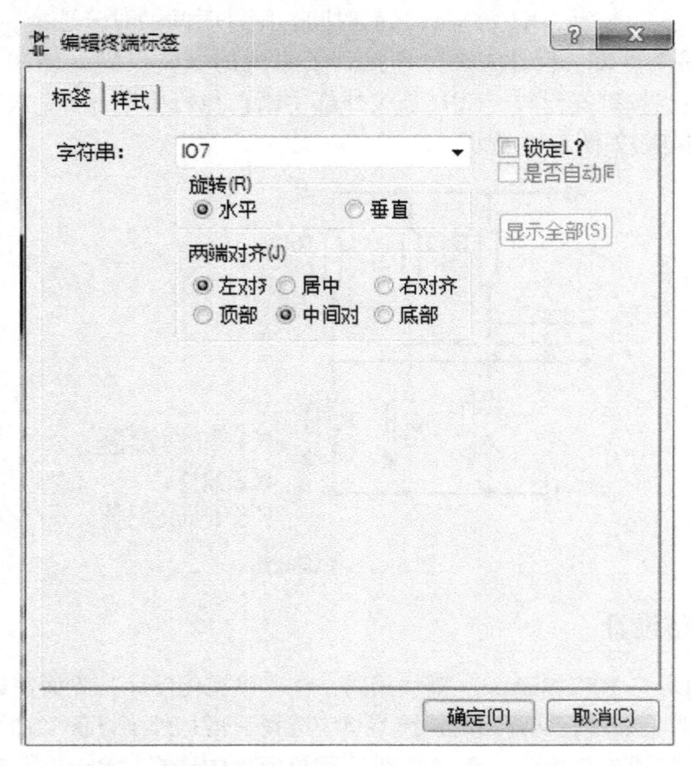

图 8-8 “编辑终端标签”对话框

8.4 软件设计

8.4.1 SETUP 结构流程图设计

SETUP 结构流程图完成 IO6 和 IO7 引脚输出模式的设置、LEDM1 模块初始化、定时器中断初始化、两个外部中断的初始化及变量的定义等操作。SETUP 结构流程图如图 8-9 所示。

流程图中 dp 变量是布尔变量，描述数码管显示模块中秒闪烁点状态；hour、minute 整型变量存放小时和分值；k1 整型变量存放功能键 K1 键的按键次数；flag 布尔变量描述对时钟模块的操作模式（写操作模式和读操作模式）。

1）在“可视化设计”界面操作，单击“cpu”前面的三角符号，拖动“enableinterrupt”图框到 SETUP 结构流程图中，双击该图框，弹出“编辑 I/O 块”对话框，如图 8-10 所示，在“Id”下拉列表中选择“INT0”选项，在“Mode”下拉列表中选择“FALLING”选项，单击“确定”按钮完成。

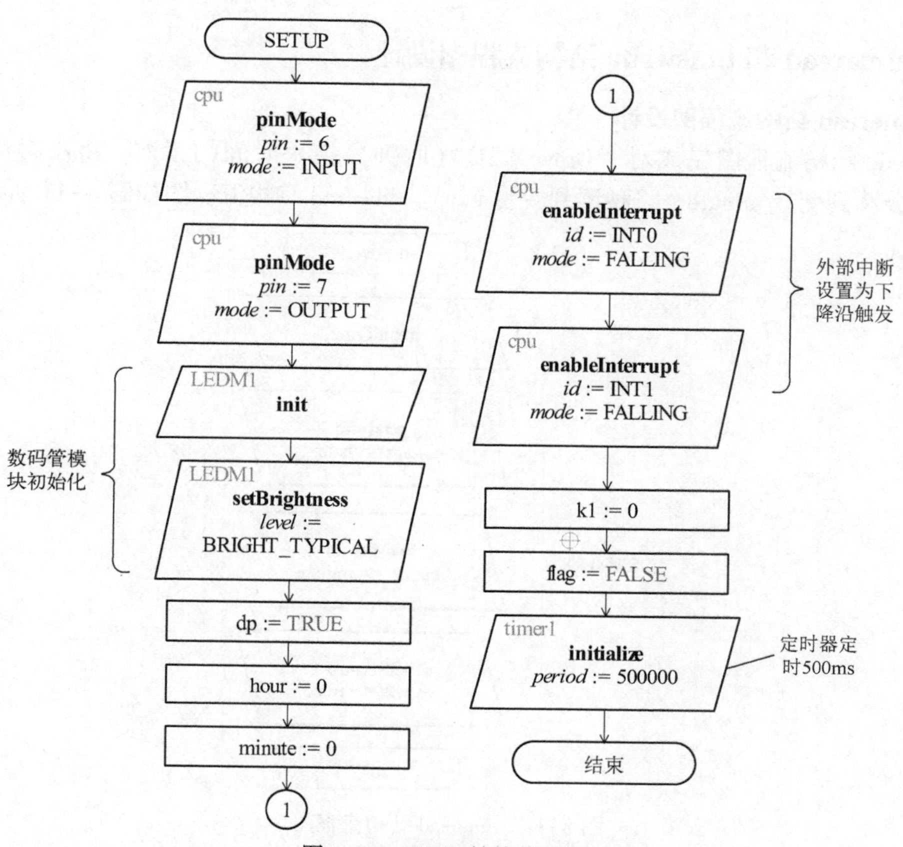

图 8-9　SETUP 结构流程图

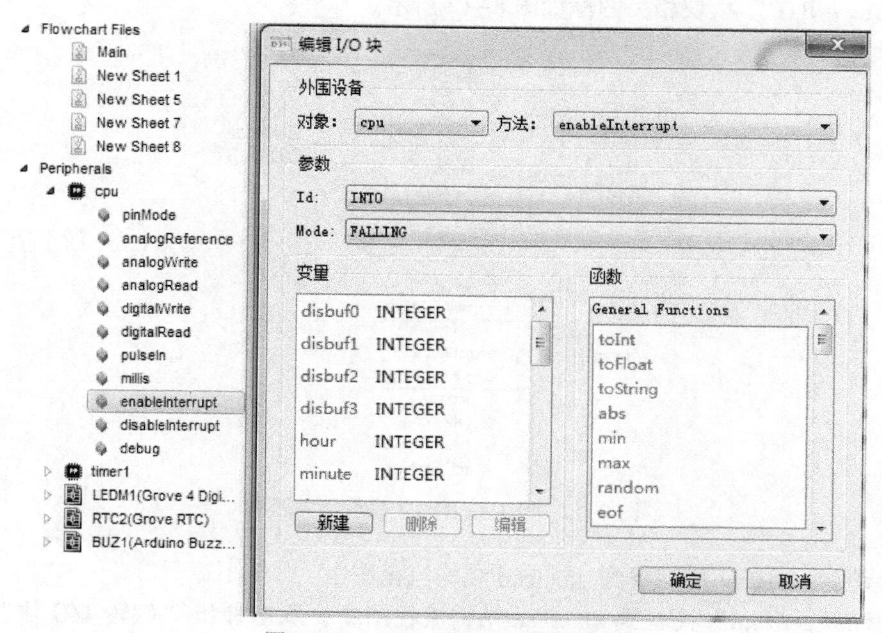

图 8-10　enableInterrupt 图框设置

2）继续完成 SETUP 结构流程图绘制。

8.4.2 timeread 和 timewrite 结构流程图设计

1. timeread 结构流程图设计

timeread 结构流程图完成对“Grove RTC”(时钟) 模块时间的读取，将小时读到变量 hour，将分读到变量 minute，将秒读到变量 miao。timeread 结构流程图如图 8-11 所示。

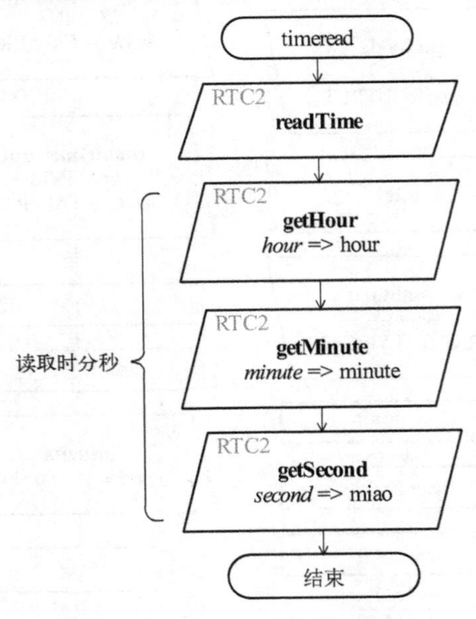

图 8-11 timeread 结构流程图

1）“Grove RTC”模块相关图框如图 8-12 所示。

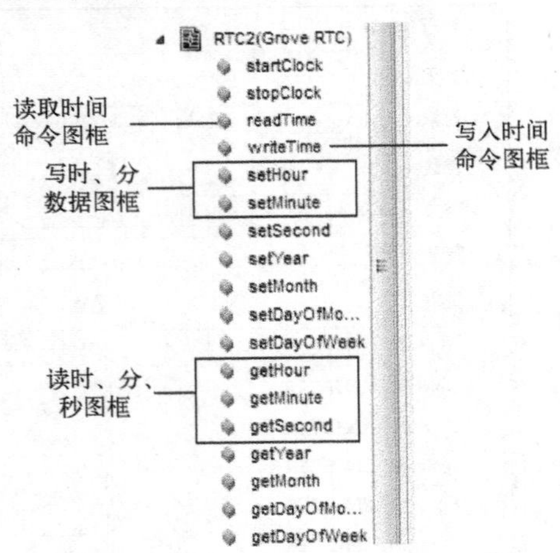

图 8-12 “Grove RTC”模块相关图框

2）拖动“readTime”图框到 timeread 结构流程图中。

3）拖动“getHour”图框到 timeread 结构流程图中，双击弹出“编辑 I/O 块”对话框，如图 8-13 所示，在“Hour”下拉列表中选择定义好的“hour”变量，单击“确定”按钮完成读小时图框操作。

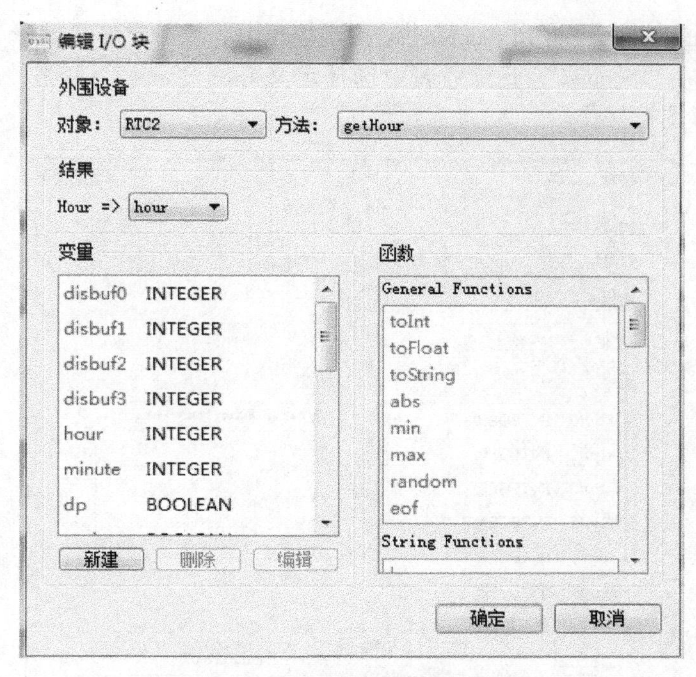

图 8-13　读小时图框设置

4）拖动“getMinute”图框到 timeread 结构流程图中，双击弹出“编辑 I/O 块”对话框，如图 8-14 所示，在“Minute”下拉列表中选择定义好的“minute”变量，单击“确定”按钮完成获取读分图框操作。

图 8-14　读分图框设置

5）拖动“getScond”图框到 timeread 结构流程图中，双击弹出“编辑 I/O 块”对话框，如图 8-15 所示，在“Second”下拉列表中选择定义好的“miao”变量，单击“确定”按钮，完成获取读秒图框操作。

图 8-15　读秒图框设置

2. timewrite 结构流程图设计

timewrite 结构流程图实现对时钟模块的时、分数据写入，timewrite 结构流程图如图 8-16 所示。

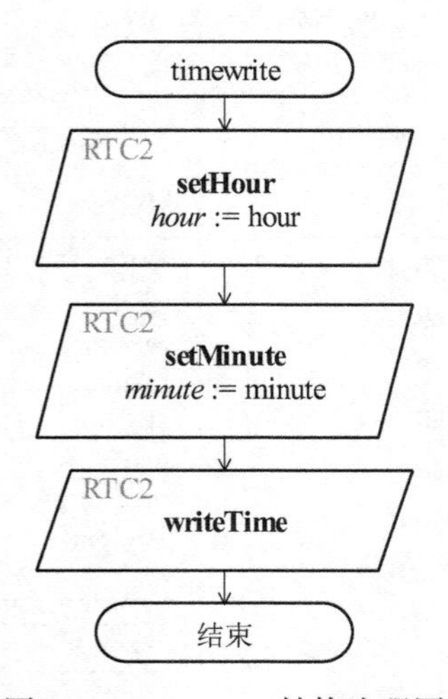

图 8-16　timewrite 结构流程图

1）拖动“setHour”图框到 timewrite 结构流程图中，双击弹出“编辑 I/O 块”对话框，如图 8-17 所示，在“Hour”文本框中输入“hour”变量，单击“确定”按钮完成。

图 8-17 setHour 图框设置

2）同样的方法继续放置“setMinute”和“writeTime”图框，完成 timewrite 结构流程图设计。

8.4.3 timetodisp 和 timedisplay 结构流程图设计

1. timetodisp 结构流程图设计

timetodisp 结构流程图实现时、分变量值转换为两位十进制数，分别存入到变量 disbuf0～disbuf3 中，timetodisp 结构流程图如图 8-18 所示。

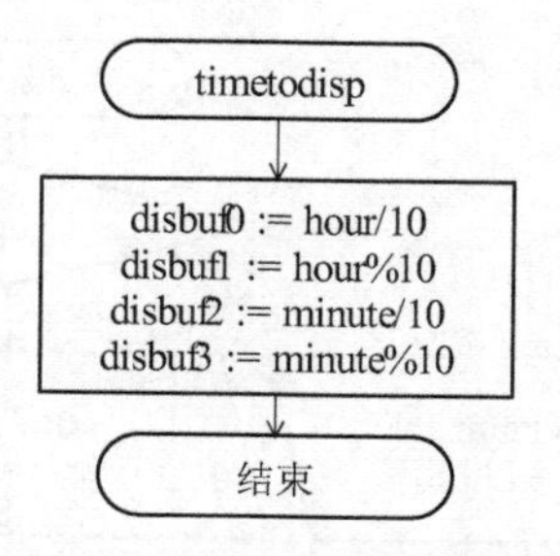

图 8-18 timetodisp 结构流程图

2. timedisplay 结构流程图设计

timedisplay 结构流程图实现将 disbuf0～disbuf3 的值在从左到右的数码管上显示，timedisplay 结构流程图如图 8-19 所示。

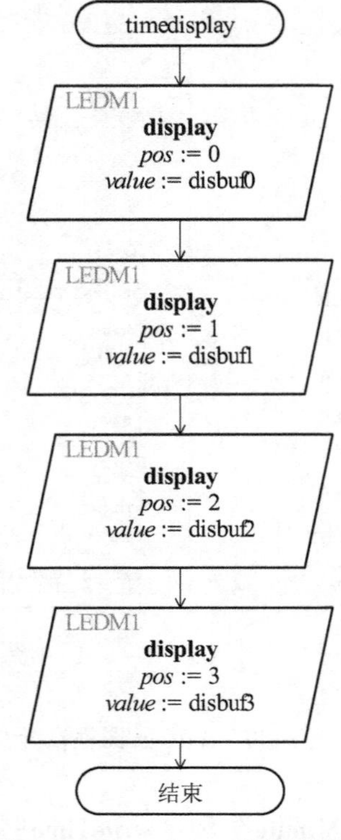

图 8-19　timedisplay 结构流程图

8.4.4　display 和 time1s 结构流程图设计

1. display 结构流程图设计

display 结构流程图实现将时、分的值在从左到右的数码管上显示和二极管闪烁，display 结构流程图如图 8-20 所示。

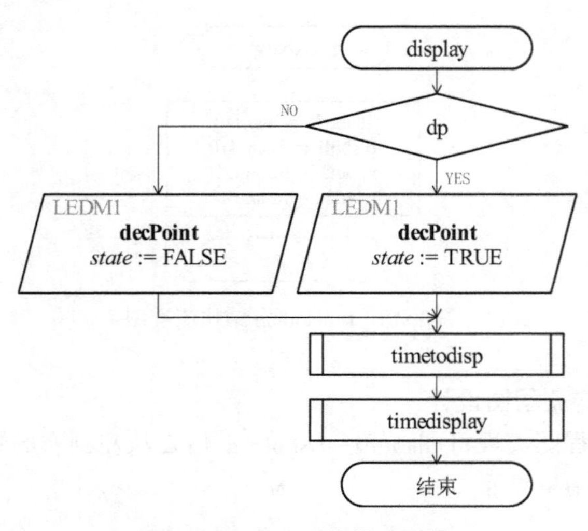

图 8-20　display 结构流程图

如果 dp 变量的值为 TRUE，4 位数码管模块当中的“:”二极管亮，如果 dp 变量的值为 FALSE，4 位数码管模块当中的“:”二极管不亮，然后调用 timetodisp 和 TimeDispaly 结构流程图在数码管上显示时、分。

2. timer1s 结构流程图设计

timer1s 结构流程图（内部定时器 1 的中断函数）实现 dp 布尔变量值修改，根据 SETUP 结构流程图中的定时器 1 的初始化时间 500 ms，CPU 每过 500 ms 响应定时器 1 的中断函数（执行 timer1s 结构流程图），使 dp 变量取反，实现数码管中间二极管闪烁状态切换。timer1s 结构流程图如图 8-21 所示。

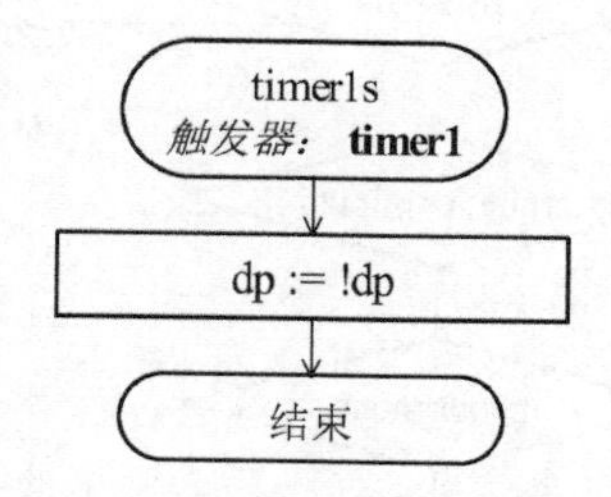

图 8-21　timer1s 结构流程图

8.4.5　ntimetodisp 和 display1 结构流程图设计

1. ntimetodisp 结构流程图设计

ntimetodisp 结构流程图实现闹铃时、分变量值转换为两位十进制数字，分别存入到变量 disbuf0~disbuf3 中，ntimetodisp 结构流程图如图 8-22 所示。

2. display1 结构流程图设计

display1 结构流程图实现将闹钟时、分的值在从左到右的数码管上显示和中间二极管亮，display1 结构流程图如图 8-23 所示。

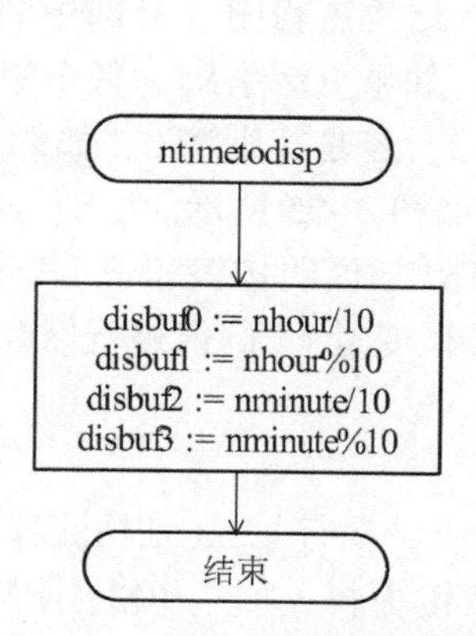

图 8-22　ntimetodisp 结构流程图

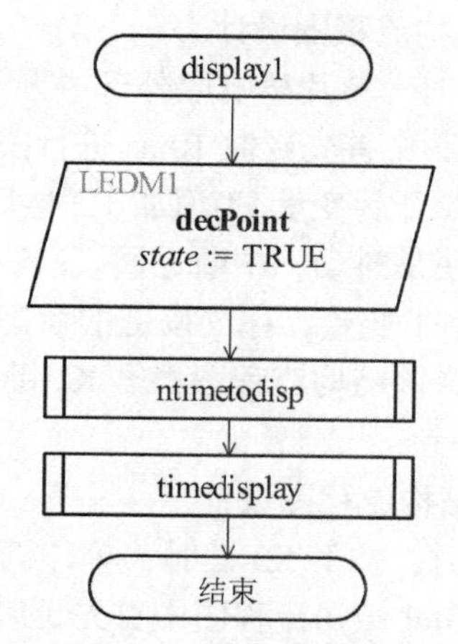

图 8-23　display1 结构流程图

8.4.6 naolin 结构流程图设计

naolin 结构流程图实现闹钟时间和当前时间的时、分判断，如果两者相同，说明闹钟时间到，蜂鸣器响，naolin 结构流程图如图 8-24 所示。

小提示：直接拖动“BUZ1”的“on”图框到 naolin 结构流程图中，使蜂鸣器响。

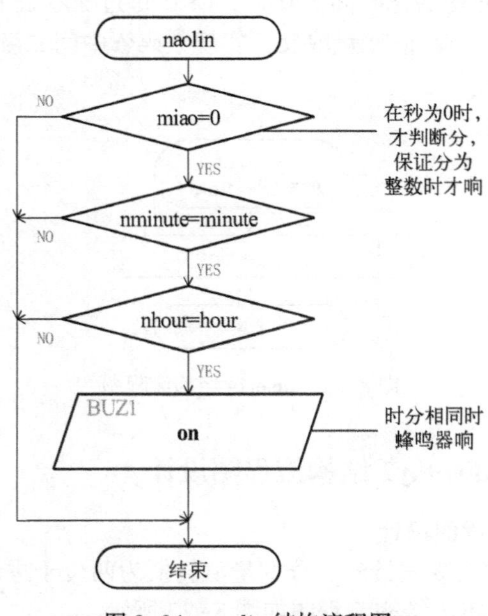

图 8-24 naolin 结构流程图

8.4.7 klint 和 k3int 结构流程图设计

1. klint 结构流程图设计

K1 键按下时，单片机响应外部中断 0，执行 k1int 结构流程图（外部中断 0 函数），在 k1int 结构流程图中首先延时 10ms 进行按键延时去抖，如果 IO2 引脚为低电平，说明 K1 键按下，等按键松开后变量 k1 值加 1，然后判断是否为 5，若是，则清 0；如果 IO2 引脚电平为高电平，说明是抖动，中断返回。k1int 结构流程图如图 8-25 所示。

k 变量为布尔变量，存放按键的状态，k 的值为 TRUE 说明按键松开，k 的值为 FALSE 说明按键按下。该结构流程图根据 K1 键的操作，对整型变量 k1 的值进行修改加 1，最大值为 4。

2. k3int 结构流程图设计

在闹铃响时，按下 K3 键时，单片机响应外部中断 1，执行 k3int 结构流程图（外部中断 1 函数），在 k3int 结构流程图中首先延时 10ms 进行按键去抖，如果 IO3 引脚为低电平，说明 K3 键按下，等按键松开后关闭蜂鸣器；如果 IO3 引脚电平为高电平，说明是抖动，中断返回。k3int 结构流程图如图 8-26 所示。

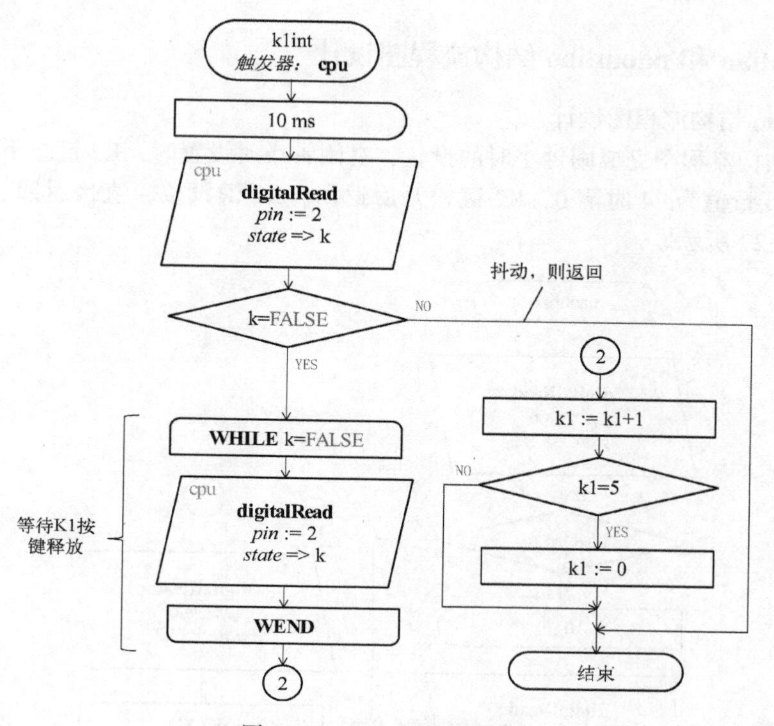

图 8-25　k1int 结构流程图

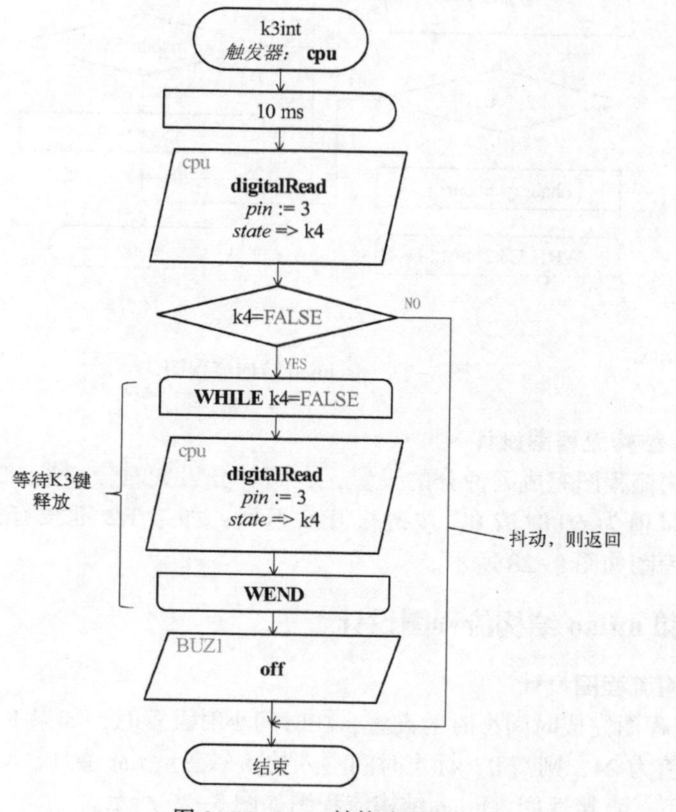

图 8-26　k3int 结构流程图

8.4.8 naohtiao 和 naomtiao 结构流程图设计

1. naohtiao 结构流程图设计

naohtiao 结构流程图完成闹钟小时的设置，在闹钟小时设置时，K2 键按下，闹钟小时变量加 1，如果变量值为 24 时清 0，K2 键松开后返回；K2 键没按，直接返回。naohtiao 结构流程图如图 8-27 所示。

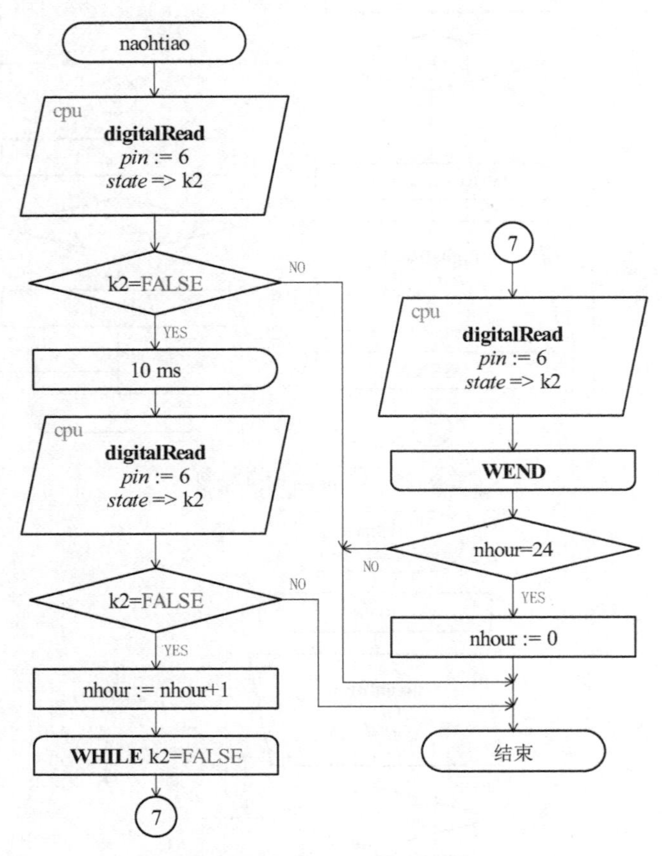

图 8-27　naohtiao 结构流程图

2. naomtiao 结构流程图设计

naomtiao 结构流程图完成闹钟分的设置，在闹钟分设置时，如果 K2 键按下，闹钟分变量加 1，如果变量值为 60 时清 0，按键松开后返回；如果 K2 键没有按下时，直接返回。naomtiao 结构流程图如图 8-28 所示。

8.4.9 htiao 和 mtiao 结构流程图设计

1. htiao 结构流程图设计

htiao 结构流程图完成时间小时的设置，在时间小时设置时，如果 K2 键按下，小时变量加 1，如果变量值为 24，则清 0，标志时间写入的布尔变量 flag 置 1，K2 键松开后返回；如果 K2 键没有按下，直接返回。htiao 结构流程图如图 8-29 所示。

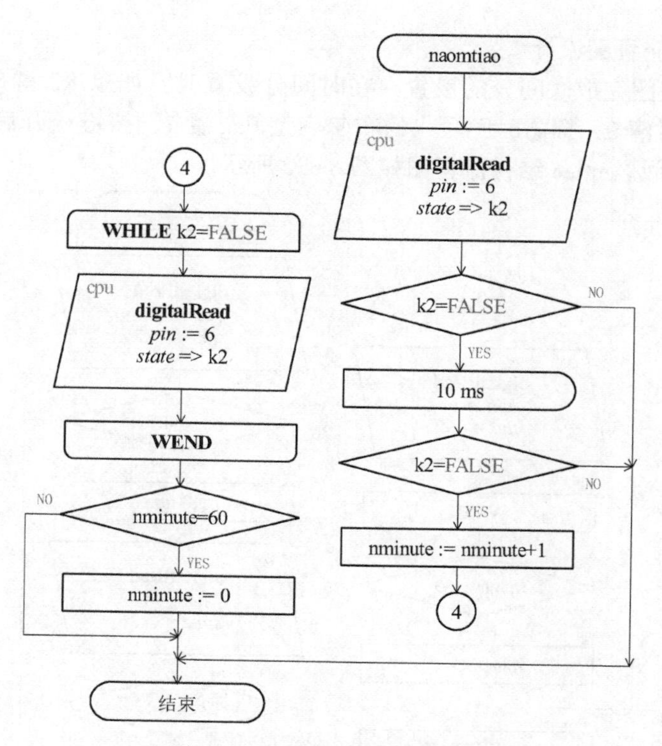

图 8-28　naomtiao 结构流程图

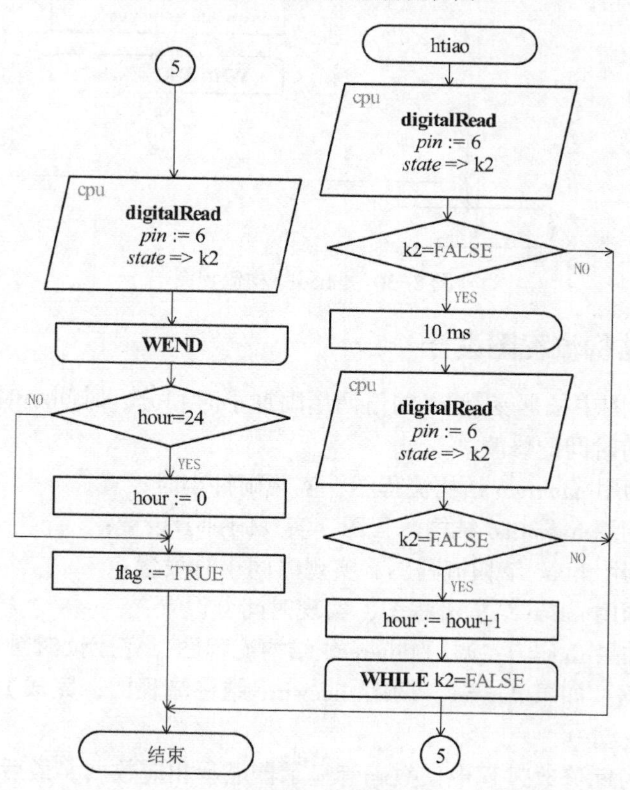

图 8-29　htiao 结构流程图

2. mtiao 结构流程图设计

mtiao 结构流程图完成时间分的设置，在时间分设置时，如果 K2 键按下，分变量加 1，如果变量值为 60 时清 0，标志时间写入的布尔变量 flag 置 1，按键松开后返回；如果 K2 键没有按下，直接返回。mtiao 结构流程图如图 8-30 所示。

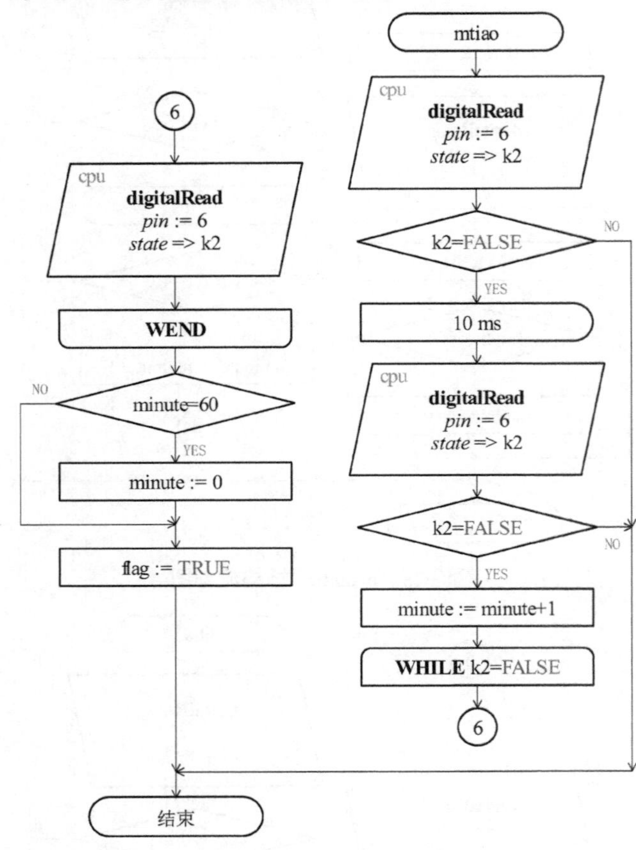

图 8-30　mtiao 结构流程图

8.4.10　LOOP 结构流程图设计

LOOP 结构流程图中根据变量 k1 的值调用闹钟小时和分、时间小时和分的结构流程图，实现闹钟时间和当前时间的修改。

当 k1=1 时，调用 naohtiao 结构流程图，实现闹钟小时设置；

当 k1=2 时，调用 naomtiao 结构流程图，实现闹钟分设置；

当 k1=3 时，调用 htiao 结构流程图，实现时间小时设置；

当 k1=4 时，调用 mtiao 结构流程图，实现时间分设置；

当 k1=0 时，如果 flag=0，调用 timeread 结构流程图，完成读时钟芯片内时、分、秒数据，并显示时分数据；如果 flag=1，调用 timewrite 结构流程图，完成 DS1307 模块内部时间时分更改，并对 flag 清 0。

在闹钟和当前时间修改过程中，数码管显示器显示相应数据，最后调用 naolin 结构流程图，重复运行。LOOP 结构流程图如图 8-31 所示。

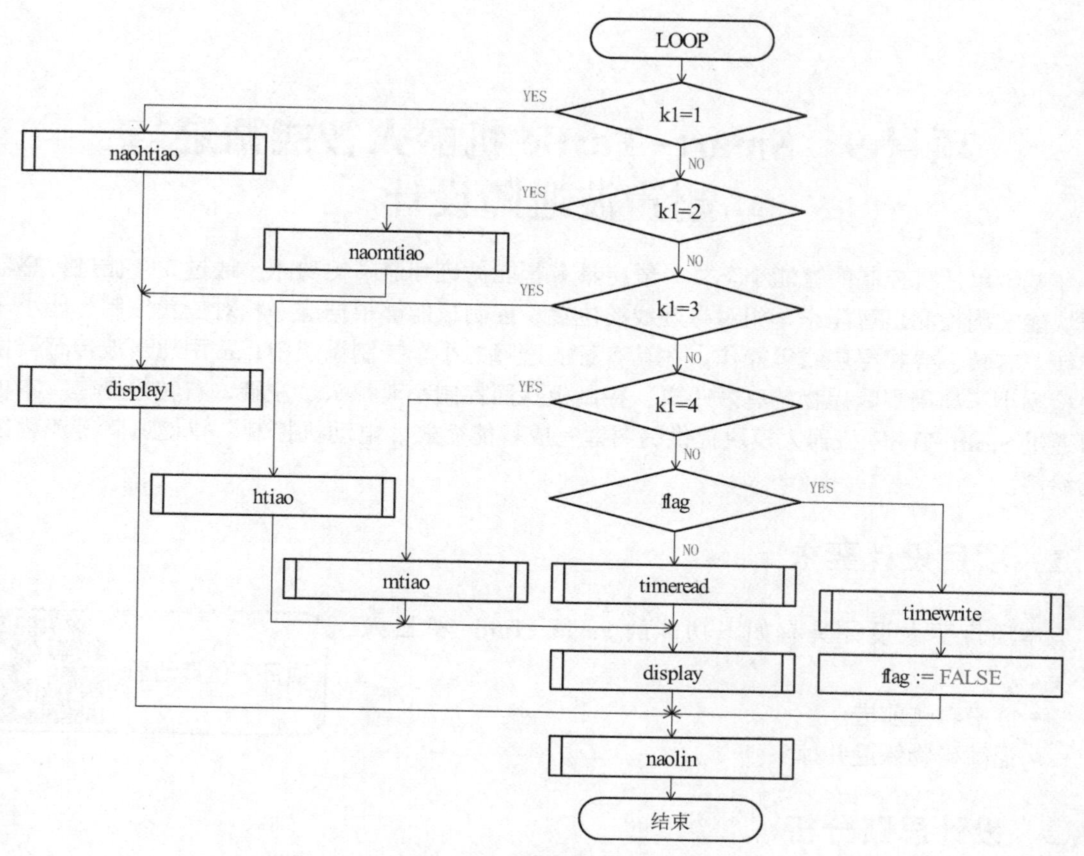

图 8-31　LOOP 结构流程图

8.5　项目总结

本项目中利用 DS1307 时间模块完成数字钟的设计，选用好的时间模块能提高时间的精准性，通过该项目的设计，进一步掌握了单片机内部定时器中断、外部中断的应用和按键处理等知识和技能。该项目具有较高的综合性，用到了数码管显示器、按键等输出和输入设备以及 DS1307 外部硬件模块，设计了两个外部中断、定时器中断函数以及各种数据处理、拆分和显示等函数，流程图虽比较复杂，但有效提高了软、硬件的设计能力。

项目9 Smart-Turtle 机器人智能循迹与超声波避障设计

基于单片机控制的智能小车，一般应具有智能循迹和避障的功能。通过3个循迹传感器模块能准确检测出智能小车相对寻迹线的位置，控制板能够根据这一相对位置控制智能小车左转、右转、寻找寻迹线等操作。在具有智能避障的小车控制系统中，常用超声波传感器模块检测小车离周围障碍物的有效距离，控制板从而控制小车掉头、左转、右转等操作。本项目通过Smart-Turtle机器人模块提供的图框完成智能循迹、电动机控制、智能避障等流程图的绘制。

9.1 项目设计要求

本项目要求设计具有如下功能的Smart-Turtle机器人小车。

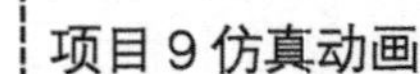

- 能沿轨迹前进。
- 遇障碍物躲避并掉头。

9.2 设计思路分析

1. 寻迹方案

使用3组循迹传感器检测小车相对于寻迹线的位置。

2. 障碍物检测方案

使用超声波传感器模块检测障碍物。

3. 小车控制方案

小车左右车轮分别由一个直流电动机控制，用于控制车轮的转速，实现左转、右转或倒退。

9.3 硬件电路设计

系统提供的智能小车模块，没有具体的硬件电路，机器人小车电路根据功能主要分为3部分：超声波传感器模块、3组寻迹传感器模块、左右轮电动机控制模块。

智能小车电路模块图如图9-1所示。

1）与添加“Grove 4-Digit Display”模块相同，在“可视化设计”界面左边“项目”管理面板的“Peripherals”上右击，从弹出的快捷菜单中选择“增加外围设备”命令，弹出“选择工程剪辑”对话框，如图9-2所示。在“类别”下拉列表中选择“Motor Control”选项，在下面的模块列表中选择“Arduino Turtle”模块。

2）单击“添加”按钮，“Arduino Turtle”模块添加到原理图中，完成硬件电路设计。

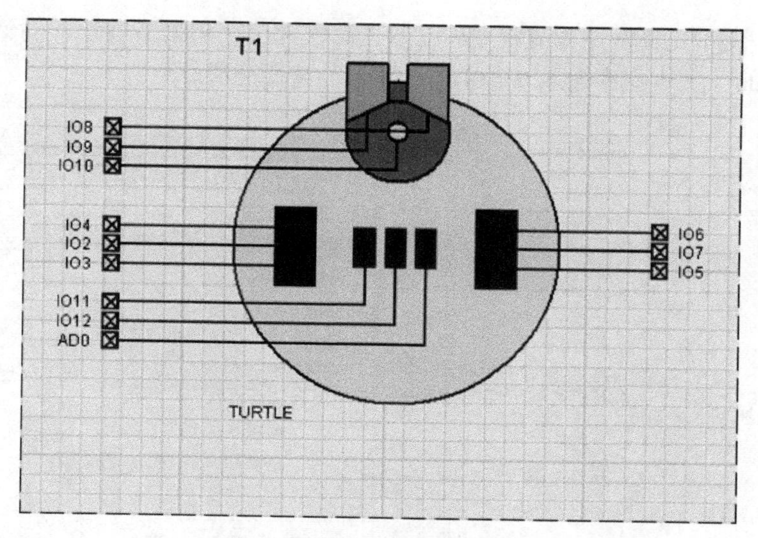

图 9-1　智能小车电路模块图

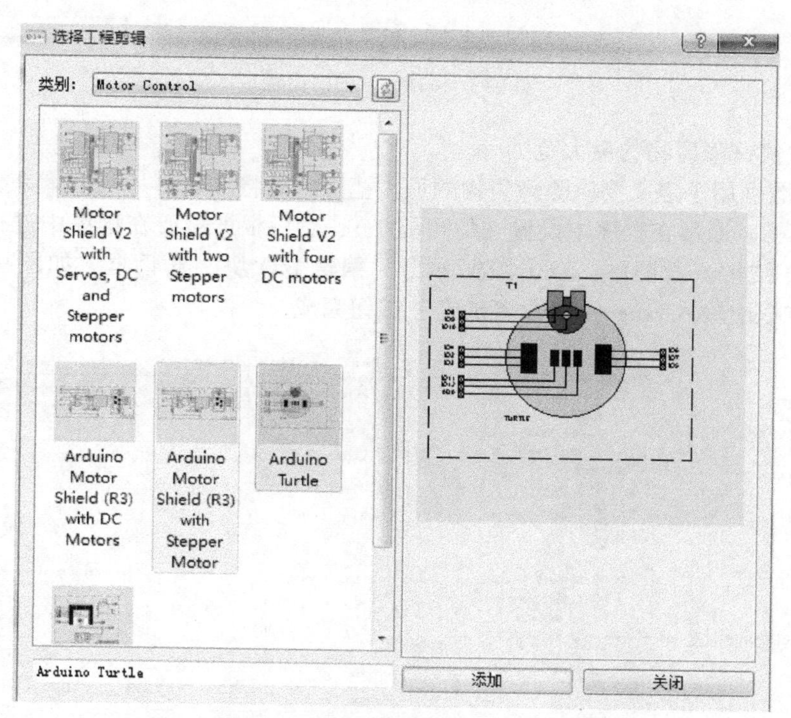

图 9-2　添加 Arduino Turtle 模块

9.4　软件设计

9.4.1　SETUP 流程图设计

（1）设置超声波探头方向

setAngle 图框用于定位声纳头的角度，对于大多数应用程序，会将此值设置为 0（向前直视）。拖动图框到 SETUP 结构流程图中，双击图框弹出“编辑 I/O 块”对话框，如图 9-3 所示，在“Angle”文本框中输入 0，单击“确定”按钮完成。

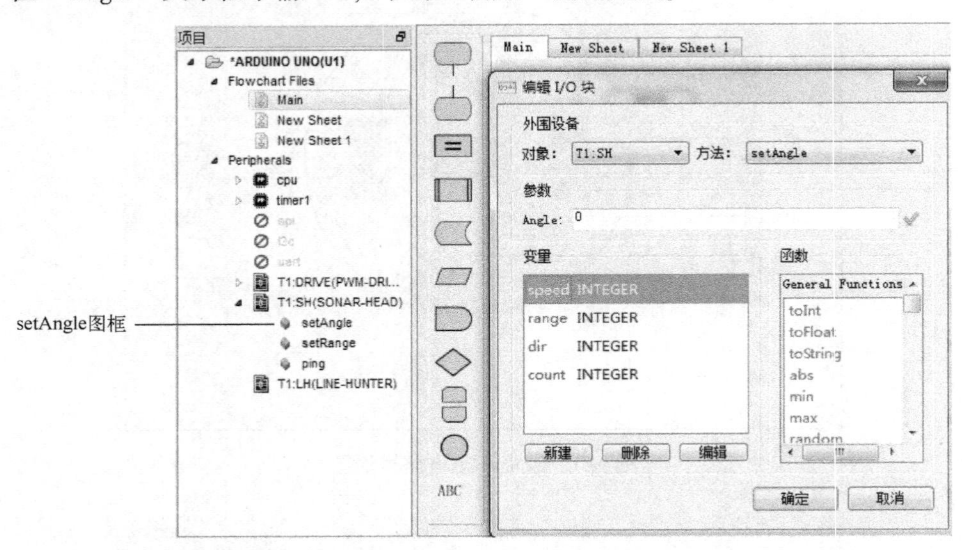

图 9-3　setAngle 图框设置

（2）设置测试障碍物的最大范围

setRange 图框用于定义要检测障碍物的最大范围，它将决定单片机计算来自障碍物反射时间的时间范围。通常在程序中设置（尽可能小），然后根据需要在程序中进行调整。拖动图框到 SETUP 结构流程图中，双击图框弹出“编辑 I/O 块”对话框，如图 9-4 所示，在“Range”文本框中输入 range，单击“确定”按钮完成。

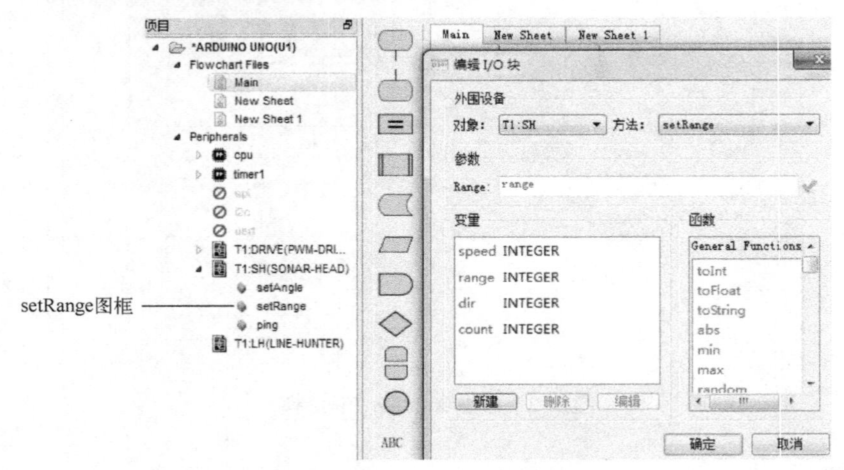

图 9-4　setRange 图框设置

（3）设置电动机前进速度

forwards 图框用于设定前进方向的电动机速度，速度为 0~255，该数值决定 PWM 驱动波形的占空比。拖动图框到 SETUP 结构流程图中，双击图框弹出“编辑 I/O 块”对话框，如图 9-5 所示，在“Speed”文本框中输入 speed，单击“确定”按钮完成。

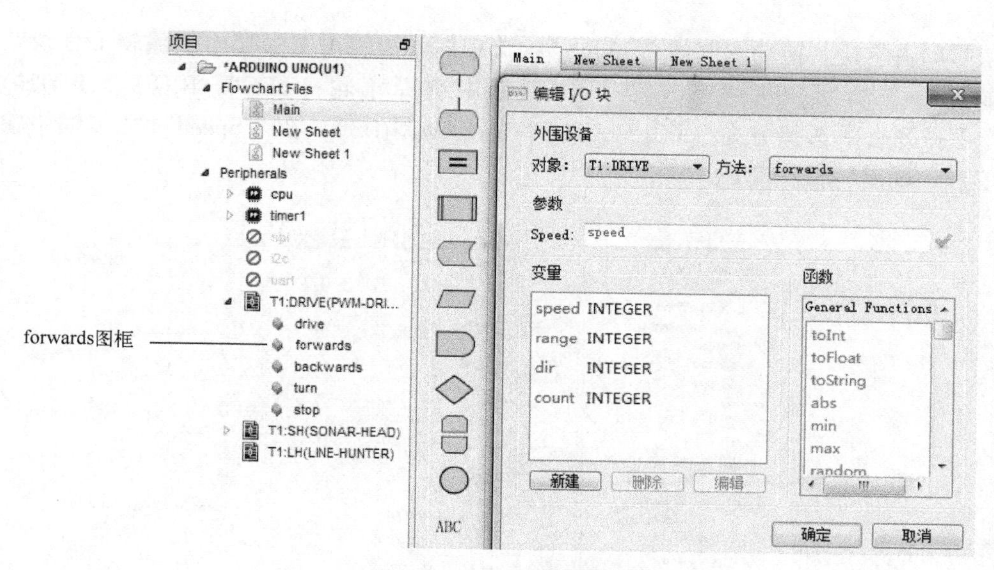

图 9-5　forwards 图框设置

（4）绘制 SETUP 结构流程图

SETUP 结构流程图定义 3 个变量并初始化，speed 速度值变量，range 测试障碍物距离变量，方向变量 dir，设置完成超声波探头方向、测试障碍物距离、小车前进速度。SETUP 结构流程图如图 9-6 所示。

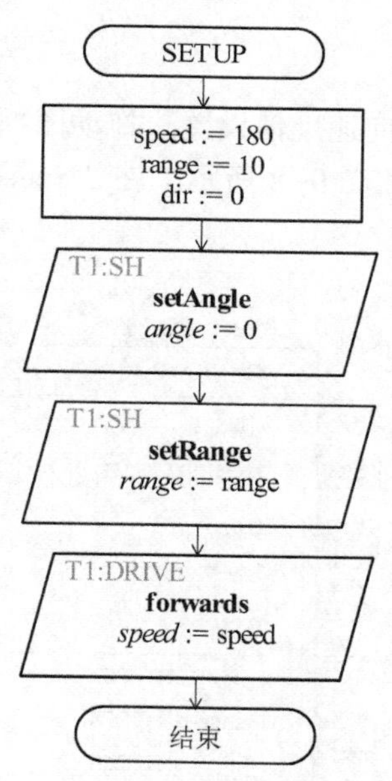

图 9-6　SETUP 结构流程图

9.4.2　寻迹结构流程图（Correct）设计

1. 电动机驱动控制图框

（1）drive 图框

drive 图框允许设置要控制的车轮、行驶方向和速度。速度是 0~255 的值，表示 PWM

驱动信号的占空比。拖动图框到 Correct 结构流程图中，双击图框弹出“编辑 I/O 块”对话框，如图 9-7 所示，在“Wheel”下拉列表中选择车轮（LEFT、RIGHT、BOTH），在“Dir”下拉列表中选择方向（FORWARDS、BACKWARDS），在“Speed”文本框中输入速度，单击“确定”按钮完成。

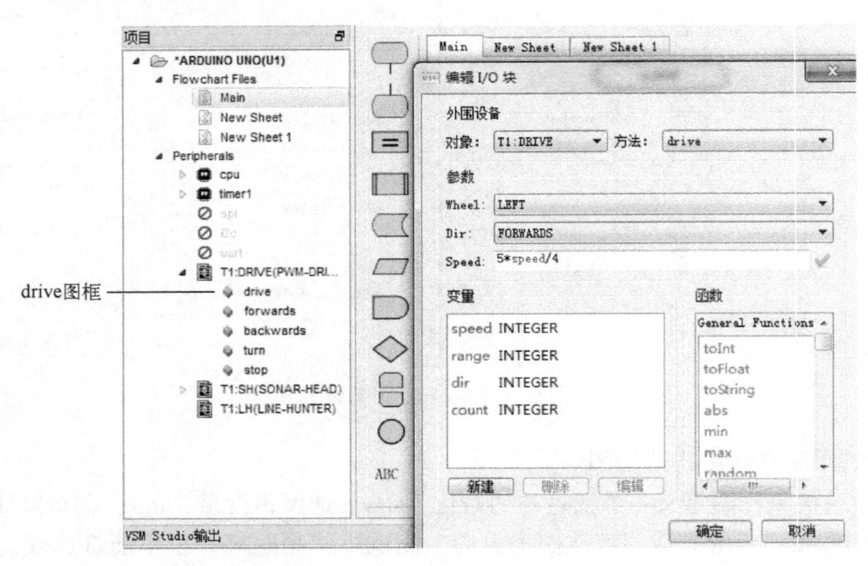

图 9-7　drive 图框设置

（2）forwards 图框

forwards 图框用于车轮前进方向速度值设置。拖动图框到 Correct 结构流程图中，双击图框弹出“编辑 I/O 块”对话框，如图 9-8 所示，在“Speed”文本框中输入速度，单击“确定”按钮完成。

图 9-8　forwards 图框设置

（3）backwards 图框

backwards 图框用于车轮后退方向速度值设置。拖动图框到结构流程图中，双击图框弹出“编辑 I/O 块”对话框，如图 9-9 所示，在“Speed”文本框中输入速度，单击“确定”按钮完成。

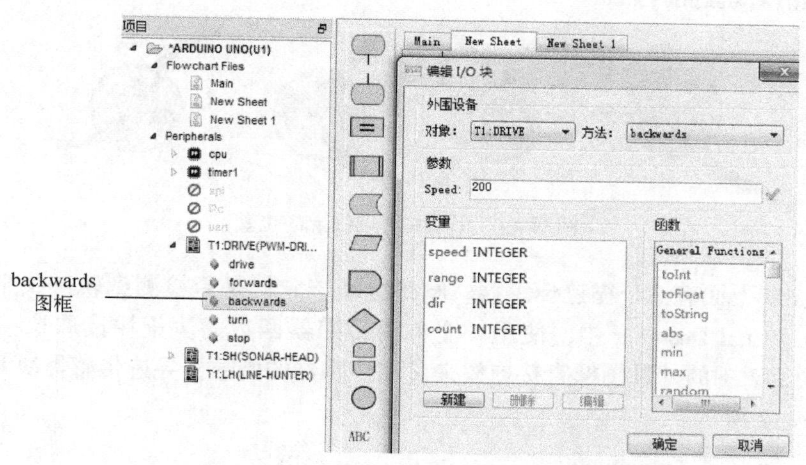

图 9-9　backwards 图框设置

（4）turn 图框

turn 图框用于设定转弯速度，来简化小车的转向控制。负值左转，正值右转，值的大小为转速。也可通过使用 drive 图框分别设置左右轮的速度实现转向，用更高的精度实现相同的效果。拖动图框到结构流程图中，双击图框弹出“编辑 I/O 块”对话框，如图 9-10 所示，在“Speed”文本框中输入速度，单击“确定”按钮完成。

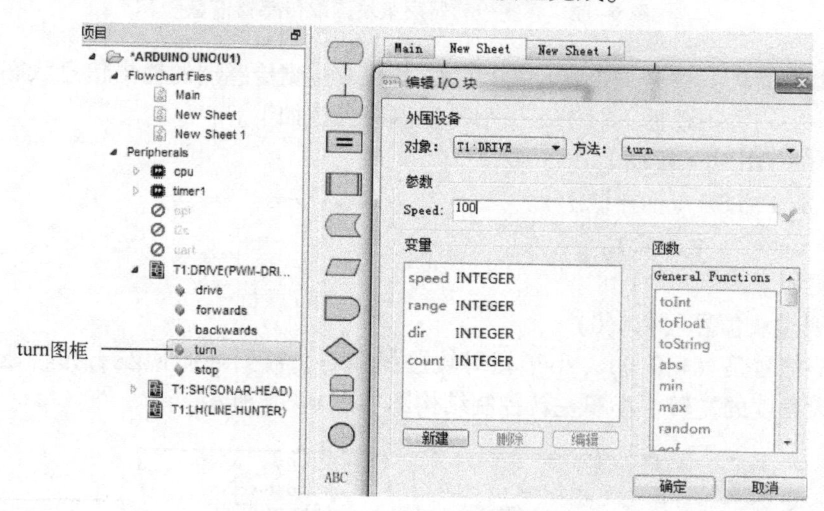

图 9-10　turn 图框设置

（5）stop 图框

stop 图框使电动机停止。

2. 循迹工作原理

系统运行后自动小车沿轨迹前进，遇到障碍物停下，然后调转方向前进。小车与轨迹的相对位置不同，对于寻线模块来说会产生几种不同的循迹信号。小车在寻迹线上的位置如图 9-11 所示，这几种情况与之对应的寻线模块信号分别为 T1:LH(1,0,0)、T1:LH(0,0,1)、T1:LH(1,1,0)和 T1:LH(1,1,1)。根据小车与轨迹的相对位置不同，编写算法控制小车前进的方向使之能沿着轨迹前行。

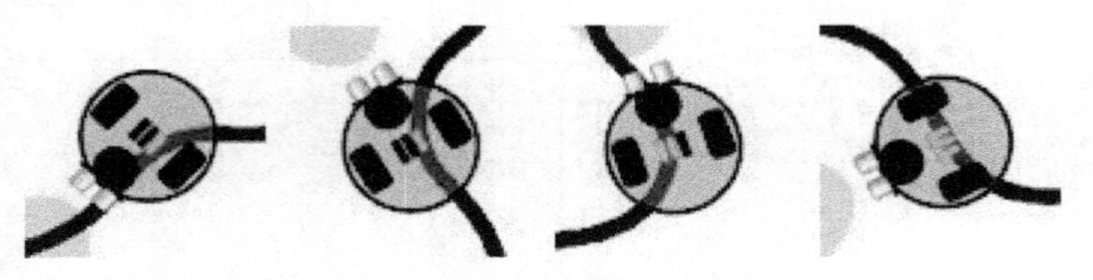

图 9-11　小车在寻迹线上的位置

Smart-Turtle 下面有 3 个循迹传感器。电路会基于它们是否检测到轨迹线来对回路发出数字响应。在 Visual Designer 中，使用一个称为传感器函数的决策块读取这些传感器的信息。通过从项目树中的外设图框直接拖放来使用传感器的函数，寻迹传感器决策块读取传感器信息如图 9-12 所示。

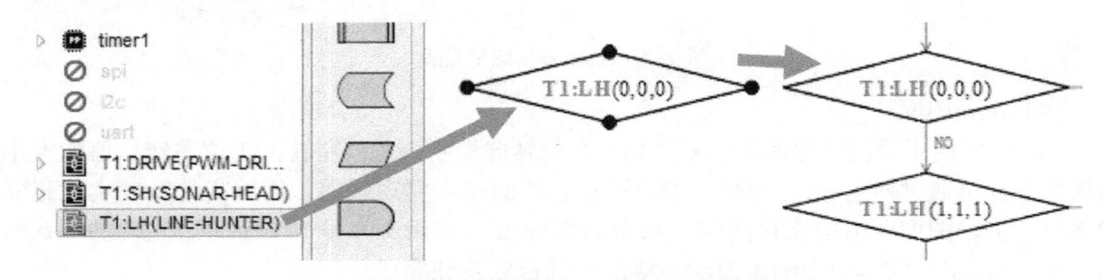

图 9-12　寻迹传感器决策块读取传感器信息

通过编辑决策块，根据是否满足 TRUE 的条件来检测传感器的输出信息状态。有 3 个参数对应于左、中、右传感器，对于每一个传感器的真值如下。

1：Must be TRUE（在线上）。

0：Must be FALSE（不在线上）。

-1：Don't care（不关心）。

举例说明如下：

（1）寻线模块信号（1,0,0）

寻线模块信号是（1,0,0），小车相对轨迹线靠右，需要控制使左右轮转速差更大，使小车实现更大角度的左转。小车左转控制结构图如图 9-13 所示。

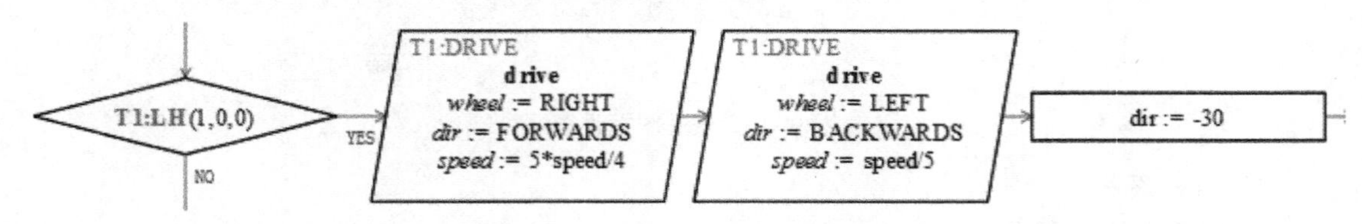

图 9-13　小车左转控制结构图

（2）寻线模块信号（0,1,1）

寻线模块信号是（0,1,1），说明小车相对轨迹线略为靠左，此时应使左轮转速大于右轮，使小车向右转向。小车右转控制结构图如图 9-14 所示。

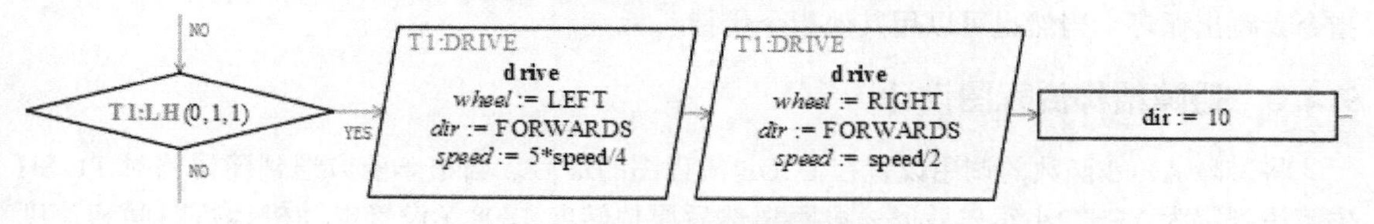

图 9-14　小车右转控制结构图

小车需要左转或右转沿轨迹前进，在此引入一个整型数据 dir（direction 方向），代表小车前进的方向，定义小车右转是正，左转是负，并给予一个数值表示转向角度，数值越大，角度越大，直行的状态下 dir=0。

（3）寻线模块信号（-1,1,-1）

寻线模块信号是（-1,1,-1），说明小车要直行。小车直行控制结构图如图 9-15 所示。

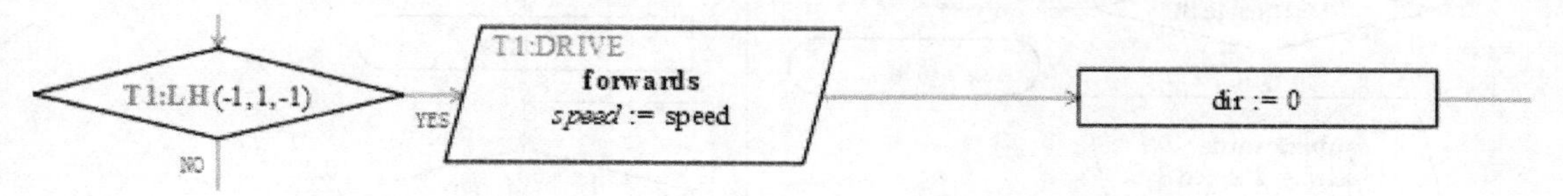

图 9-15　小车直行控制结构图

（4）寻线模块信号（1,1,1）

寻线模块信号是（1,1,1），说明小车竖直穿过轨迹线，调用 Correct 函数使寻线模块信号不是（1,1,1）为止。Correct 结构流程图如图 9-16 所示。

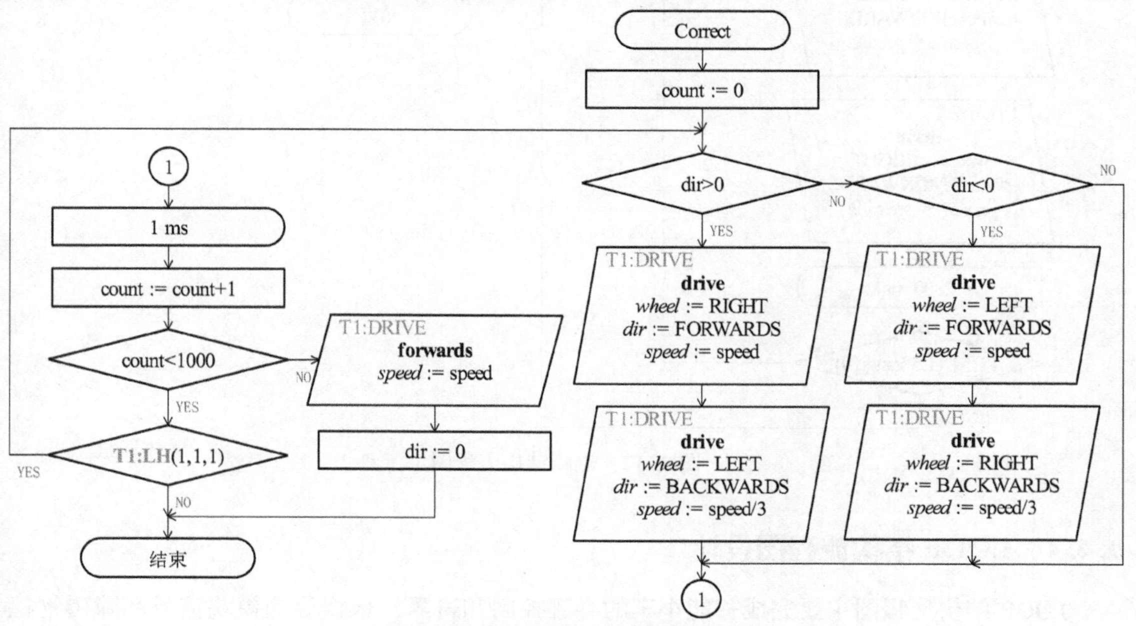

图 9-16　Correct 结构流程图

先判断此前小车转向的方向，输出与原方向相反的转向信号，直至寻线模块信号（T1：LH）不等于（1,1,1）才跳出循环。

为免出现死循环，在一定时间内寻线模块信号还处于（1,1,1），会向电动机发出 stop 指令，跳出循环，当然也可以用其他指令代替。

9.4.3 避障结构流程图设计

将避障 Avoid 函数的调用设置在 LOOP 流程图的最后。当小车前方遇到障碍物时 T1:SH 决策块判定为 YES，小车先后退一段距离然后原地转向 180°（设置电动机运行时间和速度调整转向角度）；掉头后探测前方是否有障碍物。再判断轨道位置，若掉头后脱离轨道位置，使小车后退，直至检测到轨道信号，退出避障算法循环，重新进入主程序。避障结构流程图如图 9-17 所示。

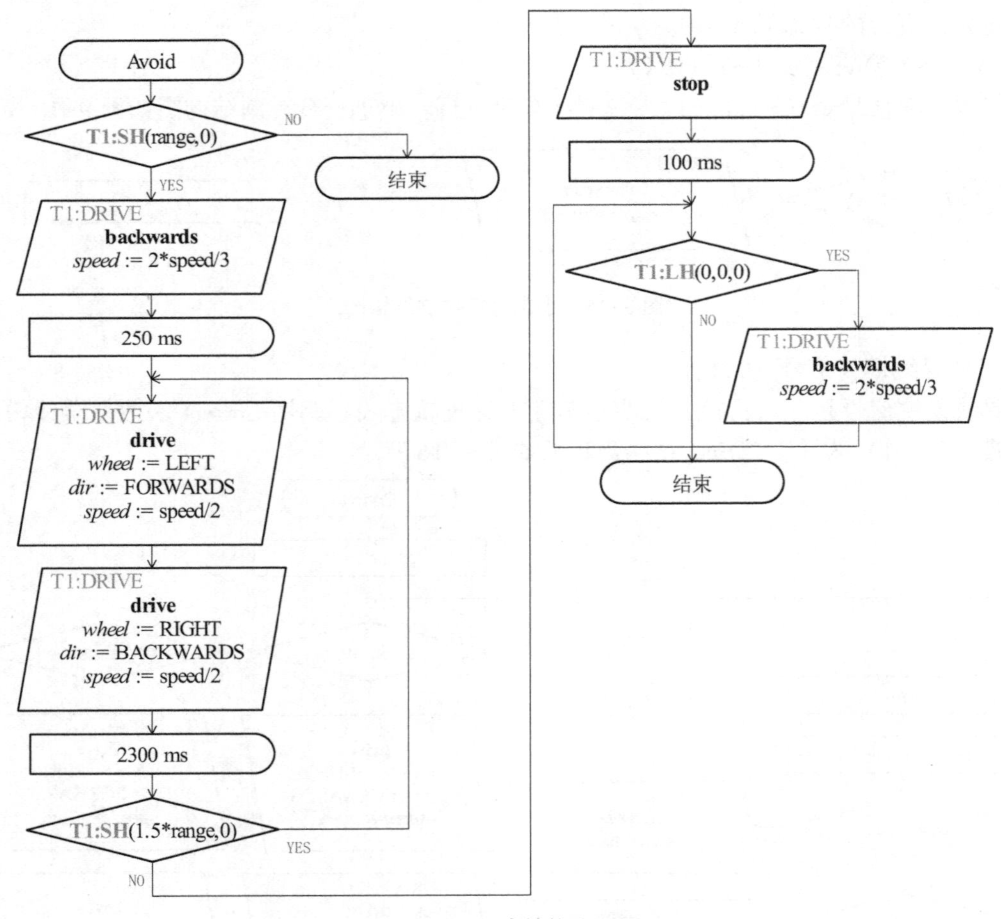

图 9-17 避障结构流程图

9.4.4 LOOP 结构流程图设计

LOOP 结构流程图主要完成智能小车的寻迹控制和避障，根据寻迹模块信号和障碍物检测的状态实行小车控制策略。LOOP 结构流程图如图 9-18 所示。

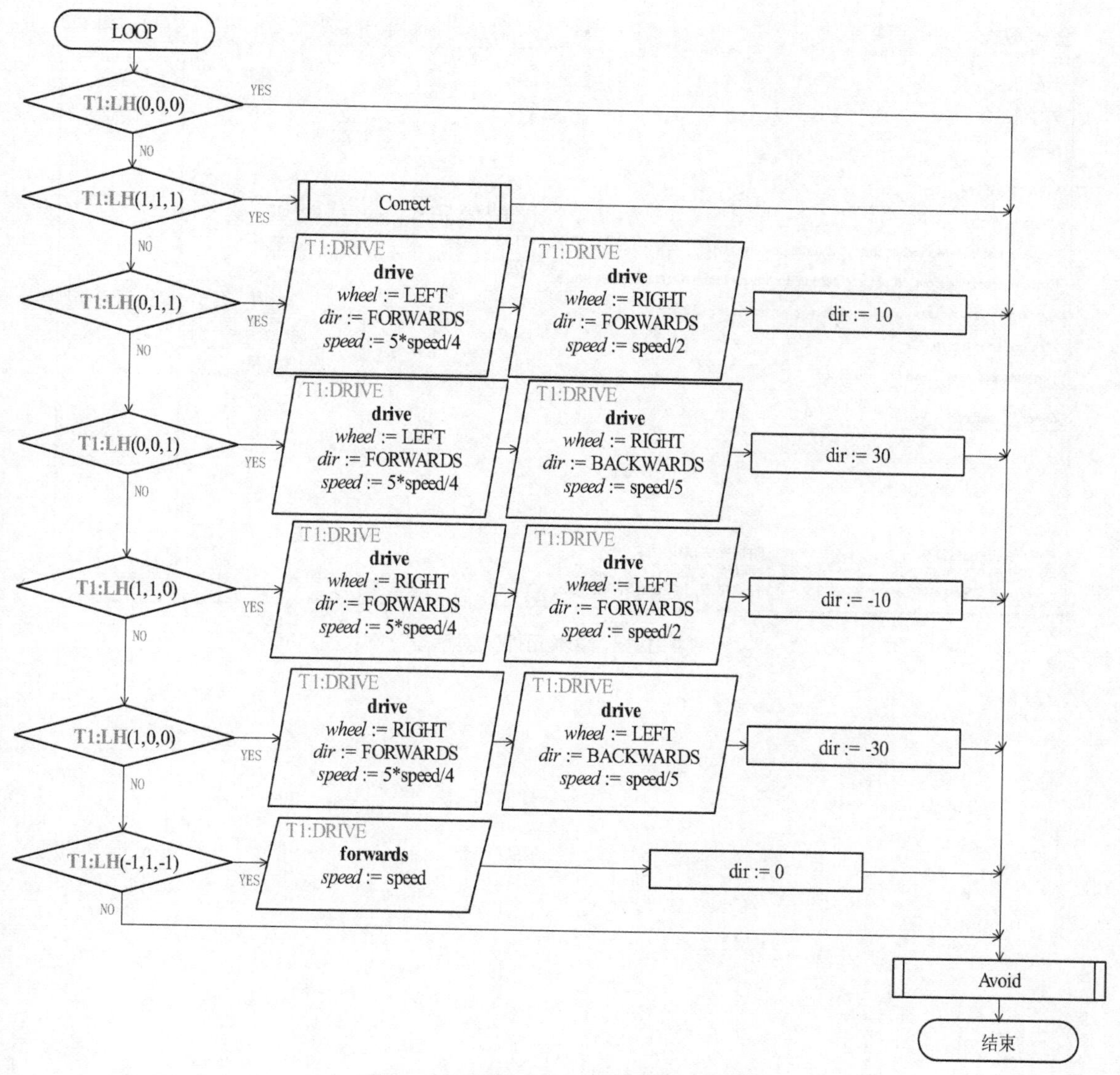

图 9-18　智能小车 LOOP 结构流程图

9.5　项目总结

本项目中利用了 3 个巡线传感器模块探测小车与巡线的相对位置，根据巡线模块决策块的状态控制小车运行；通过超声波探头测试的障碍物与小车的距离，控制小车避障；通过小车左右轮的转速和方向来控制小车的前进、倒退等。

在仿真运行时，双击小车模块弹出“编辑元件”对话框，如图 9-19 所示，在“Obstacle Map”栏加载小车运行地图文件。

根据仿真运行的结果，可以调整电动机运行方向、运行时间、左右轮的速度等来优化小车寻迹、避障的运行效果。

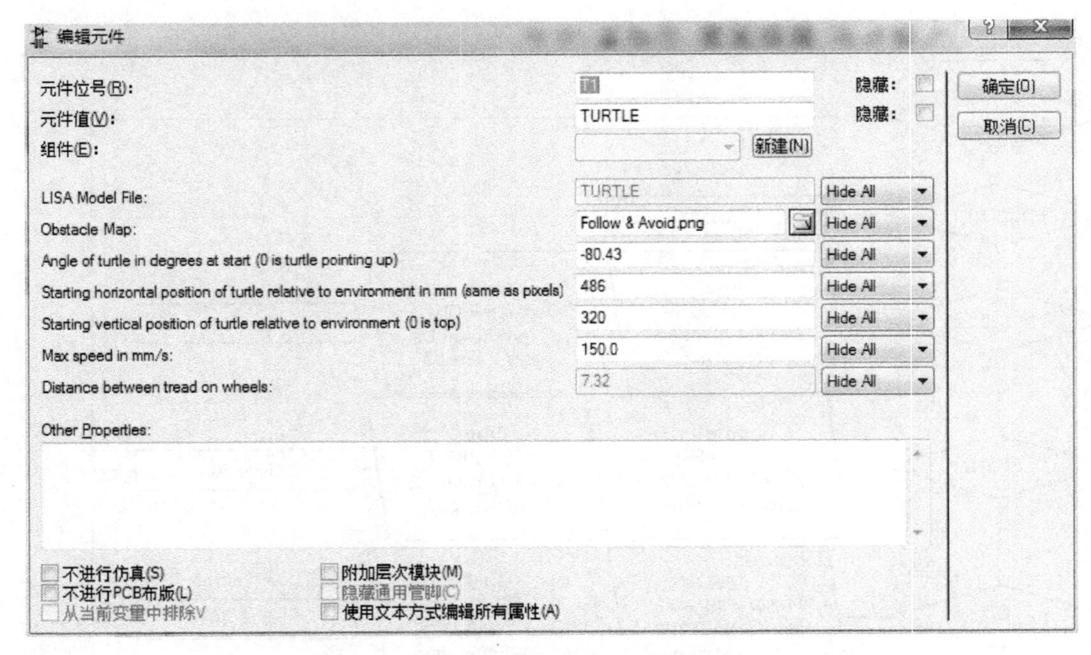

图 9-19 “编辑元件”对话框

参考文献

[1] 石从刚，等．基于 Proteus 的单片机应用技术 [M]. 北京：电子工业出版社，2017.
[2] 张靖武，等．单片机系统的 Proteus 设计与仿真 [M]. 北京：电子工业出版社，2007.
[3] 广州市风标电子技术有限公司．可视化设计与 IoTBuilder 培训手册 [Z]. 2019.
[4] 张志良．单片机原理与控制技术 [M]. 北京：机械工业出版社，2004.
[5] 李宏，等．液晶显示器件应用技术 [M]. 北京：机械工业出版社，2004.
[6] 朱永金，等．单片机应用技术（C 语言）[M]. 北京：中国劳动社会保障出版社，2008.
[7] 王静霞．单片机基础与应用（C 语言版）[M]. 北京：高等教育出版社，2016.

单片机类系列教材精品推荐

单片机技术及应用（基于Proteus的汇编和C语言版）

书号：ISBN 978-7-111-44676-7

作者：何用辉　　定价：52.00 元

推荐简言：本书具有三大特色：C 语言与汇编语言并存，汇编语言注重硬件资源讲解，C 语言注重程序开发，两者之间既可相互独立又可进行分析比较；软硬结合、虚拟仿真，书中所有项目均以硬件实物装置展开讲解，再基于 Proteus 进行虚拟仿真学习训练；淡化原理、注重实用，以具体应用项目任务实现为主导，突出单片机实用技术学习与训练。

单片机实训项目解析（基于Proteus的汇编和C语言版）

书号：ISBN 978-7-111-53689-5

作者：何用辉　　定价：43.00 元

推荐简言：每个训练任务及其顺序与教材书相同，均按照训练目的与控制要求、硬件系统与控制流程分析、Proteus仿真电路图创建、汇编语言程序设计与调试以及C语言程序设计与调试进行解析。综合应用项目基于单片机应用设计与开发的工作过程组织内容，以线控伺服车这一典型的单片机应用项目为载体，遵循从简单到复杂循序渐进的认知规律，将项目分解为若干个任务详细讲述，强化学生项目组织与实施能力的培养，突出学生实践能力的提升。

单片机原理与应用项目化教程

书号：ISBN 978-7-111- 63326-6

作者：杨华　　定价：39.90 元

推荐简言：本书系统介绍了单片机技术的相关知识。全书共 7 个项目，理论技能知识主要涉及 80C51 单片机常用的 Keil 编程软件和 Proteus 仿真软件的使用、80C51 的结构和原理、单片机基本 C 语言程序、单片机的定时器／计数器、单片机的中断系统、单片机串行通信技术、单片机 A-D 和 D-A 转换元器件的应用等。本书在内容上遵循高职学生的学习认知成长规律， 通过项目任务引导教学，深浅适度安排项目任务，注重实践和动手能力的培养。

单片机原理及应用（C51 版）第 2 版

书号：ISBN 978-7-111-61127-1

作者：赵全利　　定价：49.80 元

推荐简言：本书从单片机应用的角度出发，详尽地阐述了 51 单片机体系结构、工作原理、指令系统、典型功能部件、软硬件应用开发资源及开发过程。突显了 C51 程序在各章节的功能描述和应用项目编程。引用了大量的由浅入深的单片机软、硬件仿真调试示例及工程应用实例，引导学生逐步认识、熟知、实践和应用单片机。本书以应用示例为导向，将知识点贯穿其中，将硬件电路、软件编程、仿真调试及工程应用为一体。